カナダの植生と環境

小島 覚［著］

北海道大学出版会

ムラサキクモマグサ

本書は「第22回カナダ出版賞(最優秀日本語原稿部門)」を受けた。

本書に掲載された写真はすべて著者の撮影による。

"Vegetation and Environment of Canada"
©2012 by Satoru Kojima
All rights reserved. No part of this publication may be reproduced or transmitted in any form or by any means, electronic or mechanical, including photocopy, recording, or any information storage and retrieval system, without permission in writing from the authors.

Hokkaido University Press, Sapporo, Japan
ISBN978-4-8329-8202-4
Printed in Japan

口　絵　i

口絵写真 1　海岸山脈 The Coast Mountains の山容。カナダ西部，ブリティッシュ・コロンビア州の太平洋沿岸には，太平洋岸とほぼ並行して海岸山脈が城壁のごとくそそり立っている。ここは最終氷期を通じて一面の氷河に覆われており，各所に氷河地形が認められる。

口絵写真 2　海岸山脈の中腹から下部は，鬱蒼とした針葉樹林に覆われている（ブリティッシュ・コロンビア州バンクーバー島ウルフ・クリーク源流域）。ダグラスモミ，アメリカツガ，ミヤマツガ，アメリカネズコなど，巨木になることで名高い温帯性の樹種が森林を構成する。

口絵写真 3　海岸山脈の中腹には，ミヤマツガやアラスカヒノキなどからなる森林が発達する（ブリティッシュ・コロンビア州ダイアモンド・ヘッド山）。亜高山帯を代表する森林で，ミヤマツガ帯 Subalpine Mountain Hemlock Zone と呼ばれる。高海抜地では樹木はやや疎生する。

口絵写真 4　海岸山脈の低海抜地には，ミヤマツガやダグラスモミの森林が発達する（ブリティッシュ・コロンビア州ストラスコーナ州立公園）。ダグラスモミはとくに巨木になるが，生育の良い所では胸高直径 200 cm を超え，樹高は 70 m に達する。林床にはツルギバシダやナンブソウが優占する。

口絵 iii

口絵写真 5　海岸山脈の東(内陸側)に広がるオカナガン低地では，乾燥した気候のもと，ポンデローサマツの疎林が発達する(ブリティッシュ・コロンビア州アッシュクロフト)。疎林の間にはイネ科草本の優占するステップ植生が成立している。

口絵写真 6　この地域のステップでは古くから放牧が行われてきたが，過放牧の結果，家畜がイネ科植物を選択的に採食し，家畜の好まないヨモギ類 *Artemisia tridentata* が食べ残されて繁茂，景観が変わり牧野の価値は著しく低下した(ブリティッシュ・コロンビア州キャムループス)。

口絵写真7 太平洋岸からおよそ600 km内陸には，北米大陸の背骨ともいわれるロッキー山脈 The Rocky Mountains が北西-南東方向に走っている（アルバータ州バンフ国立公園）。その中腹から下には，エンゲルマントウヒやミヤマモミからなる美しい森林が発達している。

口絵写真8 よく発達したエンゲルマントウヒの森（アルバータ州バンフ国立公園）。林床にはカナダコヨウラクやロッキーウサギギクなどが生え，コケ類がカーペットのように密生し地表を覆う。

口絵　V

口絵写真 9　ロッキー山脈を流れるボウ川渓谷に発達する亜高山帯林（アルバータ州バンフ国立公園）。森林を構成する主な樹種はエンゲルマントウヒ，ミヤマモミ，コントルタマツなどである。

口絵写真 10　ロッキー山脈の森林上部ではしばしばタカネカラマツが現れ，上部亜高山帯の森林を形成する（アルバータ州バンフ国立公園）。林内は明るく，林床にはさまざまな植物が花を咲かせ，百花繚乱たる〝お花畑〟が展開する。

口絵写真 11　ロッキー山脈の高山帯(アルバータ州バンフ国立公園)。寒冷苛酷な環境のため樹木はまったく生育せず、そこには高山ツンドラ植生が成立、季節ともなればみごとな〝お花畑〟が現れる。各所に雪渓や雪田が残り、山あいには氷河も発達している。

口絵写真 12　化石構造土地形と植生(アルバータ州プラトー山地)。アルバータ州南部のロッキー山脈では、最終氷期の間、氷河に覆われなかった所があり、そこには数万年前から残された構造土がいまもそのまま残っている。

口絵 vii

口絵写真 13 ロッキー山脈の東側には広大なプレーリー草原が広がっている(アルバータ州カナナスキス)。山麓では，山地の森林が次第にステップ草原に移行する。

口絵写真 14 フェスキューグラス・プレーリー Fesuce Grass Prairie の植生(アルバータ州ウォータートン国立公園)。ロッキー山脈の東麓から東に向かってフェスキューグラス・プレーリーが広がっている。プレーリー植生の中でも，ここでは草丈が高く，植物はやや密生し，若干の低木が混じる。

口絵写真 15　混生草本プレーリー—Mixed Grass Prairie の景観（アルバータ州ブルックス）。カナダのプレーリーの中でも最も乾燥した気候のもとに成立した植生。ふつう樹木は生育しないが，水分供給の豊かな河川のはんらん原には樹木が見られる。

口絵写真 16　乾燥したプレーリー地域では，しばしばくぼ地に塩湖が認められる（アルバータ州ミルク・リバー）。乾燥気候のもとでは，融雪時あるいは降雨後，一時的にくぼ地に水が溜まるがやがて水は完全に蒸発する。これが数千年にわたって繰り返されると土壌塩分濃度が上昇し，ついには地表に塩の結晶が析出する。

口絵 ix

口絵写真 17　プレーリー草原地域の外側には森林ステップが成立する（アルバータ州ピンチャー・クリーク）。ここでは，地形条件に応じて水分の供給状態の良い所には樹木が生え，乾燥した所はステップ草原となり，森林とステップが複雑に入り混じる。

口絵写真 18　森林ステップ地域では，ステップ草原の部分は古くから牧野や農耕地として利用されてきたが，くぼ地に成立した樹林の部分はそのまま残されていることが多い（アルバータ州スコットフィールド）。その結果，上空から見ると"豹紋"のような奇妙なパターンが見られることがある。

口絵写真19　東部落葉広葉樹林の景観(ケベック州モン・トレンブラン州立公園)。カナダ南東部では大西洋沿岸から五大湖周辺にかけて落葉広葉樹林が発達している。カエデ類，ナラ類など，各種落葉広葉樹が森林を構成する。構成樹種が多いことが特徴である。

口絵写真20　サトウカエデの森(ケベック州ドルモンドビル)。サトウカエデは，東部落葉広葉樹林を代表する樹種である。ここは，この他，ナラ類，アメリカブナなど樹種の多様性に富む。

口絵 xi

口絵写真 21　広漠たる北方林の広がり(アルバータ州北部)。カナダ北部には，国土を東西に覆う広大な森林帯が認められる。北方林である。基本的にカナダトウヒ，クロトウヒ，マツ類などからなる針葉樹林帯である。

口絵写真 22　北方林の林相(オンタリオ州スー・セントマリー)。森林の種類構成は単純で，樹木のサイズも概して小さい。林床にはしばしばコケ植物がカーペット状に密に生育する。

口絵写真 23　北限近くの北方林(ユーコン準州ポーキュパイン高原)。北方林は世界で最も北に成立した森林帯である。その北限は，北米西部では北緯 65 度付近にあるが，ここでは樹木は次第に小さくなる。

口絵写真 24　北方林の山火事跡(アルバータ州北部)。北方林は火災の多い所である。火災の原因の多くは落雷であるが，一度火がつくと数日にわたって燃え続け，1 件あたり平均焼失面積は 300 ha に及ぶという。湖の中の小島には，火災を免れた樹林が見える。

口絵写真 25　サブアークティック森林ツンドラは，北方林から北極ツンドラへの移行帯にあたる所である(ユーコン準州北部)。局地的条件によって，ある所には樹木が生育し，ある所では樹木を欠くツンドラが成立する。

口絵写真 26　"草紅葉"の美しいサブアークティックの秋景(ユーコン準州キャッシェ・クリーク)。ここでは樹木の生育は河川のはんらん原や山の南斜面など活動層の深い所に限られる。ワインレッド色はヒメカンバの紅葉，黄色はスゲ類の黄葉。原野を貫くのはデンプスター・ハイウェイである。

口絵写真 27 高緯度北極域の景観(ヌナブット準州エルズミア島)。極度に寒冷な気候のため植被率は低く極地砂漠と呼ばれる裸地が広範囲に広がる。だがよく見ると,コケ類や地衣類に加えて,地を這うような小さな維管束植物が散生している。

口絵写真 28 アースハンモックを覆ったホッキョクヤナギ(ヌナブット準州エルズミア島)。局地的に雪の溜まりやすい場所にはしばしば饅頭形の構造土(アースハンモック)が発達し,その上にはホッキョクヤナギが生育して奇妙なパターンが形成される。

まえがき

　1986年，私は教育社からニュートン・ブックスのひとつとして，『カナダ——北の森のエコロジー』という本を出版したことがあります。この本は，写真を中心としてカナダの自然を，植物や植生の視点から一般向けに解説したものでした。そのとき以来，同様な内容の本を専門書として出したいと思って原稿を書きためていました。しかしこのようなきわめて特殊な分野の専門書は，そう簡単に採算が取れるはずもなく，なかなか出版の機会に恵まれませんでした。そんなとき，北海道大学出版会に相談したところ，出版助成が得られれば出版可能とのことで，同出版会のお手を煩わせて，いくつかの助成公募に応募してみました。その結果，幸いなことにカナダ政府から，第22回カナダ出版賞（最優秀日本語原稿部門）"Canadian Publishing Awards for Japan: Best Manuscript Written in Japanese"および刊行助成をいただくことになり，このたび本書上梓の運びとなったものです。

　本書は，広大な国土を擁するカナダの多様な自然を，植生とそれを成立させている環境特性の面から専門的な解説を試みたものです。植生からみると，カナダの自然は大きく9つのバイオームに分けられます。バイオームというのは，大気候と植生，またそこに成立している土壌特性などに基づいた自然の広域的な生態的区分単位といってよいでしょう。たとえば，カナダ西部，太平洋沿岸部には，温和湿潤な西岸性気候のもとにダグラスモミやアメリカツガなどからなる鬱蒼たる温帯性針葉樹林が成立していますが，カナダの中央部，大平原の一帯には極度に乾燥した気候のもと広漠たるステップ草原が広がっています。またカナダ北極圏の一帯には，きわめて寒冷な気候のもと広範囲に永久凍土が発達して樹木はまったく生育せず，そこには荒涼としたツンドラが広がっています。これらはそれぞれ別のバイオームとされますが，本書ではカナダに認められる9つのバイオームについて，地史も含め環境特性を気候，地勢・地質，土壌などの点から解説し，そのような環境のもとに

どのような植生が分化成立しているかを詳述しました。.

　本書を執筆しながら最も苦心したのは植物名の問題でした。できるだけ日本名(和名)を使用したいと思いましたが，カナダに生育する植物のほとんどは日本に産しません。したがって当然のことながら和名がありません。さまざまな文献や資料に目を通し，すでに使われている和名があるかぎり，それを本書でも採用しましたが，現実問題としてそれはきわめて限られていました。そこで既存の和名が見当たらない植物については，現地で使われている英名を和訳したり，英名をそのままカタカナ書きにしたり，またある場合は学名の意味を訳して和名としました。しかしそれも限度があり，多くの箇所では学名をそのまま用いざるをえない状態でした。なお本書中で用いた和名については，日本にも産する共通種を除き，参考までに和名-学名対照表を巻末に付しております。

　最後に，本書の出版にあたり，カナダ出版賞を授与くださったカナダ政府に深甚なる謝意を表するとともに，助成申請にさいして本書原稿をご推薦いただいた森林総合研究所・松浦陽次郎氏および千葉大学園芸学部教授・沖津進氏にも感謝の意を表します。また本書の編集・製作に関し，細部にわたって懇切なアドバイスやお力添えをいただいた北海道大学出版会・成田和男氏と添田之美氏にも衷心から感謝申し上げる次第です。

　　　2011年12月12日

　　　　　　　　　　　　　　　　　　　　　　　　　　　　小島　覚

目　次

口　絵　i
まえがき　xv

第1章　カナダ——その広大な国土と自然環境 …………………… 1

1. 後氷期の植生変遷　2
2. カナダの気候環境　6
   太平洋気候区　6 / コーディレラ気候区　8 / プレーリー気候区　9 / 北方気候区　9 / 北極気候区　10 / 五大湖-セント・ローレンス気候区　10 / 大西洋気候区　10 / Conrad の大陸度指数分布　11
3. 地勢・地質の状況　13
4. カナダの土壌地理学的特性　14
5. カナダのバイオーム　18

第2章　西岸性針葉樹林地域——巨木の森 ……………………… 23

1. 自然環境の特性　25
   気候の特性　25 / 地質の特性　25 / 土壌の特性　27
2. 西岸性針葉樹林植生の一般的特性　27
3. 西岸性針葉樹林の区分　29
4. 沿海性ダグラスモミ帯　29
   気候的極盛相の植生　31 / 倒木更新による森林の成立　33 / 湿潤地の植生　34 / 局所的な広葉樹の樹叢　34 / 乾性草地の植生　36
5. 沿海性アメリカツガ帯　36
   気候的極盛相の植生　37 / 乾性地の植生　40 / 湿潤地の植生　41 / 湿潤肥沃地に成立するシトカトウヒ林　42 / 海岸砂丘・段丘上の植生　42 / 地質が植生発達に及ぼす影響　43

6. 沿海性ミヤマツガ帯　　47

　　気候的極盛相の植生　48 / 乾性地の植生　49 / 湿潤地の植生　50 / 高海抜地の植生とその分化機構　50

第3章　コーディレラ山岳性針葉樹林地域
　　——カナディアン・ロッキーの山と森 …………………… 53

1. 自然環境の特性　　55
　　気候の特性　55 / 地質の特性　57 / 土壌の特性　57 / 氷期の影響　58
2. 山岳性針葉樹林の一般的特性　　59
3. 山岳性針葉樹林の区分　　61
4. エンゲルマントウヒ-ミヤマモミ帯　　62
　　下部亜区の植生　62 / 上部亜区の植生　67 / 南部亜区の植生　70
5. 内陸性アメリカツガ帯　　71
　　気候的極盛相の植生　72 / 乾性地の植生　73 / 湿潤地の植生　73
6. 内陸性ダグラスモミ帯　　74
　　気候的極盛相の植生　75 / 乾性地の植生　76 / 湿潤地の植生　77 / 植生分布に及ぼす山岳斜面の影響　78

第4章　高山ツンドラ地域——氷河とお花畑 …………………… 81

1. 自然環境の特性　　85
　　気候の特性　85 / 地質の特性　86 / 土壌の特性　87
2. 高山ツンドラ植生の一般的特性　　88
3. 高山ツンドラバイオームの区分　　89
　　沿海亜区の植生　89 / 内陸亜区の植生　92 / 北部亜区の植生　96
4. 地質特性とツンドラ植生　　101

第5章　森林ステップ地域——せめぎあう森と草原 ……………… 107

1. 自然環境の特性　110
   気候の特性　110 / 地質の特性　110 / 土壌の特性　112
2. 森林ステップ植生の一般的特性　114
3. 森林ステップの植生　115
   アスペン・パークランドの植生　115 / ポンデローサマツ・ステップの植生　117

第6章　プレーリー草原地域——果てしなき大地 ………………… 123

1. 自然環境の特性　125
   気候の特性　125 / 地勢・地質の特性　125 / 土壌の特性　127
2. プレーリーの植生　130
   混生草本プレーリーの植生　131 / フェスキューグラス・プレーリーの植生　135 / 高茎草本プレーリーの植生　137

第7章　東部落葉広葉樹林地域——森と里の美しき秋景 ………… 141

1. 自然環境の特性　143
   気候の特性　143 / 地勢・地質の特性　143 / 土壌の特性　145
2. 東部落葉広葉樹林の一般的特性　145
3. 東部落葉広葉樹林の区分　146
   アカディア森林地区の植生　147 / 五大湖-セント・ローレンス森林地区の植生　149 / 落葉広葉樹林地区の植生　151 / 点在するプレーリー型草原群落　152

第8章　北方性針葉樹林地域——広漠たる北の大樹海 …………… 155

1. 自然環境の特性　158

気候の特性　158 / 地勢・地質の特性　161 / 永久凍土の分布　163 / 土壌の特性　163
　2．北方林植生の一般的特性　165
　3．北方林の区分　169
　4．北方林の植生　170
　　気候的極盛相の植生　171 / 乾性地の植生　173 / 湿性地の植生　176 / 北斜面の植生　177
　5．カナダの湿原生態系とその分類　178
　6．北方林と山火事　186

第9章　サブアークティック森林ツンドラ地域
　　　　――変動する北の自然 ………………………………………… 191

　1．自然環境の特性　193
　　気候の特性　193 / 地勢・地質の特性　194 / 永久凍土　196 / 土壌の特性　196
　2．サブアークティック森林ツンドラの植生の一般的特性　197
　3．サブアークティック森林ツンドラの植生　199
　　地形的位置と群落分化パターン　199 / 立地条件と植生の分化パターン　203
　4．ユーコン準州におけるフロラの特異性　207

第10章　北極ツンドラ地域――極北の大地に生きる植物 ………… 211

　1．自然環境の特性　213
　　気候の特性　213 / 生育期間　213 / 地勢・地質の特性　215 / 永久凍土　216 / 土壌の特性　216
　2．北極ツンドラ・バイオームの区分　217
　3．北極ツンドラ植生の一般的特性　221
　4．北極ツンドラの植生　226

低緯度北極帯の植生　226 / 高緯度北極帯の植生　229 / 高緯度北極帯
　　植生の植物社会学的体系　233

維管束植物 和名-学名対照表　237
引用文献　245
索　　引　255

第 1 章　カナダ——その広大な国土と自然環境

1. 後氷期の植生変遷
2. カナダの気候環境
3. 地勢・地質の状況
4. カナダの土壌地理学的特性
5. カナダのバイオーム

北米大陸の背骨ともいわれるロッキー山脈の遠望

カナダは，広大な国である。最南端は五大湖付近において北緯41度40分からその最北端は北緯83度にまで達し，東はニューファンドランド東端(西経52度45分)から西はユーコン準州とアラスカ州との国境(西経141度0分)にわたっている。南北の長さは最長およそ4,600 km，東西の幅はおよそ5,600 kmに及ぶ。ここでは，カナダの自然環境について概説する。

カナダは，広大な国である。国土の総面積はおよそ 970 万 km², 日本の国土の約 27 倍に及ぶ。国土の最南端は五大湖付近において北緯 41 度 40 分から，その最北端は北緯 83 度にまで達し，東はニューファンドランド東端（西経 52 度 45 分）から西はユーコン準州とアラスカ州との国境（西経 141 度 0 分）にわたっている。南北の長さは最長およそ 4,600 km, 東西の幅はおよそ 5,600 km に及び，国土は 6 つの時間帯に分かれている。

国が大きいだけにその自然環境も多様に変化する。温和で湿潤な太平洋沿岸部から，極度に乾燥した大陸内奥部，またきわめて寒冷な北極地域。地勢も地質も所により大きく変わる。多様な環境を反映してカナダの植生も地域により大きく変化する。巨木が生い繁りきわめて生産性の高い西岸性針葉樹林から樹木をまったく欠く北極ツンドラまで，また燃えるような紅葉に彩られる東部落葉広葉樹林から地平の彼方までステップの広がるプレーリー草原まで，実に変化に富む。とはいえ，カナダの植生発達の歴史は新しい。カナダは，現在のユーコン地方中央部を除くほんとんどの地域で，最終氷期を通じて分厚い氷河に覆われていた。したがって植生の発達は，氷河の消失した後氷期に入ってから始まっており，その歴史はたかだか 1 万年に達するか達しないかである。

1. 後氷期の植生変遷

地史的に見ると，新生代第四紀の最終氷期であるウィスコンシン氷期を通じ，カナダの大部分の地域は分厚い氷床に覆われていた (Prest, 1969：図 1-1)。氷床の南端は，カナダ西部では北緯 48 度付近，東部では 40 度付近にまで及んでいた。氷床の厚さは現在のハドソン湾付近で最大に達し，それは 4,200 m にも達したとされる (Sugden, 1977)。とはいえその時期，カナダ西部のユーコン準州中央部，主としてユーコン川流域の一帯では，アラスカ中央部とともに氷河は発達しなかった。それは，アラスカからユーコンの南部にはセント・イライアス山脈，ランゲル山脈，チュガチ山脈，アラスカ山脈と，高い山脈が壁のように連なっていて太平洋からの水分を遮るため，その山影効果で内陸側には氷河や氷床が発達できるだけの十分な水分が供給されなかった

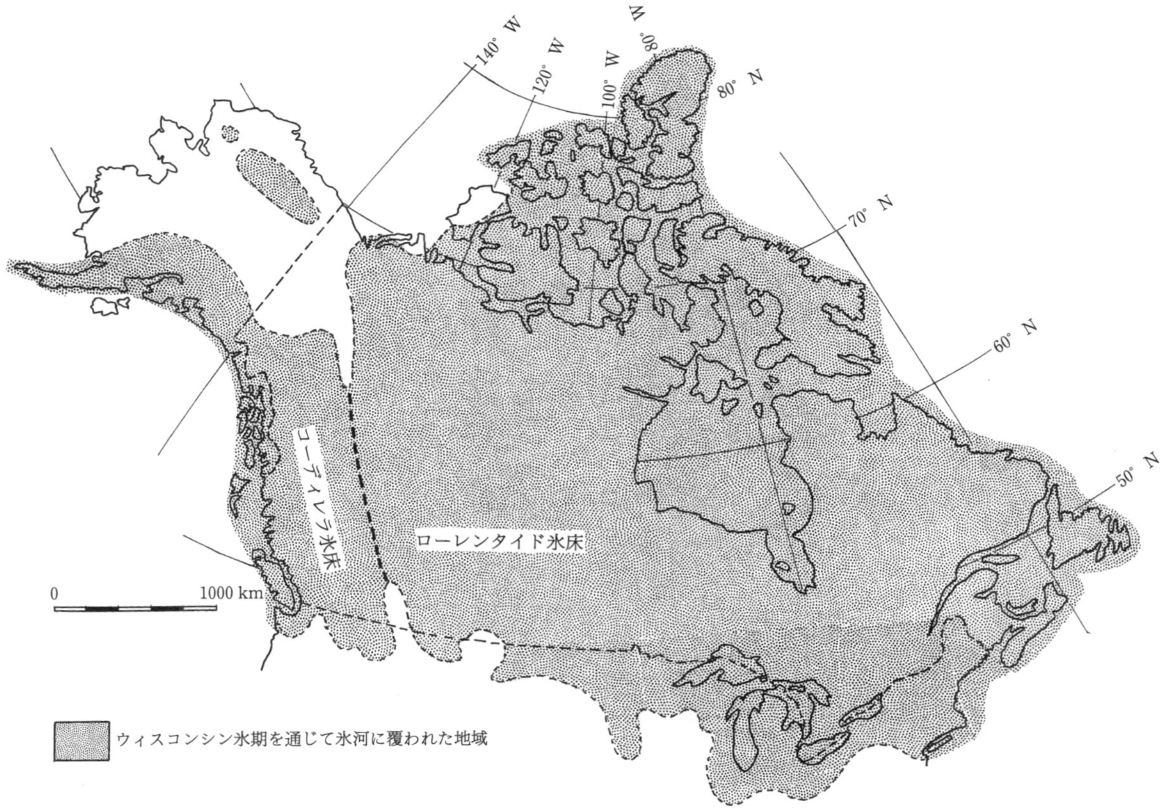

図 1-1 ウィスコンシン氷期の最大期，氷河に覆われた地域（Prest, 1969 を基に描く）

ローレンタイド氷床
コーディレラ氷床

ウィスコンシン氷期を通じて氷河に覆われた地域

からである。同時にそのころ，北米大陸はアラスカとユーラシア大陸のチュコートカ半島のあたりで陸続きになっており，そこにはベーリング地橋が成立していた(Hopkins, 1967)。ちなみにこの地橋は，文字通り両大陸をつなぐかけ橋となり，そこを通って両大陸の間では生物の交流が行われていた。また氷期の間，氷に覆われなかったアラスカからユーコンにかけての一帯は，当時の生物にとっては貴重なレフュージア refugia として機能していたものと思われる。

　最終氷期が終わり，氷床が縮小し始めたのは今から約13,000～12,000年前のことである。氷河氷床の後退とともに，そこから流れ出した膨大な量の融水は奔流となって各所にあふれ，巨大な渓谷をうがち，大小さまざまな湖が形成された。またそこには氷河の運んできた堆石が各所にうず高く残され積み上げられていた。消失した氷床の下からは礫原や岩盤が現れた。そこはまだ，生物のまったく棲んだことのない処女地だった。しかしそこではいち早く，生態系の遷移が始まっていた。おそらく新しい大地に最初に入り込んできたものはラン藻や緑藻あるいは地衣植物の類だったであろう。これらの生物は現在でも氷河後退直後の土地に真っ先に入り込み，生態遷移を進める先導役を果たしている(Kastovska et al., 2005)。これらの微生物が貧栄養状態の土壌に窒素や有機物を供給し土壌の理化学性を改善することで，やがて蘚苔類や維管束植物の進入と定着を助けることになる。

　花粉分析の結果から推定すると，多くの所では氷河後退後，草本群落→低木群落→カンバ類などの落葉広葉樹林→マツ類を含む中間段階の森林→それぞれの地域での極相植生という過程で遷移が進んでいるが，それはおよそ5,000～4,000年の時間で極相植生に達している(Ritchie, 1987)。同書によると，たとえばカナダ東部，現在のオンタリオ州メープルハーストレイクでは，約13,000年前から花粉の記録が始まっているが，氷河後退直後，まずカヤツリグサ類やヨモギ類の花粉が大量に現れている。これは草本群落段階を示すものである。その後12,000～11,000年前ごろからカンバ類，バンクスマツを含むマツ類，ナラ類の花粉が現れている。針広混交林が成立していたものと思われる。ところが今から8,000年前ごろになるとツガ類，カエデ類，ブナ類の花粉が増加し，代わってそれまで多かったマツ類の花粉は

激減している。このことから，そのあたりでは氷河後退後5,000～4,000年の期間で現在の森林と同様の植生が成立したことが推定できる。

　カナダ西部，ブリティッシュ・コロンビア州に隣接した米国ワシントン州のデービスレークの例では，今から約20,000年前に氷河が消失しているが，20,000～16,000年前までの間，樹木花粉はほとんど見られず，イネ科，カヤツリグサ科，キク科などの花粉が圧倒的だった。氷河後退後，太平洋沿岸部では広範囲に草原が発達していたものと思われる。その後，トウヒ類，マツ類の花粉が現れ，草原に針葉樹林が入り込んできたことを物語っている。ハンノキの花粉も増減しながら現れている。やがて今から8,000年ほど前からダグラスモミ，アメリカツガ，ネズコ類の花粉が増加する。いっぽうトウヒ類，マツ類の花粉は，このころからほとんど姿を消している。おそらくブリティッシュ・コロンビア州南部からワシントン州北部では，今から9,000～8,000年前ごろに温和湿潤な気候が成立し，現在とほぼ同様な森林が発達したものであろう。

　現在プレーリー草原や森林ステップの広がるカナダ中南部に関して，マニトバ州グレンボーロでは，今から約12,000年前に氷河が消失しているが，その直後からイネ科，キク科，アカザ科などの花粉が大量に現れ，すでにステップ草原が成立していたものと思われる。そのころ，比較的多くのトウヒ類の花粉が現れており，草原の所々に針葉樹の樹叢が発達していたものであろう。ところが，10,000年前ごろからトウヒの花粉は消失，代わってマツ類の花粉が現れ，また3,000年前ごろからナラ類の花粉も出現し，現在に至っている。

　現在では北方林の成立している地域について，アルバータ州ワイルドスペアおよびマニトバ州フリンフロンの例では，今から11,000年前ごろに氷河が後退し，その直後，イネ科，カヤツリグサ科，ヨモギ類などの花粉が大量に出現し，ここでも当時ステップ草原が発達していたことを物語っている。ところが9,000年前ごろからカンバ類の花粉も現れ，あい前後してトウヒ類，マツ類の花粉が増加し，このころから北方林の基本形が成立したことを示している。

　北極圏を代表するエルズミア島 Ellesmere Island ロックベーシンでは，約

7,000年前から花粉の記録が始まる。氷河後退直後，最初にイネ科とジンヨウスイバ(*Oxyria digyna*)の花粉が現れ，やや遅れてヤナギ類やツツジ科の花粉が出現する。各分類群の花粉の量は多少の増減を繰り返しながらも，全体の構成には大きな変化はなく，北極ツンドラ地域では，氷河後退後の植生遷移に関しては時間が経過しても，カナダ南部に見られるような大きな植生の変化が起きていないことを示唆している。

2. カナダの気候環境

カナダは北国である。その最南端は五大湖付近において北緯41度40分にあるが，五大湖以西では北緯49度線をもって米国と接しており，国土全体が中高緯度にある。したがって気候的には温帯以北であり，ケッペンの区分によるA型気候(熱帯気候)はカナダには存在しない。代わって北極海沿岸部以北ではE型気候(ツンドラ気候)が広い範囲に現れる。

　Hare & Thomas(1974)はカナダを，①太平洋気候区 Pacific Region，②コーディレラ気候区 Cordillera Region，③プレーリー気候区 Prairie Region，④北方気候区 Boreal Region，⑤北極気候区 Arctic Region，⑥五大湖-セント・ローレンス気候区 Great Lakes-Saint Lawrence Region，⑦大西洋気候区 Atlantic Region と，7つの気候区 climatic region に分けている(図1-2)。同書に基づいてそれら7つの気候区の特性概略を以下に述べる。

2.1. 太平洋気候区

　この気候区は，カナダ西南部，太平洋沿岸からカスケード山脈 Cascade Mountains および海岸山脈 The Coast Mountains の山稜から西斜面一帯を含むものである。太平洋気団の影響を強く受け典型的な西岸性気候が発達している。ここはカナダで最も降水量の多い地域である。山岳地の低海抜地と高海抜地では気候は異なるが，共通した特徴として，①気温の年較差が比較的小さい。実際最暖月と最寒月の差は14～15℃程度。②緯度の高い割には比較的温和な気候が成立している。③夏期冷涼(最暖月の月平均気温：13～18℃)で冬期温和(最寒月の月平均気温：0～4℃)。低地では降積雪はほとんど見られない。

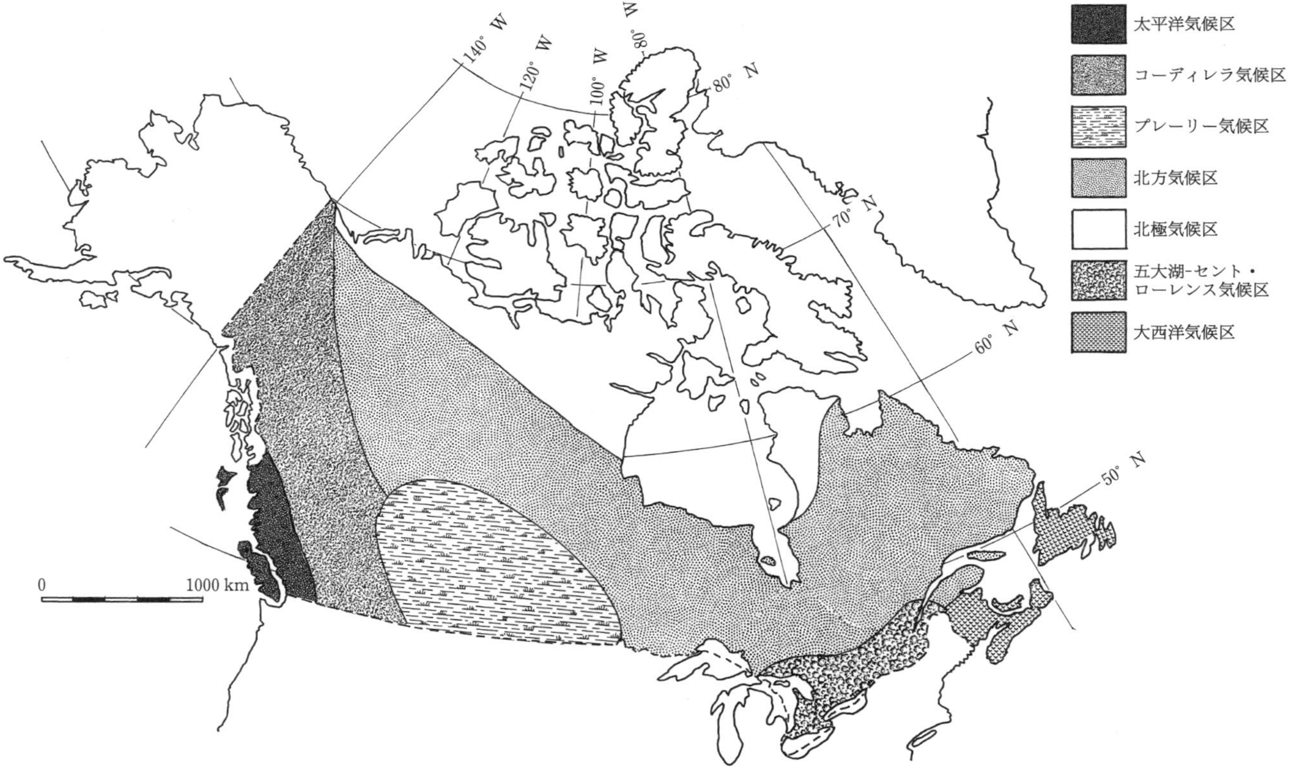

図1-2 カナダの気候区 (Hare & Thomas, 1974を基に改描)

凡例:
- 太平洋気候区
- コーディレラ気候区
- プレーリー気候区
- 北方気候区
- 北極気候区
- 五大湖セント・ローレンス気候区
- 大西洋気候区

ここはカナダの中では最も冬の暖かい所である。④きわめて降水量が多い。年降水量は多くの所で 1,200 mm 以上，太平洋沿岸部では部分的に 6,000 mm を超える所もある。⑤冬期が雨期にあたり降水は冬に集中する。したがって山岳地では大量の降積雪を見る。ここは世界でも有数の多雪地帯である。⑥それに対して夏はよく晴れて乾燥するが，夏期冷涼なため蒸発散量は比較的少なく年潜在蒸発散量は 600〜800 mm である。したがってここでは気候的に大量の水の余剰が生じる。この地域の気候は，ケッペンの区分では，低地で Csb 型，Cfb 型，高地では Dfb，Dfc 型，さらに高い山々の山頂部では ET 型になる。

2.2. コーディレラ気候区

　主としてカスケード山脈および海岸山脈の東斜面からオカナガン低地を越えてロッキー山脈 The Rocky Mountains の東麓までを含む地域がこの気候区になる。ここは，山岳地あり，高原あり，標高の低い盆地状の渓谷ありと，地勢がきわめて複雑なため，気候も複雑で不均質な所である。ここは，海岸山脈という大きな山脈の東に位置し，概して降水量は少なく乾燥した気候が成立する。夏は北米大陸南部からやってくる温暖で乾燥した気団の支配下にあって比較的高温で乾燥する。逆に冬期は，しばしば寒冷な北極気団の張り出しの影響を受けてきわめて寒冷となり，降水量は少ない。とはいえ太平洋気団の影響も多少は残り降水量は冬期に増加する。この傾向はとくに高海抜地で著しい。この気候区の特徴としては，①山岳地では冷涼湿潤な気候が発達するが，低海抜地では温暖で極度に乾燥した気候が現れる。②この地域の北部では気候は比較的湿潤であるが南部では乾燥が激しい。③山脈の西斜面では概して湿潤な気候が発達するが東斜面では相対的に乾燥した気候が現れるなど山脈の背腹性が大きい。④山岳にはさまれた谷間では，レインシャドウ効果 (rain shadow effect：山影効果ともいう) により局地的に極度に乾燥した気候が発達，年降水量は 300 mm 以下となる。この気候区では，多くの所で Dfb, Dfc 型気候が発達するが高海抜地では ET 型，乾燥の著しい渓谷底部では BSk 型が現れる。

2.3. プレーリー気候区

　この気候区は，カナダの中南部の大平原一帯に見られるものである。北米大陸のほぼ中央部には，大平原 The Great Plains と呼ばれる平坦な地勢が，南はメキシコ湾から北は北極海に至るまで，大陸を貫く巨大な回廊のような形で南北に延びている。ここでは夏期に北米大陸南部からの温暖で乾燥した気団がこの回廊に沿って北上し，冬期は逆に極度に寒冷な北極気団がこの回廊沿いに南下する。そのため，気温の年較差がきわめて大きい。また太平洋，大西洋いずれの大洋からも離れており海洋の影響が最も少ない所で極度に乾燥し，かつ典型的な大陸性気候が現れる。また地形が平坦であるため，広大な地域にわたって気候は比較的一様である。この気候区の特徴としては，①夏は高温で極度に乾燥(最暖月の月平均気温：18〜20℃)，冬期は寒冷(最寒月の月平均気温：−18〜−10℃)。②気温の年較差は 30〜35℃と，きわめて大きい。③年降水量は多くの所で 400 mm 以下ときわめて少ない。④年潜在蒸発散量は 700 mm 以上となり，多くの所で潜在的に水不足が生じる。ここでは，Dfb 型気候が広く現れるが降水量が減少すると BSk 型となる。

2.4. 北方気候区

　カナダ北部を東西に覆う広大な気候帯である。カナダ西部マッケンジー川河口付近から東はハドソン湾南岸，アンガバ半島を結ぶ線以南にかけて広がっており，その南ではプレーリー気候区および五大湖-セント・ローレンス気候区に接している。ここは大陸の内奥部にあり，東部のニューファンドランド州およびケベック州の大西洋沿岸部を除くと，きわめて大陸性度の強い気候が成立している。地勢的には概してゆるやかな丘陵や平野部で，気候的にはほぼ均質な所である。この気候区は以下のような特徴を持つ。①夏期冷涼(最暖月の月平均気温：13〜19℃)で冬期寒冷(最寒月の月平均気温：−20〜−15℃)である。②降水量は概して少ない(年降水量：300〜800 mm)が東部に向かうにつれて増加し，大西洋沿岸部では 1,000 mm に達する。降水は夏に集中する。③気温が低いため蒸発散量も少なく年潜在蒸発散量は 300〜600 mm で基本的に水の不足は生じない。気候型としては，基本的に Dfc 型であるが，南部では Dfb になる所もある。

2.5. 北極気候区

　この気候区はカナダ最北部にあり，北極海沿岸部から北極島嶼群一帯を広く覆う。ここは地球最北部にあり極度に寒冷が発達している。この気候は次のような特徴を持っている。①極度に寒冷である。年平均気温は－10〜－20°C。最暖月の月平均気温は3〜10°C，最寒月は－38〜－26°Cになる。②気温の年較差はきわめて大きく30〜40°Cに及ぶ。③降水量は少なく年降水量は100〜400mm程度である。④寒冷なため蒸発散量も少なく年潜在蒸発散量は200mm以下となる。気候型としては，ほとんどの所でET型であるが南の大陸部ではDfc型になる所もある。

2.6. 五大湖-セント・ローレンス気候区

　この気候区は，五大湖に臨むカナダ国内からセント・ローレンス川沿いのセント・ローレンス低地一帯を含むものである。地勢的にはなだらかに起伏した丘陵からなり標高は概して低い。ここはカナダ国内では最も南に位置する所で気候的には温暖で降水量も多い。大陸性気候を基調とするが，五大湖に臨む地域では五大湖の影響により，また大西洋に近いこともあってその影響で大陸性の度合いはやや低下する。この気候区は次のような特徴を持つ。①夏は高温(最暖月の月平均気温：18〜23°C)になる。ここは夏のカナダで最も暖かい所である。②冬期は寒冷である(最寒月の月平均気温：－12〜－6°C)。③年降水量は800〜1,500mmと比較的多い。④降水は年間を通じて均等に分布する。冬期の降雪量は多い。⑤年潜在蒸発散量は500〜1,000mmになる。したがって水不足は生じない。気候型としてはほとんどの所でDfbである。

2.7. 大西洋気候区

　この気候区は，カナダの最東端に位置し，ニューブルンスウイック州，ノヴァスコシア州，プリンスエドワードアイランド州，ニューファンドランド州など大西洋に臨む一帯に見られるものである。ここは北米大陸の東端にあるため大陸性気候を基調としながらも大西洋に直接臨んでいるため，夏が涼しく降水量は多い。この気候区は次のような特徴を持つ。①夏期は比較的冷涼(最暖月の月平均気温：14〜18°C)であるが，その割に冬期は暖かい(最寒月の月

平均気温：-9～0°C）。②したがって気温の年較差は18～27°Cと比較的小さい。③年降水量は1,000～1,500 mmと多い。降水は年間を通じてほぼ均等に分布するが冬期にやや増加する傾向を示す。したがって降雪量は多い。④年潜在蒸発散量は500～600 mm程度で大量の水の余剰が生じる。

2.8. Conradの大陸度指数分布

Conrad(1946)は，月平均気温の年較差と観測地点の緯度を組み合わせて気候の大陸性度を指数で表す下記の計算式を提案している。

$$Ci = 1.7A / [\sin(\varphi + 10°)] - 14$$

ここで，Ciは大陸度指数 continentality index，Aは最暖月と最寒月の月平均気温の差，φは観測地点の緯度である。この計算式を用いることで，地球上で最も大陸性度が高いと思われる場合をおよそ100，最も低いと思われる場合を0と想定し，各地点の気候の大陸性度を数値として表すことができる (Tuhkanen, 1984)。

この計算式を用いて，カナダ全土から165箇所の気象観測データを求め，それぞれの地点の大陸度指数を計算したところ，カナダ国内で最も高い値を示した地点はユーコン準州 Yukon Territoryのオールド・クロー Old Crow (67°34′N, 139°50′W, elev. 251 m) における66であり，最も低い値は太平洋に面したバンクーバー島のバンフィールド Bamfield (48°49′N, 125°00′W, elev. 4 m) における6であった。この計算結果に基づいてカナダにおける大陸度指数分布を等値線で表すと図1-3になる。この図から，カナダにおいて最も大陸度指数の低い地域は太平洋沿岸部であり，ここでは多くの所で20以下，太平洋沿岸の島嶼では10以下ときわめて低い値を示した。このあたりは明らかに太平洋の影響を強く受け，典型的な西岸性気候が成立していることが示される。この一帯は，後述する西岸性針葉樹林が成立している地域である。いっぽう，最も高い大陸度指数を示した地域は西経90度以西の大陸北部で，そこでは60以上の地点が集中的に現れていた。ここはサブアークティックの森林ツンドラが成立している地域である。

比較のため日本におけるいくつかの地点での大陸度指数を挙げると，釧路

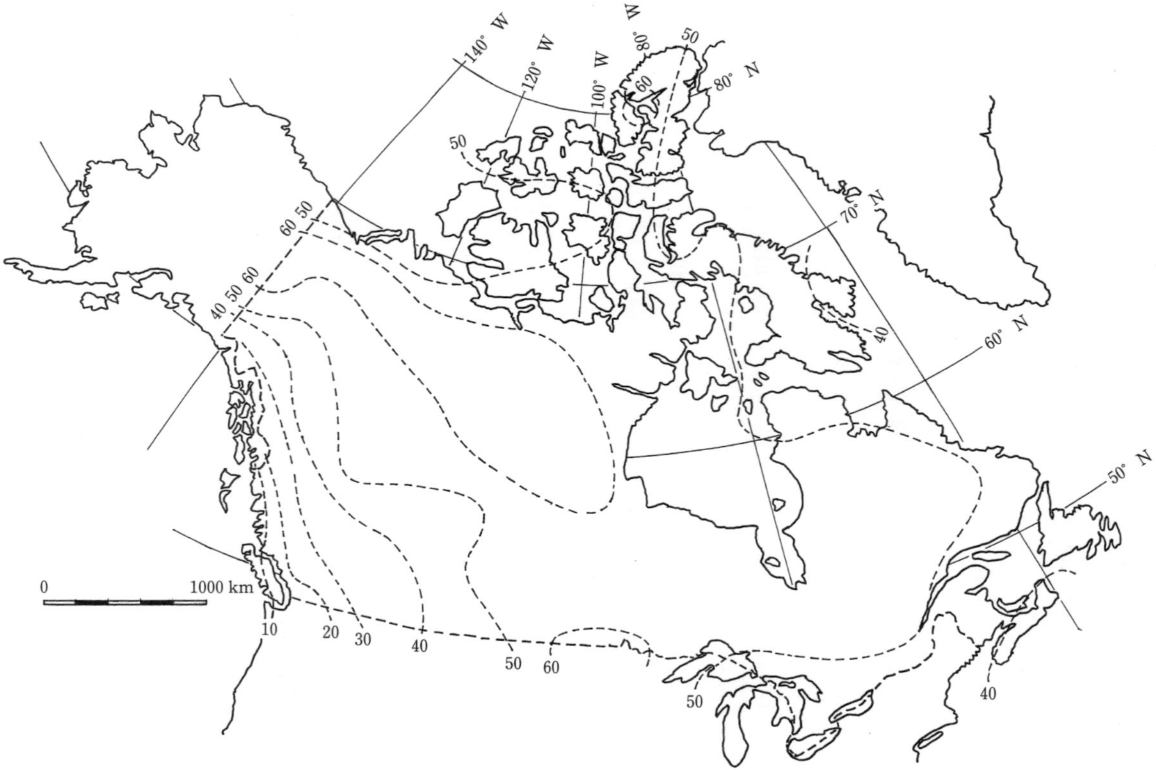

図 1-3 カナダにおける Conrad の大陸度指数分布 (continentality index)。カナダ国内の 165 箇所の気象観測資料に基づき Conrad (1946) により算出。

36，札幌 42，東京 37，新潟 41，広島 41，鳥取 40，福岡 39，那覇 20 となっている。

3．地勢・地質の状況

　Bostock(1967)の地勢区分によると，カナダの地勢は大きくカナダ楯状地区 The Shield と縁辺地区 The Borderlands に分けられる。カナダ楯状地区というのはハドソン湾を中心とする一帯を指す。縁辺地区というのは，カナダ楯状地区を四方から取り巻くように広がる地域で，西部のコーディレラ山地および内陸平原，北部の北極低地，東部のセント・ローレンス低地およびアパラチア山地を含む地域である。
　カナダ楯状地区は，始生代，原生代を含む地球上で最古の地質からなる地域である。数億年にわたる侵食が進み，なだらかに起伏した丘陵の連なりから成る。この一帯は第四紀を通じて分厚い氷床に覆われ，その研磨作用により地表面は削られ磨かれて堅い岩盤が広大な面積にわたって露出している。地質的には花崗岩性片麻岩が基盤となってこの地域を構成する。地質的には比較的単調で一様な地域である。
　縁辺地区は，地勢的にも地質的にもきわめて複雑な地域である。カナダ西部にはコーディレラと呼ばれ山岳が集中する地域がある。太平洋岸に成立した海岸山脈，カスケード山脈，その東にはロッキー山脈と巨大な山脈の連なりからなる所である。ロッキー山脈は第三紀に形成された褶曲山脈であるが，きわめて古い原生代の地層から新生代第三紀の堆積層に至るまで地質的には変化に富む。いっぽう海岸山脈は中生代から新生代にかけての火成岩より構成され現在も多くの火山が成立している。ロッキー山脈の東には内陸平原が広がる。これは北米大陸中央部を南北に貫く巨大な平坦地で，古生代デボン紀から中生代白亜紀の堆積層から構成され，堆積層が変形を受けることなくそのまま隆起した平らな地形が果てしなく広がっている。北極島嶼群を中心とする一帯が北極低地である。地勢的には低平な丘陵の連なりからなる。地質的には古生代オルドビス紀からデボン紀の地層が広く現れるが，北部になると比較的新しい中生代白亜紀の地層が出現する。セント・ローレンス低地

およびアパラチア山地は，五大湖からセント・ローレンス川沿いに大西洋に達する地域を含み，カナダ領内ではニューブルンスウィック州，ノバスコシア州など大西洋諸州を含む地域である。地勢的にはセント・ローレンス川沿いの低地とアパラチア山脈一帯のなだらかな山地からなり，地質的には古く古生代カンブリア紀から石炭紀にかけての堆積層からなる。

4．カナダの土壌地理学的特性

　カナダの土壌分類体系(CSSC, 1998)によると，カナダの土壌は大きく10のグループOrderに分類される(表1-1)。広域的に見て土壌の発達に大きな影響を及ぼす要因は気候である。カナダのような広大な国では気候条件も地域により大きく変化する。カナダの気候環境のもとにおいて，極度に寒冷な気候のもとでは永久凍土が広く形成され，そこにはクライオゾルCryosolic Orderが発達する。いっぽう永久凍土が形成されない比較的温暖な地域においては，気候の乾燥度が土壌発達に大きな影響を及ぼしている。すなわち適潤地においては，気候が乾燥から湿潤へ向かうにつれて，チェルノーゼムChernozemic Order，ルヴィゾルLuvisolic Order，ブルニゾルBrunisolic Order，ポドゾルPodzolic Orderという順で極相土壌zonal soilが成立する。ところが地形的なくぼ地や排水不良な箇所では，鉱質層に還元鉄が形成されたグライゾルGleysolic Orderや土壌表層に未分解の有機物が厚く堆積した有機質土壌(オルガニック)Organic Orderが発達する。このとき気候が極度に乾燥すると土壌表層部に塩類の集積したソロネチックSolonetzic Orderが現れる。これらのほか，乾期雨期の明瞭な乾燥気候下において，かつきわめて粘土分の高い土壌では，季節による土壌の収縮・膨満による攪乱が激しいため不均質なB層を持つバーティゾルVertisol Orderや，気候条件とは無関係にまだ層分化がほとんど見られない未熟土壌としてのレゴゾルRegosolic Orderがある。

　図1-4は，カナダにおける土壌型の広域的な分布を示すものである。土壌型の分布を大づかみにして見ると，カナダ北部では広くクライオゾルとレゴゾルが現れており，いっぽうカナダ中南部の大平原ではチェルノーゼムが現れる。カナダ南部の東半分の地域ではポドゾルが広範囲に発達する。ポドゾ

表 1-1 カナダの土壌型とその一般的特性(CSSC, 1998 より小島要約)

土壌型	名称(Order)	特 性	FAO の土壌名との対応
チェルノーぜム	Chernozemic	潜在蒸発散量が降水量を上回る乾燥気候のもとに成立する極相土壌。土壌表層部に分解良好な黒色の A 層(Ah)が分厚く発達、C 層には炭酸塩の集積が見られる。土壌はほぼ中性から弱アルカリ性を示す。プレーリーのステップ草原と結びつく。	Chernozem Kastanozem
ポドゾル	Podzolic	湿潤気候のもとに成立する極相土壌。A 層 (Ae) は溶脱が顕著に進み灰白色を示し、B 層 (Bf, Bfh, Bh) は Fe および Al と結合した有機物が集積し暗赤褐色となる。酸性が強く、通常は森林植生とくに針葉樹林と結びつく。	Podzol
ルヴィソル	Luvisolic	森林を成立させ得る気候であるが、やや乾燥した気候のもとに成立する。土壌の溶脱は弱いが B 層に粘土が集積し Bt 層が形成される。	Luvisol
ブルニソル	Brunisolic	発達途上段階あるいは発達の緩慢な土壌で、ポドゾルあるいは チェルノーぜムの基準を満たすほどの層形成が認められない土壌。B 層は Bm 層となる。各種の森林下に広範囲に認められる。	Cambisol
クライオソル	Cryosolic	きわめて寒冷な地域に発達する土壌で、盛夏、地表面から深さ 1 m 以内に永久凍土 (Cz 層) が認められる土壌。通常はツンドラ植生と結びつく。	Cryosol
グライソル	Gleysolic	地形的に低平でほぼ地の過湿地に発達する土壌で、地表面から深さ 50 cm 以内において還元現象の集積と斑紋が認められる。Bg, Cg 層が形成される。湿性地の植生と結びつく。	Gleysol Planosol
オルガニック	Organic	分厚い泥炭の堆積をともなう有機土壌。一般に冷涼湿潤な気候のもと、水はけの悪い低平な地形上に発達する。重量にして 30% 以上の有機物からなる有機層 (O 層) が 60 cm 以上の厚みで堆積する。ただし有機物の分解が良好 (mesic または humic) な場合、40 cm 以上の有機物堆積をともなう。一般に泥炭植生と結びつく。	Histosol

(つづく)

表1-1 (つづき)

土壌型	名称(Order)	特性	FAOの土壌名との対応
ソロネチック	Solonetzic	潜在蒸発散量が降水量を上回る乾燥気候のもとにおいて、地形のくぼ地には降水時あるいは融雪時、一時的に浅い湛水池が形成されるが、やがて水分は蒸発し塩分が残留する。土壌中に高濃度の塩分が集積する。このときCaおよびNaが大量に集積したB層(Bt)を持つ土壌をソロネチックという。土壌は強いアルカリ性を示し、植生は塩生植物群落となる。	Solonetz
レゴソル	Regosolic	いわゆる未熟土である。気候条件や植生とは無関係に土壌母材が新しく堆積したばかりで、まだ土壌生成が進まず層分化もほとんど認められない土壌。遷移の初期段階の植生と結びつく。	Regosol Fluvisol
バーティソル	Vertisol	乾期と雨期が明瞭に見られる乾燥気候のもと、かつ粘土分のきわめて高い母材において形成される土壌。毎年乾期になると土壌表層部に多くの深い亀裂が生じ、そこにさまざまな物が落ち込むが、雨期には亀裂が閉じて夾雑物は閉じ込められ、暗黒色のA層(Ah)と、きわめて不均質なB層(Bv)が形成される。	Vertisol

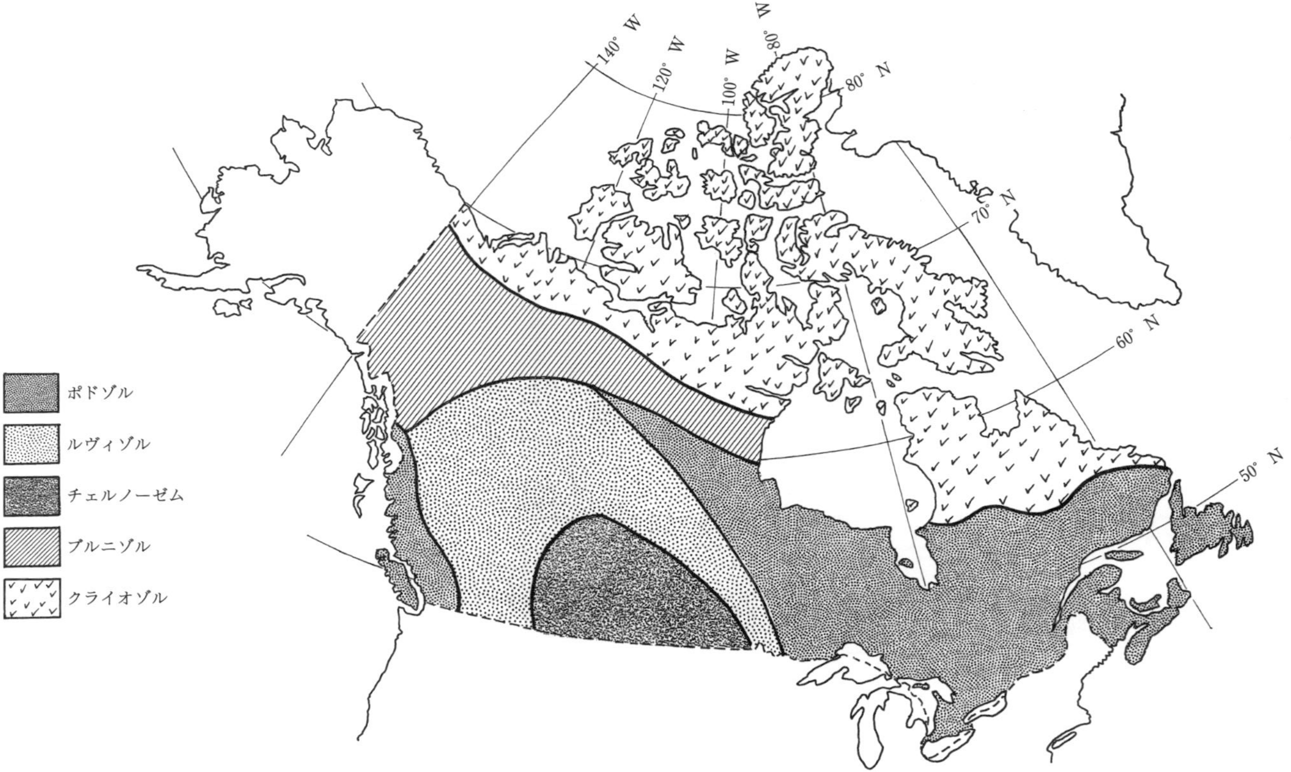

図1-4 カナダの土壌分布図。各地域を代表する主要な土壌の分布を概略的に示す (National Atlas of Canada, 1974 より改描)

ポドゾル
ルヴィソル
チェルノーゼム
ブルニソル
クライオソル

ルはまた，海岸山脈の西斜面から山麓にかけて太平洋沿岸部にも認められる。海岸山脈の東からロッキー山脈にかけて，さらにチェルノーゼム地帯の北側にはルヴィゾルが広範囲に現れる。ところが，そのさらに北から西にかけてはブルニゾルが広く出現する。上記以外の土壌型については，その分布が気候よりは局地的条件によって強く規定されるため，このスケールの地図では表現できず，示されていない。

5．カナダのバイオーム

バイオーム Biome というのは，生態域ともいわれる広域的な自然の大きな区分単位で，大気候，気候的極盛相の植生とその下に発達した土壌，およびその植生と密接に関わる動物群集の特性などによって統括される地理的広がりをいう(Clements & Shelford, 1939)。たとえば，カナダ中央部の大平原には，極度に乾燥した BSk 気候のもとチェルノーゼムという土壌が形成され，そこにはイネ科草本の優占するステップ植生が発達している。エダゾノカモシカやプレーリーバイソン(現在は野生状態では絶滅)が生息し遊動している。

バイオームという観点から眺めると，カナダは次の9つのバイオームに区分できる(図1-5)。すなわち，①西岸性針葉樹林地域，②コーディレラ山岳性針葉樹林地域，③高山ツンドラ地域，④森林ステップ地域，⑤プレーリー草原地域，⑥東部落葉広葉樹林地域，⑦北方林地域，⑧サブアークティック森林ツンドラ地域，⑨北極ツンドラ地域である。表1-2 は，上記の9つのバイオームについて，その環境および植生の特性を要約したものである。各バイオームの詳細については以下の章で記述する。

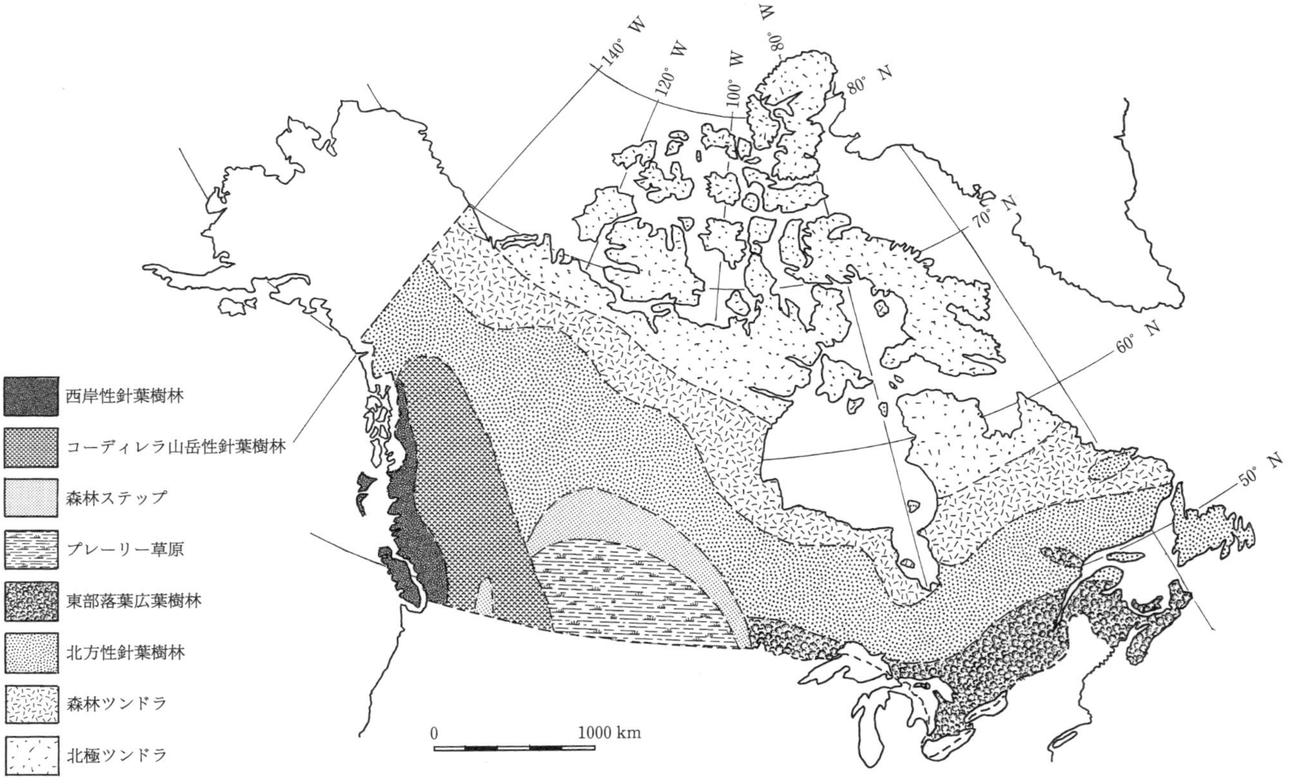

図 1-5 カナダのバイオーム区分（高山ツンドラ地域はきわめて小面積でこの図では表現できないため省略してある）

西岸性針葉樹林
コーディレラ山岳性針葉樹林
森林ステップ
プレーリー草原
東部落葉広葉樹林
北方性針葉樹林
森林ツンドラ
北極ツンドラ

表 1-2 各バイオームの環境および植生特性の要約

バイオーム	気候特性(気候型)	地勢状況	植生景観	景観を決定づける主な植物種	代表的な土壌
西岸性針葉樹林地域	温和過湿(Cfb, Dfb)	山岳地	常緑針葉樹林	ダグラスモミ アメリカツガ アメリカネズコ ミヤマツガ アラスカヒノキ	ブルニゾル
コーディレラ山岳性針葉樹林地域	冷涼湿潤(Dfc)	山岳地	常緑針葉樹林	エンゲルマントウヒ ミヤマツガ コントルタマツ	ポドゾル
高山ツンドラ地域	寒冷湿潤(ET)	山岳地	ツンドラ	カナダツガザクラ オオイワヒゲ コケマンテマ タテヤマキンバイ	レゴソル
森林ステップ地域	冷涼準湿潤(Dfb, Dfc)	平原	森林とステップ	アスペン ヘアリーワイルドライ ミノボロ ラフフェスキュー リチャードソンハネガヤ	ルヴィソル チェルノーぜム
プレーリー草原地域	温和乾燥(Dfb, BSk)	平原	ステップ	ブルーグラマ ミノボロ インディアングラス オオハネガヤ ラフフェスキュー	チェルノーぜム

(つづく)

表1-2 (つづき)

バイオーム	気候特性 (気候型)	地勢状況	植生景観	景観を決定づける主な植物種	代表的な土壌
東部落葉広葉樹林地域	温暖湿潤 (Dfa, Dfb)	丘陵地	落葉広葉樹林	サトウカエデ ベニカエデ アメリカブナ アカナラ シロナラ	ポドゾル アルニソル
北方林地域	冷涼湿潤 (Dfc)	平原	常緑針葉樹林	カナダトウヒ クロトウヒ バンクスマツ アメリカカラマツ	アルニソル
森林ツンドラ地域	寒冷湿潤 (Dfc)	平原	森林とツンドラ	ヒメカンバ ウンクシヤナギ ワタスゲ	ルヴィソル
北極ツンドラ地域	極寒冷準湿潤 (ET)	平原, 丘陵地	ツンドラ	ホッキョクヤナギ オニイワヒゲ ムラサキクモマグサ マキハチョウノスケソウ	クライオソル

第2章　西岸性針葉樹林地域——巨木の森

1. 自然環境の特性
2. 西岸性針葉樹林植生の一般的特性
3. 西岸性針葉樹林の区分
4. 沿海性ダグラスモミ帯
5. 沿海性アメリカツガ帯
6. 沿海性ミヤマツガ帯

良く発達した西岸性針葉樹林の林相

　カナダの太平洋沿岸部には，太平洋岸に並行して北西から南東方向に延びる長大な山脈がある。海岸山脈である。この山脈の西斜面すなわち太平洋に臨む一帯には，温和湿潤な気候に恵まれて，ダグラスモミ，アメリカツガ，アメリカネズコなど，巨木になる温帯性針葉樹が鬱蒼たる森林をつくっている。本章では，世界的にも特異なこの西岸性針葉樹林域について詳述する。

カナダの太平洋沿岸部には，太平洋岸に並行して北西から南東方向に延びる長大な山脈が発達している。北はブリティッシュ・コロンビア州，ユーコン準州，米国アラスカ州が接し合う北緯60度付近から，南はブリティッシュ・コロンビア州と米国ワシントン州が境する北緯49度付近までにわたり，距離にして約1,500 kmに及ぶ長大な山脈である。そこには最高峰ワディントン山 Mt. Waddington(海抜4,017 m)をはじめ，3,000 mを超す山々が連なり，巨大な城壁のごとく太平洋に向かってそそり立っている。これが海岸山脈 The Coast Mountains である(口絵写真1)。

　この山脈は，基本的に環北太平洋火山帯の一環をなすもので，その北においてはユーコン準州からアラスカにかけて延びるセント・イライアス山脈 St. Elias Mountains やランゲル山脈 Wrangell Mountains に続き，南は米国ワシントン州においてカスケード山脈 Cascade Mountains へと連なっている。

　この山脈の西斜面，太平洋に臨む一帯には，世界的にも特異なバイオームが発達している。それは森林性のバイオームであるが，森林は基本的にモミ属 *Abies*，ヒノキ属 *Chamaecyparis*，トガサワラ属 *Pseudotsuga*，ネズコ属 *Thuja*，ツガ属 *Tsuga* などの樹種から構成される。これらは基本的に温帯性の樹種である。山岳地に成立したバイオームであるため地勢は基本的に急峻である。

　このバイオームは，一般に西岸性針葉樹林 West Coast Forest あるいは単純に沿岸性森林 The Coast Forest(Weaver & Clements, 1938)と呼ばれるが，構成樹種が本来的に温帯性の針葉樹であるため温帯性針葉樹林 temperate coniferous forest，あるいはきわめて降水量の多い気候のもとに成立しているために温帯雨林 temperate rain forest と呼ばれることもある。その他，以下に掲げるさまざまな名称で呼ばれている。Coast Forest Region(Rowe, 1959, 1972)，Pacific Coastal Mesothermal Forest Region(Krajina, 1969)，Temperate Mesophytic Forest Region(Daubenmire, 1978)，Pacific Coastal and Cascadian Forest(Barbour & Billings, 1988)，Pacific Cordilleran Ecoclimatic Province(CCELC, 1989)，Wet Coastal Forest / the American Pacific Northwest(Archibold, 1995)，Cordilleran Ecoclimate Province / the Pacific coast forest(Scott, 1995)。

1. 自然環境の特性

1.1. 気候の特性

このバイオームを成立させている基本的な環境要因は温和湿潤な気候である。ここは比較的緯度が高いにも関わらず，黒潮に源を発し太平洋岸を南下する暖流の影響を強く受けるため比較的温和で降水量が多い。図 2-1 は，カナダ太平洋沿岸部を代表するいくつかの地点の気候を示すものである。この地域の気候特性は，大きく以下のようにまとめられる。①低海抜地における最暖月の月平均気温はおおよそ 13～20°C と，夏は比較的冷涼，②同じく最寒月の月平均気温はおおむね −5～5°C と，緯度のわりに冬は温和，③したがって気温の年較差は概して小さい，④年降水量は多くの所で 1,500 mm を超え，所によっては 6,000 mm に達する，⑤年降水量の約 40% は冬期の 3 か月に集中，したがって夏が乾期にあたる。⑥Conrad(1948) の大陸度指数はきわめて低く 6～20 の範囲にあるが，このことは海洋性気候の度合いがきわめて高いことを示唆する。ケッペンの気候区分によると，この地域の気候は基本的に Cfb (西岸性気候) に分類されるが，このバイオームの南部，主としてバンクーバー島東南部では Csb (地中海性気候) になる。また山岳地では標高の高い所で Dfb になる。

1.2. 地質の特性

海岸山脈の基盤をなす地質は中生代の深成活動にともなう深成岩で，岩石学的には花崗岩が広範囲に現れるが，海岸山脈の東斜面では中生代から新生代第三紀の堆積岩も認められる。また全域において安山岩，玄武岩などの貫入が各所に見られる (Douglas et al., 1970)。しかし表層地質に大きな影響を及ぼしているものは第四紀における氷河の影響である。この一帯は第四紀を通じて幾度か氷河に覆われており，高海抜地には現存する氷河も多い。氷河は，侵食，運搬，堆積活動を通して局地的な地形や表層地質に大きな影響を及ぼすが，たとえば氷河の消失後に広範囲に漂礫原 glacial till が形成され，そこにはしばしば遠方から運ばれた岩石が堆積する。

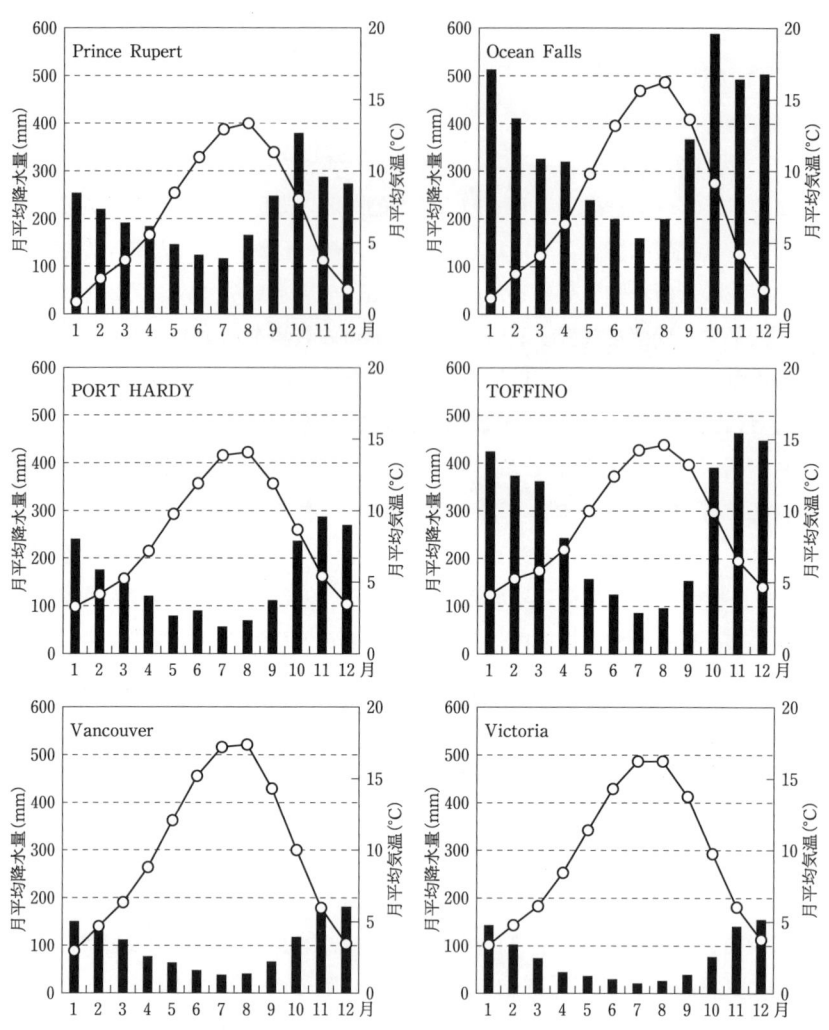

図2-1　西岸性針葉樹林地域を代表する地点の気候図。各地点の月別平均気温(折れ線グラフ)および月別平均降水量(棒グラフ)を示す。

1.3. 土壌の特性

北米大陸北部の太平洋沿岸部は，世界的にも降水量の多い地域のひとつである。降水は冬期に集中するため，ここでは多くの所で大量の降積雪を見る。事実，ここは世界的にも屈指の多雪地域である。大量の降積雪はとくに高海抜地で著しく，山岳地では積雪深が5mを超える所も珍しくない。もともと冬期の気候が比較的温和であることと大量の積雪に保護されて，ここではふつう土壌は凍結しない。そのために年間を通じて土壌の溶脱が著しく進む。その結果，土壌の酸性化は顕著に進み，究極的にはポドゾル系の土壌が広く発達するが，現実には氷河の消失後の時間により，未熟土 (レゴゾル) Regosol やブルニゾル Brunisol など，発達の異なる諸段階の土壌が認められる。

2. 西岸性針葉樹林植生の一般的特性

このバイオームの植生は，以下のような一般的な特徴を示す。

①温帯性針葉樹が森林を構成する

森林を構成する主要樹種として以下のものが挙げられる。アマビリスモミ *Abies amabilis*，オオモミ *Abies grandis*，シトカトウヒ *Picea sitchensis*，コントルタマツ *Pinus contorta*，ダグラスモミ *Pseudotsuga menziesii* var. *menziesii*，アメリカツガ *Tsuga heterophylla*，ミヤマツガ *Tsuga mertensiana*，アラスカヒノキ *Chamaecyparis nootkatensis*，アメリカネズコ *Thuja plicata*。これらのうち，とくに *Chamaecyparis* 属，*Pseudotsuga* 属，*Thuja* 属，*Tsuga* 属は，いずれも温帯性の樹種であるが，これらが優占種となりこのバイオームを特徴づけている。

②概して樹木の生長が早く，樹木は長命で巨木になる

温和湿潤な気候に恵まれて樹木の生長は早い。ここは世界で最も森林生産性の高いバイオームである。この地域の代表的な樹種であるアメリカツガの場合，最適地における地位指数は40 m/100年を超え，平均的な立地での地位指数も30〜35 m/100年程度である。林業的に重要なダグラスモミの場合，最適地での地位指数は45〜52 m/100年，平均的な立地でも35〜40 m/100年と，生長はきわめて良好である。樹木のサイズも大きく，とくにダグラス

モミは巨木になることでよく知られているが，記録としては胸高直径 450 cm，樹高 85 m にも達する。アメリカツガの場合でも，生長の良い立地では胸高直径 150 cm，樹高 60 m に達することも少なくない (口絵写真 4)。しかし肥大生長の点で最も巨木化するのはアメリカネズコで，胸高直径 640 cm に達したという記録がある。これらの大径木は樹齢 1,000 年に及ぶものも多い。

③森林の単位面積あたりの材積量がきわめて大きい

樹木のサイズが大きいため，単位面積あたりの材積量も概してきわめて大きい。十分に成熟安定した森林では，材積量は平均的な立地においてヘクタールあたり 1,500 m³ に達する。生長の良い立地では，ヘクタールあたり 2,500 m³ 近くにもなる。またダグラスモミの大径木が集中した箇所では，ヘクタールあたり 4,000 m³ に達する場合もある。

④特有の植物相によって特徴づけられる

この地域のフロラには，分布が太平洋沿岸部に局限されるいわゆる温帯要素が数多く含まれる。上に挙げた樹種の他に，主な植物として以下のようなものがある。これらの中には日本との共通種(*を付した)も認められる。

Acer macrophyllum, Achlys triphylla*, Alnus rubra, Arbutus menziesii, Dicentra formosa, Equisetum termateia, Erythronium oregonum, Fritillaria lanceolata, Gaultheria shallon, Holodiscus discolor, Lysichitum americanum, Mahonia nervosa, Maianthemum dilatatum*, Osmaronia cerasiformis, Quercus garryana, Ribes sanguineum, Rubus parviflorus, Rubus spectabilis, Symphoricarpos albus, Tiarella trifoliata, Trillium ovatum, Vaccinium alaskaense, Vaccinium parvifolium

⑤日本の山岳性針葉樹林帯と似た植生的景観的特性を持つ

ここでは，*Chamaecyparis* 属，*Pseudotsuga* 属，*Thuja* 属，*Tsuga* 属など温帯性針葉樹が気候的極盛相の樹冠層を形成しており，また林床にも日本の山岳性針葉樹林との共通種も多く，景観的また植生的に日本の山岳性針葉樹林(日本でいう〝亜高山帯林〟)と似た所がある。

3. 西岸性針葉樹林の区分

　西岸性針葉樹林の成立する海岸山脈は，南は米国オレゴン州南部の北緯40度付近から，北はアラスカ州南東部北緯62度付近まで，緯度にして20度以上の広がりを持ち，また標高的にも0 mから4,000 mを超える高海抜地まで，大きな標高差を有する。そのため気候環境は場所により大きく変化し，それを反映して植生も多様に変化する。

　カナダの西岸性針葉樹林地域に関しブリティッシュ・コロンビア大学のKrajina(1959, 1965, 1969)は，この地域に，①沿海性ダグラスモミ帯 Coastal Douglas-fir Zone，②沿海性アメリカツガ帯 Coastal Western Hemlock Zone，③山岳性ミヤマツガ帯 Mountain Hemlock Zone，④沿海性高山ツンドラ帯 Coastal Alpine Tundra Zone と，4つの生態区 biogeoclimatic zone を認めている。本章では，高山ツンドラ帯を除く3つの森林性の生態区について以下に記述する。

4. 沿海性ダグラスモミ帯

　この生態区は，気候的極盛相としてダクラスモミの森林によって代表される森林帯で，カナダでは主としてバンクーバー島の東南部に認められるが，ジョージア海峡 the Strait of Georgia をはさんで向かい合う大陸本土の一帯，米国ワシントン州のオリンピック半島北東部からシアトル周辺にかけての一帯，比較的狭い地域に発達している。この生態区は，Franklin & Dyrness (1973) の *Tsuga heterophylla* Zone の一部をなすもので，その中でも比較的降水量の少ない地域に成立する。

　この生態区は，カナダ領内における西岸性針葉樹林の中でも最も南部に位置するため，気候的には温暖な所である。さらにこの生態区は，バンクーバー島およびオリンピック半島の脊梁をなす山岳地の東側に成立しているが，これらの山岳によって太平洋の影響が遮られるため，ここは気候的に西岸性針葉樹林地域の中で最も乾燥しており，本来的に年降水量が2,000 mmを

超える地域にあって，ここだけは1,500 mm 以下と少ない。ちょうど日本の瀬戸内海地方に似た地勢条件のもとにあるが，このように山岳の影響により降水量が減少することをレイン・シャドウ効果 rain shadow effect，あるいは山影効果ともいう。そのため湿潤な西岸性気候のもとにあっても，ここには例外的に夏期，極度に乾燥する地中海性気候(ケッペンの気候区分による Csb 型)が現れる。沿海性ダグラスモミ帯は，このような気候のもとに成立した生態区である。したがって降水量が増加し年降水量が1,500 mm を超えると，この生態区は沿海性アメリカツガ帯に移り変わる。そのためこの生態区の地理的境界は，年降水量1,500 mm の等量線にほぼ一致する。標高的には，この生態区は南部においては臨海部から海抜高度500 m 付近にまで達するが，北部においては標高ではなく降水量の多少がこの生態区の地理的範囲を決定する。

　もともと温暖で降水量の少ない地中海性気候のもとに発達する生態区であるが，その中でも相対的な降水量の違いに応じて，この生態区は湿潤亜区 wet subzone と乾燥亜区 dry subzone に区別される。前者は年降水量が約1,000～1,500 mm の地域に，後者は年降水量が約600～1,000 mm の地域に認められる。

　比較的乾燥した地中海性気候がダグラスモミ帯を成立させている主要な要因であるが，もうひとつの要因は肥沃な土壌である。この生態区は，ジョージア海峡をとりまく低海抜地に発達している。このあたりは，かつてウィスコンシン氷期の間，多くの所で海面下にあった。ところが氷期が終わり，氷床が後退するとともに陸地はその重圧から解放され，アイソスタシー isostasy により隆起して海面上に現れた(Holland, 1964)。そのためここでは海底堆積物が広く分布し，多くの所でそれが重要な土壌母材となる。このような海底堆積物は，本来的にナトリウム，カルシウム，マグネシウムなどの塩基性イオン〈塩類〉に富んでいる。加えて温暖少雨気候のために土壌中にあるこれら塩類の溶脱が進行しない。そのため，ここでは概して栄養塩類に富む肥沃な土壌が広く認められる。一般的に土壌 A 層の pH は5～6の範囲にある。このこともまた，肥沃な土壌を求めるダグラスモミにとって好都合な条件となる。土壌型としては，カナダ土壌分類体系(CSSC, 1998)によるブルニゾル

Brunisol が広範囲に発達するが，その中でもとくに栄養塩類に富むユートリック・ブルニゾル Eutric Brunisol や，溶脱のやや進んだ箇所ではディストリック・ブルニゾル Dystric Brunisol が広く認められる。

　本生態区に出現する高木樹種の数は比較的多い。図 2-2 は，この生態区における主要樹種の生態分布を，Krajina (1969) に基づいて土壌条件 (湿潤度および肥沃度) との関係で示すものである。また図 2-3 は，この生態区における代表的な群落の分化を地形との関連で模式的に表したものである。表 2-1 は，この生態区において異なる立地条件に成立した代表的な群落を構成する主要な種を示すものである。以下に沿海性ダグラスモミ帯の主要な植生について記述する。

4.1. 気候的極盛相の植生

　気候的極盛相の森林は，ふつうゆるやかに起伏した地形中腹部の斜面上に発達する。基本的にダグラスモミの純林となるが，所によってはオオモミが混じることがある。立木はやや疎らに生育し林内は比較的明るい。樹木の平均的なサイズは，樹高 30〜40 m，胸高直径 40〜60 cm 程度である。更新状

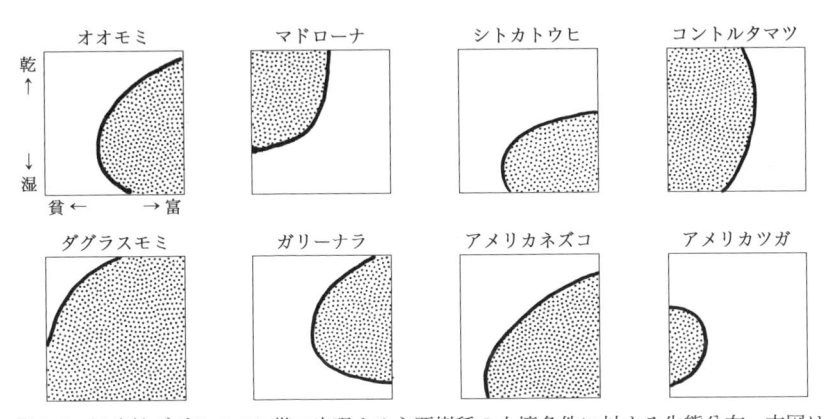

図 2-2　沿岸性ダグラスモミ帯に出現する主要樹種の土壌条件に対する生態分布。本図は Krajina (1969) の手法に基づき，土壌の乾湿度を縦軸，肥沃度を横軸とする平面上に各種の生育可能範囲を打点パターンで示した。乾湿度は，その生態区内において最も乾燥した立地を縦軸上端，最も湿潤な立地を下端とし，肥沃度は，その生態区内において最も貧しい立地を横軸左端，最も肥沃な立地を右端とし，野外調査および各種報告類に基づき，その平面上で当該種が出現できる範囲を示した。

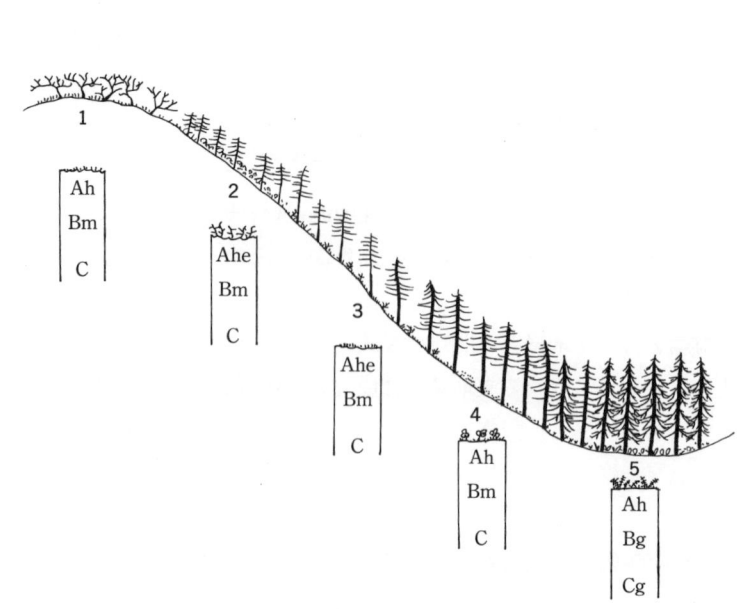

図 2-3 沿岸性ダグラスモミ帯における代表的な植物群落と土壌の層分化の様子を地形的位置との関係で示す。1：ガリーナラ群落，2：ダグラスモミ-サラル型群落，3：ダグラスモミ-オレゴングレープ-コケ型群落，4：ダグラスモミ-アメリカナンブソウ型群落，5：アメリカネズコ-ツルギバシダ型群落

表 2-1 沿岸性ダグラスモミ帯において異なる立地に成立した植生の各階層を代表する主要な種。カッコ内の種は比較的疎生するもの。

	乾性地	適潤地	湿性地
高木層	*Quercus garryana* (*Pseudotsuga menziesii*) (*Arbutus menziesii*)	*Pseudotsuga menziesii* (*Abies grandis*)	*Thuja plicata* *Pseudotsuga menziesii* *Picea sitchensis*
低木層	*Symphoricarpos mollis* *Holodiscus discolor* *Mahonia aquifolium*	*Mahonia nervosa* *Holodiscus discolor* *Osmaronia cerasiformis* (*Gaultheria shallon*)	*Rubus parviflorus* *Sambucus racemosa* *Ribes sanguineum*
草本層	*Sisyrinchium douglasii* *Erythronium oregonum* *Trillium ovatum* *Camassia quamash* *Plectritis congesta*	*Tiarella laciniata* *Achlys triphylla* *Adenocaulon bicolor* *Luzula parviflora* *Galium triflorum*	*Polystichum munitum* *Tiarella trifoliata* *Gymnocarpium dryopteris* *Athyrium filix-femina* *Lysichitum americanum*

態はやや希薄で，更新木であるダグラスモミが散生する。ただ倒朽木が堆積している箇所には，しばしばアメリカツガの稚樹がかたまって生育することがある。

林床には，オレゴングレープ，ホロディスクス，サスカツーンベリー，スノーベリー，オスマロニアなどの低木が生育し，主な草本としてはキレハズダヤクシュ，フーカーチゴユリ，ナンブソウ，ツルギバシダ，ウッドラッシュ，エンレイソウ類(*Trillium ovatum*)，アメリカノブキなどが見られるが，概して被度は小さい。しかし林床を特徴づけるものは，むしろカーペット状に圧倒的に発達したコケ層である。コケ層の優占種としては，キブリナギゴケ類(*Eurhynchium oreganum*)，イワダレゴケ，フサゴケ類(*Rhytidiadelphus triquetrus*)などが認められる。

極相林を代表する森林であるが，森林の生産性は必ずしも高くはない。優占種ダグラスモミの地位指数は 30 m/100 年，オオモミも 30 m/100 年程度である。立木材積量は 800〜1,000 m³/ha 程度である。この森林は，Eyre (1980) の "forest cover types of the United States and Canada"（アメリカ合衆国ならびにカナダの森林型）による Pacific Douglas-fir Forest (Type 229) に相当する。

4.2. 倒木更新による森林の成立

本来的にダグラスモミが気候的極盛相として成立する地域であるが，アメリカツガが鬱蒼と生育した森林も各所に認められる。このような森林をよく見ると，林床には腐朽した倒木が大量に散乱しており，アメリカツガはこのような倒朽木の上に生えていることが多い。これを倒木更新という。人跡未踏の原生林では，強風による風倒，山火，病虫害，その他の枯死による倒木が，収穫されることもなく林内には散乱して朽ち果てる。そんな倒朽木は大量の水分を保持し，またきわめて酸性が強い。そのため大量の倒朽木が散乱している育地では，基質の酸性が強く(pH 3〜4)かつ湿っているため，局地的にはダグラスモミよりはアメリカツガにとって好適な環境が成立する。その結果，気候的にはダクラスモミに適した条件であっても，ここではむしろ倒木更新によりアメリカツガが定着繁茂するのである。

4.3. 湿潤地の植生

斜面下部や谷底部の湿潤な育地には，しばしばダグラスモミとアメリカネズコの混生林が現れる。アメリカネズコは大径老木になることでよく知られているが，ここではダグラスモミも巨木化する。十分に成熟安定した森林における平均的な樹木のサイズは，樹高 60～70 m，胸高直径 100～200 cm に達する。

巨木が鬱蒼と茂るうす暗い林内には，オレゴングレープ，スノーベリー，シンブルベリー，アカスグリ，アメリカニワトコなどの低木が生育する。主な草本としては，ツルギバシダ，ミツバズダヤクシュ *Tiarella trifoliata*，フーカーチゴユリ，モンテイア，クジャクシダ，ウサギシダ，メシダなどが繁茂する。しかし，ここでも林床にはコケが圧倒的に優占するが，主なコケ類としてキブリナギゴケ類(*Eurhynchium oreganum*)，チョウチンゴケ類(*Plagiomnium undullatum*)，フサゴケ類(*Rhytidiadelphus loreus*)などが挙げられる。このような生態系は，湿潤肥沃な育地に成立した土地的極盛相と見なされる。

十分な水分と肥沃な土壌に恵まれて，ここでは森林の生産性はきわめて高い。立木材積量は 2,000 m³/ha を超えることも珍しくない。ダグラスモミの地位指数は 50 m/100 年，オオモミ 50 m/100 年，アメリカネズコも 50 m/100 年に達する。この森林は，Eyre(1980)の Western Redcedar Forest (Type 228)に相当する。

4.4. 局所的な広葉樹の樹叢

ガリーナラ林

基本的に針葉樹によって代表される地域であるが，局所的に広葉樹が生育し，小さな樹叢を形成することがある。その例としてガリーナラ *Quercus garryana* が挙げられる。このナラは，気候的に温暖で乾燥し，かつ水はけのよい肥沃な立地に集中的に生育する。そのためガリーナラは，この生態区の南部，主としてバンクーバー島ビクトリア市周辺の小高い丘陵頂部によく生育し，そこでは開けた樹林をつくることが多い。良く成熟したガリーナラの平均的な大きさは，樹高 15～25 m，胸高直径 30～50 cm 程度である。大陸本土では，フレーザー川低地において南面する丘陵地に，きわめて小面積に

認められる。ガリーナラ林は，植物群落として特徴ある種構成を示す。林床には，オレゴンカタクリ，ドデカテオン，シシリンチウム，カナダクロユリ，プレクトリテイス，ロマチウムなど，特有の植物が見られるが，これらは基本的に陽生植物 heliotropic で，開けた明るい森林であることが生育と定着を促している。またこれらの植物は"春植物"で，花時にはいっせいに開花し，まだ十分に葉の広がらないガリーナラの下にみごとな"お花畑"を展開する。この森林は，Eyre (1980) の Oregon White Oak Forest (Type 233) にあたる。

マドローナ林

マドローナはツツジ科の常緑高木で，大きなものでは胸高直径 40 cm，樹高 20 m にもなる。この樹種もこの生態区を特徴づける広葉樹である。ただガリーナラと反対に，マドローナは栄養条件の悪い瘠せた乾燥地に良く生育する。そのため，他の樹種の生育困難な岩場や岩棚上などに良く生え，そこで開けた樹林を形成し，明るい茶褐色の樹幹とともに特徴的な景観を構成する。

オオバカエデ林

カエデ科のオオバカエデもこの生態区に特徴的な落葉広葉樹である。概して肥沃で適潤な立地に生育する。純林を形成することは少なく，ふつうはダグラスモミやアメリカネズコと混生する。樹木のサイズは，大きなものでは樹高 20 m，胸高直径 40〜50 cm 程度に達する。この木の樹皮には，しばしば *Polypodium glycyrrhiza*，コクサゴケ類 (*Isothecium*)，ヒラゴケ類 (*Neckera*)，ハイゴケ類 (*Hypnum*)，ヤスデゴケ類 (*Frullania*)，ヒシャクゴケ類 (*Scapania*)，サンゴゴケ類 (*Sphaerophorus*)，カブトゴケ類 (*Lobaria*)，ホネキノリ類 (*Alectoria*) などの着生シダ類，蘚苔類，地衣類が密生し独特の景観を形成する。

アカハンノキ林

安定した針葉樹林が火災，伐採，その他の原因で破壊されると，その後，しばしばアカハンノキの純林が成立する。この林は遷移の初期段階として，とくに土壌が湿潤かつ肥沃な育地に成立する。しかしアカハンノキは陽樹で，

遷移の進行とともに林内にはアメリカネズコやダグラスモミ，オオモミなどが進入し，やがてこれらの針葉樹林へと置き換えられ変わっていく。

4.5. 乾性草地の植生

この生態区のもうひとつの特徴は，地形的に南に面した斜面では，しばしば草地植生が見られることである。これは氷河に磨かれた母岩の露頭周辺に発達する植生である。そこここにある岩場のポケットにはガリーナラが疎生し，比較的浅い土壌の上にイネ科植物のアイラやワイルドライなどが優占，一種のサバンナのような景観が成立する。ここにはさまざまな春植物が生育する。主なものとして，オレゴンカタクリ，カナダクロユリ，ドデカテオン，シシリンチウム，カマシア，プレクトリティスなどが挙げられる。

5. 沿海性アメリカツガ帯

本生態区は，アメリカツガ林を気候的極盛相とする生態区である。カナダの太平洋沿岸部のほぼ全域に分布し，カナダにおける西岸性針葉樹林の主体をなす生態区で，Franklin & Dyrness(1973) の *Tsuga heterophylla* Zone に相当する。

この生態区は，比較的温和かつ湿潤な北米太平洋岸の西岸性気候を最も良く代表する森林帯で，西岸性針葉樹林バイオームの代表ともいえる森林帯である。ここは，年降水量が 1,500 mm 以上ときわめて多く，所によっては 6,000 mm を超える。冬が雨期にあたり，とくに山岳地では大量の降積雪を見る。そのため分厚い積雪に覆われて，ここでは冬の間も土壌は凍結しない。その結果，土壌の溶脱とポドゾル化が良く進み，土壌は酸性が強く(A層の pH 3.5〜5.0 程度)，栄養塩類に乏しいものとなる。事実，この生態区に最も一般的に見られる土壌はポドゾルであるが，その中でもとくにカナダ土壌分類体系(CSSC, 1998)によるヒューミック・ポドゾル Humic Podzol あるいはヒュモフェリック・ポドゾル Humo-ferric Podzol と呼ばれる土壌型が広く現れる。また林床には酸性の強いアメリカツガの落葉が分厚く堆積して，典型的なモル型腐植が形成される。

第 2 章　西岸性針葉樹林地域　37

年降水量 1,500 mm を超える湿潤な気候と，その結果として酸性が強くポドゾル化の進んだ栄養塩に乏しい土壌はダグラスモミの生育には適さないが，このような環境にアメリカツガは良く適応している。そのためここではアメリカツガが良く繁茂し多くの所で純林を形成，この生態区を代表する。図 2-4 は，この生態区における主要樹種の生態分布を，Krajina(1969)に基づいて土壌条件(湿潤度および肥沃度)との関係で示すものである。また図 2-5 は，この生態区における代表的な群落の分化を地形との関連で模式的に表わしたものである。表 2-2 は，この生態区において異なる立地条件に成立した群落を構成する主要な種を示すものである。以下に沿海性アメリカツガ帯の代表的な植生について記述する。

5.1. 気候的極盛相の植生

　気候的極盛相は，地形的にはゆるやかな山腹斜面に成立し基本的にアメリカツガの純林となる。カナダの太平洋沿岸部の低地では，この森林がきわめて広い範囲に認められる。降水量の多い山岳地域では，しばしばここにアマビリスモミが混生する。一般に樹木は密生し，十分に成熟安定した森林では，アメリカツガは樹高 50 m，胸高直径 80〜100 cm に達する。樹齢は 200〜300 年程度である。土壌表面には針葉樹の落葉枝が分厚く堆積して典型的な

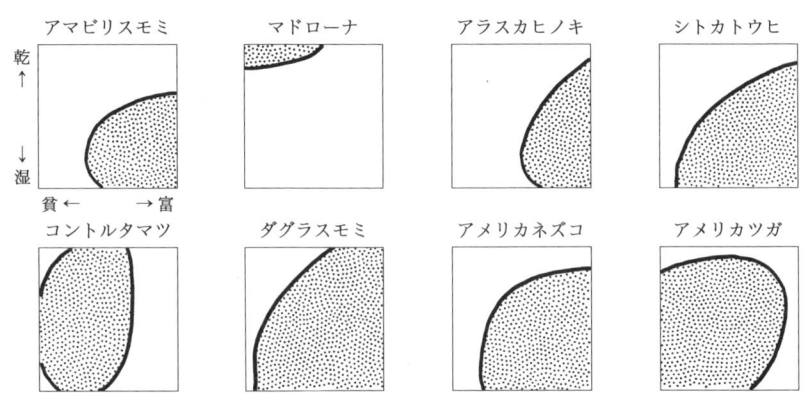

図 2-4　沿岸性アメリカツガ帯に出現する主要樹種の土壌条件に対する生態分布
　　　(図の説明については，図 2-2 を参照のこと)

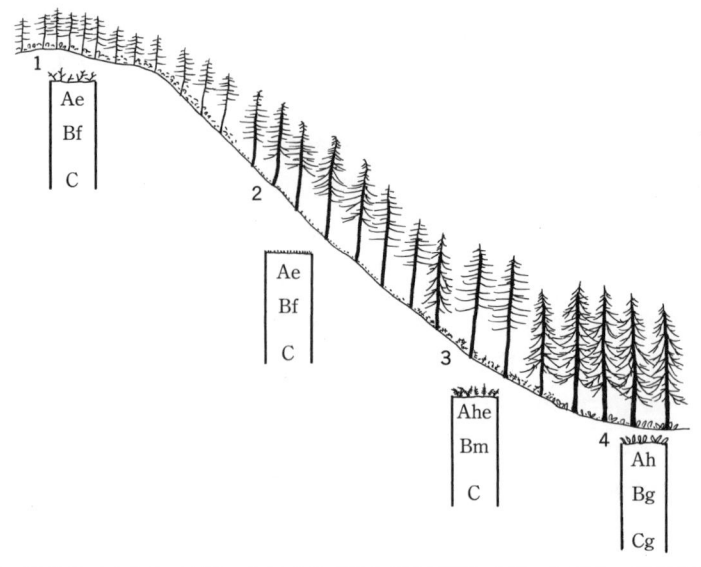

図 2-5 沿岸性アメリカツガ帯における代表的な植物群落と土壌の層分化の様子を地形的位置との関係で示す。1：ダグラスモミ-サラル型群落，2：アメリカツガ-コケ型群落，3：ダグラスモミ-ツルギバシダ型群落，4：アメリカネズコ・シトカトウヒ-アメリカミズバショウ型群落

表 2-2 沿岸性アメリカツガ帯において異なる立地に成立した植生の各階層を代表する主要な種。カッコ内の種は比較的疎生するもの。

	乾性地	適潤地	湿性地
高木層	Pinus contorta Pseudotsuga menziesii	Tsuga heterophylla (Abies amabilis)	Thuja plicata (Picea sitchensis)
低木層	Gaultheria shallon Vaccinium parvifolium Mahonia nervosa Rosa gymnocarpa	Vaccinium parvifolium Vaccinium alaskaense Menziesia ferruginea Mahonia nervosa	Oplopanax horridus Rubus spectabilis Rubus parviflorus Vaccinium alaskaense
草本層	Linnaea borealis Achlys triphylla Chimaphilla umbellata Goodyera oblongifolia Pyrola picta Tiarella trifoliata	Achlys triphylla Cornus canadensis Clintonia uniflora Rubus pedatus Pyrola secunda Blechnum spicant	Polystichum munitum Athyrium filix-femina Adiantum pedatum Lysichitum americanum Streptopus amplexifolius Achlys triphylla

モル型腐植が形成される。このような腐植の pH は 3.0〜4.5 程度。土壌は溶脱が良く進行し，ポドゾル系の土壌が広く発達する。土壌 A 層の pH は 4.0〜5.0 程度である。

　林内はうす暗く，林床にはアラスカスノキ，カナダコヨウラク，シトカナナカマドなどの低木が生育し，アメリカツガやアマビリスモミなどの更新樹が大量に生育している。主な草本としてコガネイチゴ，ゴゼンタチバナ，イチゲツバメオモト，タケシマラン，シシガシラ，リンネソウ，コイチヤクソウ，ナンブソウなどが挙げられる。林床のコケ層がきわめて良く発達しているのも特徴的である。主なコケ類として，フサゴケ類(*Rhytidiadelphus loreus*)，サナダゴケ類(*Plagiothecium undulatum*)，イワダレゴケ(*Hylocomium splendens*)，シッポゴケ類(*Dicranum fuscescens*)などがあるが，これらが林床に分厚いカーペット状に生育している。

　アメリカツガからなる極相林の森林生産性は中位である。森林の材積量は 1,000〜1,500 m³/ha 程度。ダグラスモミの地位指数は 45 m/100 年，アメリカツガの地位指数は 40 m/100 年である。この森林は，Eyre(1980)の Western Hemlock Forest(Type 224)にあたる。

　アメリカツガを優占種とする森林であるが，しばしば高木層にダグラスモミの大径木が混じっている。これは，森林発達の遷移の初期段階からの残存木で，現地では俗にウルフツリー wolf tree とも呼ばれる。西岸性針葉樹林地域では，夏の乾燥期にしばしば山火事が発生する。森林が山火事などで破壊されると，その後多くの場合，そこにはアメリカツガではなくダグラスモミの一斉林が成立する。火災の後，急に日当たりが良くなり，また火災の灰によって土壌が中和されて土壌 pH が上昇し，ダグラスモミの生育に適した環境が形成されるからである。しかし樹木が生長し遷移が進行すると，林内は次第に暗くなり，本来的に陽樹であるダグラスモミの生育は阻まれ林内には更新樹が育たない。また林床に落葉枝が分厚く堆積して土壌の酸性化が進むため，土壌環境の点からもダグラスモミには不都合な状況が進行し，やがてダグラスモミによる更新は困難となる。ところがアメリカツガはこのような環境に良く適応しており，林内にはアメリカツガの稚樹が旺盛に生育し，やがてダグラスモミに置き換わっていく。こうして再びアメリカツガの林が，

成熟安定した極相林として成立することになる。このときアメリカツガ林の中には，しばしば遷移初期からのダグラスモミが残存木として残っており，これがウルフツリーとなる。

5.2. 乾性地の植生

地形の尾根部や台地頂部，あるいは基岩上の土壌の浅い乾燥した育地には，その条件に見合った極盛相の生態系が発達する。このような箇所では，水はけが良好で溶脱が進行する。そのため土壌は，乾性で栄養塩類に乏しくかつ酸性の強いものとなる。土壌A層でのpHは4.5～5.0である。このような育地はアメリカツガにとって化学性の点では問題はないが，土壌の乾燥が生育を阻み，水分保持力・供給力の十分な倒朽木上を除いてアメリカツガは生育できない。いっぽう化学性から見ると，ここはダグラスモミの生育にとって必ずしも好適ではないが，比較的日当たりが良好なことと，アメリカツガとの競争が少ないため，結果的にダグラスモミが生育してダグラスモミの純林が成立する。とはいえ，ダグラスモミはやや疎らに生育し，また樹木の生育は必ずしも良くはない。樹冠閉鎖率は60%程度である。森林生産性は低く，ここでダグラスモミの地位指数は20 m/100年程度，林木材積量は300～500 m³/ha程度にすぎない。

林床は，多くの場合，サラルが圧倒的に優占する。サラルは高さ1.5 m前後のツツジ科の低木で密生し，ちょうど日本の森林に見られるササ層のように緻密な階層を構成する。そのため，ここでは他の植物が定着しにくく，低木としては僅かにハックルベリー，オレゴングレープが散生するにすぎない。草本層も貧弱で，カナダウメガサソウ，リンネソウ，ナンブソウ，オオミヤマウズラなどが散生する。それに対しコケ層の発達はきわめて良好である。キブリナギゴケ類(*Eurhynchium oreganum*)，イワダレゴケ(*Hylocomium splendens*)，フサゴケ類(*Rhytidiadelphus loreus*)などが密に地表面を覆う。この森林は，Eyre(1980)のDouglas-Fir-Western Hemlock Forest(Type 230)に相当する。

5.3. 湿潤地の植生

斜面下部や谷底の湿った育地にはツルギバシダによって特徴づけられる独特の生態系が現れる。ここは西岸性針葉樹林の中でもとくに巨木が集中する所である。十分に成熟安定した天然林では，ふつうダグラスモミが優占種となるが，きわめて巨木化し樹高 70 m，胸高直径は 200 cm に達することも珍しくない。ここは，西岸性針葉樹林の中でも最も森林生産性の高い生態系である(Klinka & Carter, 1980; Klinka, Feller & Lowe, 1981)。ということは，ここは全カナダの森林の中でも最も生産性の高い生態系であるともいえる。ここで，ダグラスモミの地位指数は 60 m/100 年，シトカトウヒ，アメリカネズコともに 50 m/100 年に達する。そのような森林では材積量が 2,000 m^3/ha を超えることも珍しくない。

森林はダグラスモミの優占する森林であるが，部分的にアメリカネズコや，所によってはシトカトウヒが混生することもある。ここは，アメリカツガにとって土壌が肥沃すぎるため，アメリカツガはほとんど生育しないか，あっても酸性の強い倒朽木上に僅かに認められるにすぎない。この生態区では一般にモル型腐植が広く発達するが，この場所ではモダー型が現れ腐植層の pH は 4.5〜5.0 程度，土壌 A 層の pH は 5.0〜6.0 程度と比較的高い値を示す。土壌型は基本的にカナダ土壌分類体系によるディストリック・ブルニゾル Dystric Brunisol になるが，所によってはヒューミック・ポドゾル Humic Podzol が現れる場合もある。

巨木が集中する森林ではあるが，林床植物の発達も良い。また出現種数も多い。低木層にはベニバナイチゴ，シンブルベリー，オレゴングレープ，アメリカハリブキ，アメリカニワトコなどが各所に生育，草本としてはツルギバシダが圧倒的に優占するが，ナンブソウ，ミツバズダヤクシュ，ヤツガタケムグラ，フーカーチゴユリ，セイブエンレイソウ，クジャクシダ，アメリカンアオイなど，ここに出現する種類数は多い。コケ層においても，チョウチンゴケ類(*Plagiomnium insigne*, *Leucolepis menziesii*)，キブリナギゴケ類(*Eurhynchium oreganum*)などが地表面を密に覆う。この森林は，Eyre(1980)の Western Redcedar-Western Hemlock Forest (Type 227)に相当する。

5.4. 湿潤肥沃地に成立するシトカトウヒ林

湿潤な育地を特徴づけるいまひとつの森林群落は,シトカトウヒ林である(Cordes, 1968; Krajina, 1969)。山岳地の下部斜面や谷底あるいは安定したはんらん原などによく成立する。ここは土壌が過湿で,地表面には水溜りが認められることもある。シトカトウヒが優占樹種となるが,多くの場合アメリカネズコが混生する。部分的にダグラスモミの大径木が疎らに生育することもある。ここでは,周辺の斜面上部から地下水が集中する所で,地下水によって運ばれた各種栄養塩類が集積する。そのため土壌は肥沃で,土壌A層のpHも6.0〜6.5と高い。土壌型は多くの場合,ヒューミック・グライソル Humic Gleysol になる。

十分な水分と養分供給に恵まれて樹木の生育はきわめて良好である。優占種シトカトウヒは,ここでは樹高50 m,胸高直径150〜180 cmに達し,地位指数は50 m/100年,立木材積量は1,200 m³/haを超える。

植生は,過湿かつ肥沃な育地を指標する植物が特徴的に集中する。出現種数は豊富で,とくに草本植物種が多いのが特徴である。主な草本種として,ウサギシダ,ツルギバシダ,メシダ,クジャクシダなどのシダ植物が高い被度で現れる他,ミツバズダヤクシュ,カロライナモミジカラマツ,マイヅルソウ,ヤツガタケムグラ,ナンブソウ,アマリカノブキ,アメリカミズバショウ,パシフィックセリ,クーレーイヌゴマなどが,この植生を特徴づける。低木としては,アメリカハリブキやベニバナイチゴも過湿かつ肥沃な土壌条件を指標するものである。コケ層の発達は中位程度で,主なものとしてフサゴケ類(*Rhytidiadelphus loreus*),サナダゴケ類(*Plagiothecium undulatum*),キブリナギゴケ類(*Eurhinchium praelongum*)などの他,チョウチンゴケ類(*Leucolepis menziesii, Mnium insigne, M. glabrescens*),ジャゴケ,ミズゼニゴケ類(*Pellia epiphylla*)が特徴的に生育するが,これらは過湿条件を指標する。この森林は,Eyre(1980)のSitka Spruce Forest(Type 223)に相当する。

5.5. 海岸砂丘・段丘上の植生

ブリティッシュ・コロンビア州の太平洋岸には,さまざまな規模で海岸砂丘や段丘が発達しているが,ここには安定した箇所にシトカトウヒからなる

独特の森林が成立する(Cordes, 1968)。高木層はふつうシトカトウヒ1種類から構成されており，林床は水はけの良い乾燥した育地では多くの場合サラルが低木層に密生するが，適潤地ではしばしばマイヅルソウが草本層に繁茂する。植生の種構成は単調で出現種数は概して少ない。この類の森林は，太平洋に沿って南は米国オレゴン州からブリティッシュ・コロンビア州を経過してアラスカ南部にまで至っている。しかし太平洋岸から内陸方向へはほとんど進入せず，海岸からせいぜい3～5 km程度に局限される。この森林をFranklin & Dyrness(1973)は，*Picea sitchensis* Zoneとして，独自の植生帯として認めている。

シトカトウヒは，ここでふつう純林を形成するが，海からの卓越風を受けて，シトカトウヒは砂丘や段丘の最前部においては矮生屈曲した特有の風衝形を示す。しかし前線から離れるにつれて直立した生育形になる。海風の影響の比較的少ない内陸側斜面では，シトカトウヒは樹高20～30 m，胸高直径30～50 cmに達し，立木材積量は500～800 m³/haに達する。

この一帯は，常に海からの強い影響を受ける所である。その重要な影響のひとつは，風によって運ばれる海水の飛沫を常に受けることである。海水の飛沫は多量の塩類を含んでいるため，ここでは塩類供給が過剰になり，ふつうの植物にとってはいわゆる塩害が生じやすい。しかしシトカトウヒはこのような環境に耐えられるばかりではなく，本来的に多量のマグネシウムを要求する種で(Krajina, 1969)，むしろ塩類供給の豊富な臨海地の利点を利用して繁茂する。このようにシトカトウヒは，他の樹種との競争もほとんどなく，むしろ海から供給される栄養塩類を積極的に利用することで，他の樹種の生育できない海岸砂丘に定着の場を確保しているといえる。土壌は，一般にディストリック・ブルニゾル Dystric Brunisolになるが，段丘頂部の水はけが良く溶脱の進んだ箇所には，しばしばイリュービエイテッド・ディストリック・ブルニゾル Eluviated Dystric Brunisolが現れる。この森林は，Eyre(1980)の Sitka Spruce Forest(Type 223)に相当する。

5.6. 地質が植生発達に及ぼす影響

ブリティッシュ・コロンビア州の南西部，太平洋沿岸部にバンクーバー島

Vancouver Island と呼ばれる島がある。長さ約 440 km, 幅は広い所で約 100 km の, "さつま芋" のような形をした細長い島である。島の中央部には 2,000 m を超える山岳がいくつも連っている。

この島の中央部にストラスコーナ州立公園 Strathcona Provincial Park と呼ばれる自然公園がある。この公園の一帯にはバンクーバー島の中央部としては珍しく, みごとなダグラスモミ林が発達している。近隣の観測所のデータによると, この地域の年降水量は少なくとも 1,600 mm を超え, 年平均気温は 7.0°C に達しないと推定されるが, このような気候は明らかにアメリカツガ林を発達させるものである。したがって本来的にこの一帯では, 乾性地を除いてほぼ全域でアメリカツガが純林状態で生育していて良いはずであり, いっぽうダグラスモミは, きわめて乾燥した育地, たとえば地形の尾根部のような所にのみ生育が限定されているか, あるいは山火事跡地の遷移の若い段階の森林にのみ認められるはずである。ところが, ここでは現実にダグラスモミが, 乾性地はもとより適潤地においでもきわめて良く成育しアメリカツガと混じりながら優占種となっている。これは本来の気候からすれば, きわめて異例のことである。

植生の成立には気候条件はむろんだが, 気候以外にもさまざまな要因が関与し, それによって植生の特性が決定される。ストラスコーナ州立公園の森林の特殊性を説明するためには, 気候以外に植生発達に強い影響を及ぼしている要因を考慮しなければならない。そこで, その地域の自然環境の特殊性を調べてみると, 地質にその鍵があるように思われた。

一般にバンクーバー島では三畳紀からジュラ紀の海成層を基盤として, そこへ安山岩性あるいは花崗岩性の火成岩が広く貫入しているが, ストラスコーナ州立公園一帯では例外的に玄武岩の貫入が起きている (Holland, 1964; Surdam, 1968; Kojima, 1971; Douglas et al., 1970)。玄武岩は, 花崗岩や安山岩に比べて塩基鉱物に富む岩石である。玄武岩が土壌母材となっていることによって, 降水量の多い気候のもとであっても, 塩基性イオンの溶脱が顕著に進まず, 土壌は比較的塩基性イオンの供給が豊かとなる。そのことが降水量の多い気候のもとであるにも関わらず, 肥沃な土壌を求めるダグラスモミの定着を促し, いっぽうで本来的に酸性が強くかつ貧栄養条件を求めるアメリ

カツガの定着を阻んでいるものと考えられた。

　そこで実際に土壌分析結果からストラスコーナ州立公園地域の土壌と，沿海性アメリカツガ帯の典型的な土壌の化学性を比較してみた。表2-3は，ストラスコーナ州立公園と典型的な沿海性アメリカツガ帯の土壌の化学性を，ともに地形的に中腹部の立地にあってかつ深さの異なる3つの土壌層(L-H層，A層，B層)において比べたものである。この表から，ストラスコーナ州立公園の土壌は，どの層においてもpH値が高いことが明らかである。土壌pHの値は土壌の化学性とくに置換性塩基イオンの量を指標するものである(Kojima & Krajina, 1975)が，このことからストラスコーナ州立公園では明らかに土壌中の置換性塩基イオンの量が豊富であることがわかる。置換性塩基イオンはいわゆる栄養塩類である。ストラスコーナ州立公園の土壌は植物にとって栄養塩類が豊富であることが理解できる。このことは本来的に養分の豊かな育地を求めるダグラスモミにとっては好都合な条件であり，気候的には過湿であってもそこではダグラスモミが良く成育し，アメリカツガを凌駕するものと思われる。その結果，多くの所でダグラスモミが繁茂し，ストラスコーナ州立公園の森林を特徴づけているものと考えられた。とはいえ，ストラスコーナ州立公園においても，土壌pHは表層部で低く，深くなるにつれて上昇している。ここで，土壌各層のpH値の両地域間の差を比べてみると，その差はL-H層で平均1.2，A層で1.3，B層で0.5と，いずれの層でもストラスコーナ州立公園の土壌が高い値を示している。さらに重要な点は塩基飽和度の違いである。塩基飽和度も土壌中において栄養塩類の供給量を表すものであるが，これに関しても明らかに土壌のいずれの層においてもストラスコーナ州立公園において大きな値を示している。

　さらに表2-3において，土壌pHおよび塩基飽和度はともに土壌の上層より下層において高い値が認められる。これは実に重要な傾向である。アメリカツガとダグラスモミを比較すると，一般にダグラスモミは深根性，アメリカツガは浅根性の樹種である。ダグラスモミは土壌中に根を深く張ることで比較的pH値の高い，そして栄養塩類の豊富な鉱質土壌から栄養を取っているのに対して，根の浅いアメリカツガは，酸性が強くかつ貧栄養状態の土壌表層部に根を広げて生活する。土壌pHおよび塩基飽和度がストラスコーナ

表2-3 塩基性岩石を基質とするストラスコーナ州立公園地域と中性岩を基質とする一般の地域における土壌化学性の比較

土壌層位	地域 出典 項目	ストラスコーナ州立 公園の土壌特性 (Kojima, 1971) 分析値	他の地域における 土壌特性 (Klinka et al., 1980) 分析値
L-H	pH値	4.8	3.6
	全炭素量(%)	36.00	55.00
	全窒素量(%)	1.04	0.83
	カルシウム(meq/100g soil)	15.71	8.19
	マグネシウム(meq/100g soil)	6.22	10.21
	カリウム(meq/100g soil)	1.65	0.80
	塩基飽和度(%)	29.0	17.0
A層	pH値	5.3	4.0
	全炭素量(%)	5.80	10.90
	全窒素量(%)	0.21	3.86
	カルシウム(meq/100g soil)	8.38	3.86
	マグネシウム(meq/100g soil)	1.91	1.63
	カリウム(meq/100g soil)	0.12	0.75
	塩基飽和度(%)	32.0	12.0
B層	pH値	5.6	5.0
	全炭素量(%)	3.70	0.31
	全窒素量(%)	0.11	1.68
	カルシウム(meq/100g soil)	6.60	1.68
	マグネシウム(meq/100g soil)	1.39	0.34
	カリウム(meq/100g soil)	0.07	0.10
	塩基飽和度(%)	34.0	6.0

州立公園の土壌においてA層,B層ともに高いということは,深根性で比較的pH値の高い土壌を好むダグラスモミにとっては好適な条件で,このように土壌の塩基状態 base status がストラスコーナ州立公園において高いことが,本来的に降水量が多い地域にも関わらずダグラスモミが優勢に繁茂できる要件となっているのであろう。このような両者の根圏での〝棲み分け〟が,ストラスコーナ州立公園における生態的性格の異なる両者の共存を可能にしているのであろう。

6. 沿海性ミヤマツガ帯

　太平洋沿岸部では，海岸山脈に沿って標高が増加すると，気候は寒冷になるとともに降水量が増加する。ここでは冬期が雨期にあたるため，山岳地では大量の積雪を見る。大量の積雪は多くの植物の生育にとって阻害要因として働き，ここでは多雪条件に適応した植物だけが生育する。ダグラスモミやアメリカツガ，アメリカネズコなど低地に広く生育する樹種は，このような多雪環境には適応できず，海抜の増加ともに次第に姿を消し，ミヤマツガ，アラスカヒノキ，アマビリスモミ，ミヤマモミなどの高海抜地の樹木と置き換わる。こうして，ある標高以上になると，アメリカツガ帯あるいはダグラスモミ帯などの低地の生態区は，ミヤマツガに代表される生態区すなわち沿海性ミヤマツガ帯へと移り替わって行く（口絵写真3）。

　沿海性ミヤマツガ帯は，海岸山脈西斜面の比較的標高の高い地域に広く成立し，この地域における亜高山帯を代表するもので，その上部においては高山ツンドラ性の生態区と，下部においては沿海性アメリカツガ帯に接している。その高度範囲は，北緯49度に位置するバンクーバー付近では，海抜およそ900～1,700 mに及ぶ。しかしその高度は北に向かって下降し，北緯59～60度付近以北のアラスカ南東部では，海抜0 mすなわち臨海部から現れる。この生態区はFranklin & Dyrness(1973)の *Tsuga mertensiana* Zone に相当する。

　本生態区に生育する樹種は少ない。図2-6は，この生態区における主要樹

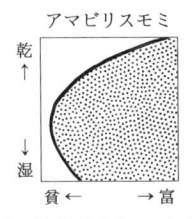

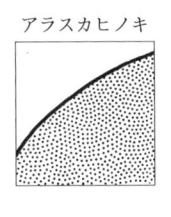

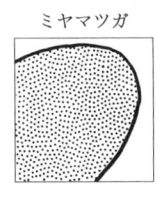

図2-6　沿岸性ミヤマツガ帯に出現する主要樹種の土壌条件に対する生態分布
（図の説明については，図2-2を参照のこと）

表 2-4 沿岸性ミヤマツガ帯において異なる立地に成立した植生の各階層を代表する主要な種

	乾性地	適潤地	湿性地
高木層	Tsuga mertensiana Chamaecyparis nootkatensis (Abies amabilis)	Tsuga mertensiana Chamaecyparis nootkatensis Abies amabilis	Tsuga mertensiana Abies amabilis (Chamaecyparis nootkatensis)
低木層	Vaccinium membranaceum Vaccinium ovalifolium Vaccinium alaskaense Cladothamnus pyrolaeflorus Menziesia ferruginea Sorbus sitchensis	Vaccinium membranaceum Vaccinium ovalifolium Vaccinium alaskaense Cladothamnus pyrolaeflorus Rhododendron albiflorum	Vaccinium membranaceum Vaccinium ovalifolium Vaccinium alaskaense Menziesia ferruginea Oplopanax horridus
草本層	Rubus pedatus Gaultheria humifusa Phyllodoce empetriformis Lycopodium sitchense	Rubus pedatus Clintonia uniflora Blechnum spicant Luetkea pectinata Streptopus roseus Goodyera oblongifolia Listera caurina	Veratrum escscholtzii Streptopus amplexifolius Streptopus roseus Blechnum spicant Rubus pedatus Athyrium filix-femina

種3種の生態分布を Krajina(1969) に基づいて土壌条件(湿潤度および肥沃度)との関係で示したものである。表 2-4 は,この生態区において異なる立地条件のもとに成立した群落を構成する主要な種を示すものである。以下に沿海性ミヤマツガ帯の主な植生について記述する。

6.1. 気候的極盛相の植生

気候的極盛相の植生は,山岳地のなだらかな中腹斜面の適潤地に成立する。高木層は基本的にミヤマツガを優占種とするが,多くの所でアマビリスモミやアラスカヒノキが混生する。また海岸から遠ざかるとミヤマモミも現れる。この生態区に出現する高木の種数は少ない。平均的な樹木のサイズは樹高 30〜40 m,胸高直径 50〜60 cm 程度である。立木は,標高の比較的低い所ではほぼ密生するが,海抜高度が増加するにつれて密度は疎らとなる。生育の良い林分での立木材積量は 800〜1,200 m³/ha に達する。土壌はきわめて酸性が強く(A 層の pH 3.5〜4.5),土壌型はヒューミック・ポドゾル Humic Podzol になる。L-H 層は 10〜15 cm と厚く,典型的なモル型腐植が堆積す

る。

　低木層は良く発達しており，ミヤマツガやアマビリスモミの更新木の他に，アラスカスノキ，カナダスノキ，カナダヨウラク，クロウスゴ，シロバナツツジなどのツツジ科の低木が繁茂し，その下にはコガネイチゴ，シシガシラ，イチゲツバメオモト，オオミヤマウズラ，ゴゼンタチバナ，コタケシマランなどの草本植物が生育する。コケ層はきわめてよく発達する。主な種としてタチハイゴケ，カモジゴケ，フサゴケ類（*Rhytidiadelphus loreus*），サナダゴケなどの蘚類の他，マツバウロコゴケ，ハイスギバゴケ，サケバムチゴケなどの苔類がきわめて大量に生育する。この森林は，Eyre(1980)の Mountain Hemlock Forest (Type 205)に相当する。

6.2. 乾性地の植生

　地形の尾根部や岩棚上の乾性地には，ツツジ科の低木クラドタムヌスによって標徴される植生が成立する。高木層はミヤマツガを優占種とするが，部分的にアラスカヒノキが混生する樹木はやや疎らに生育する。樹木のサイズはやや小さく平均的な樹木では，樹高 20～25 m，胸高直径 30～40 cm，立木材積量は 250 m³/ha 程度である。土壌は酸性が強く A 層の pH は 3.5～4.2 程度である。土壌型はヒューミック・ポドゾル Humic Podzol になる。

　低木層は良く発達し，アラスカヒノキやミヤマツガの更新木がやや密に生育する他，クラドタムヌス，アラスカスノキ，シロバナツツジなどが生育する。草本層の発達はやや貧弱であるが，アメリカアカモノ，オオミヤマウズラ，シトカスギカズラ，カナダツガザクラなどが散生する。コケ層の発達はきわめて良い。主な蘚類としてタチハイゴケ，カモジゴケ，フサゴケ類（*Rhytidiadelphus loreus*），サナダゴケがあり，またサケバムチゴケ，ハネゴケ類（*Plagiochila asplenioides*），ヤバネゴケ類（*Cephalozia media*），スギバゴケ類（*Lepidozia reptans*）などの苔類もきわめて多いが，このことは乾性地とはいえ，育地が多雪で湿潤であることを物語るものである。

6.3. 湿潤地の植生

谷底斜面やゆるやかな沢地には，湿潤地の極盛相が発達する。土壌が過湿なため，本来的に適潤地を好むミヤマツガはここでは少なく，代わって過湿条件を好むアメリカネズコが優占木となる。微地形的な高みにはしばしばアラスカヒノキやアマビリスモミも出現する。過湿条件ではあるが，ここは谷底部にあって栄養塩類の集積が見られるため，土壌は肥沃となる。そのため樹木の生育は比較的良好で，平均的な樹木のサイズは，樹高38〜40 m，胸高直径60〜70 cmに達する。立木材積量は800〜1,000 m³/ha程度である。土壌も，沿海性ミヤマツガ帯の中にあっては比較的酸性が弱く，A層のpHは4.5〜5.0程度である。土壌型はヒューミック・グレイゾル Humic Gleysolになる。

低木層の発達は中位程度。高木層の更新木の他，アラスカスノキ，アメリカハリブキ，アメリカコヨウラク，ハックルベリーなどが散生する。微地形的な高みにはしばしばクロウスゴやカナダスノキなども認められる。草本層は良く発達しており，ここではメシダ，ウサギシダが優占するが，その他の主要植物としてイチゲツバメオモト，コタケシマラン，オオバタケシマラン，タケシマラン，コガネイチゴ，スミレ類(*Viola glabella*)，カナダバイケイソウ，ミツバズダヤクシュ，アメリカミズバショウなどがあり，全体として出現種数は多い。コケ層はきわめて良く発達する。ケナシチョウチンゴケ，チョウチンゴケ類(*Rhizomnium punctatum*)，フサゴケ類(*Rhytidiadelphus loreus*, *Rhytidiopsis robusta*)，ハイゴケ類(*Hypnum circinale*)，テガタゴケ(*Ptilidium pulcherrimum*)，マツバウロコゴケ，キヒシャクゴケ，トサカゴケ，ヤハネゴケ類(*Cephalozia media*)などが高い被度で出現するが，苔類が多いのは，ここが年間を通じて湿潤であることを示唆するものである。

6.4. 高海抜地の植生とその分化機構

沿海性ミヤマツガ帯は，標高によって下部 Lower Subzone と上部 Upper Subzone のふたつの亜区 Subzone に分けられる。北緯49度付近においてこの生態区は，海抜900〜1,700 mの高度範囲に成立するが，海抜高度1,200 m付近で下部から上部へと移り変わる。このふたつの亜区の違いは，下部亜区

では基本的にどこでも密生林が成立するのに対して，上部亜区では森林と非森林植生がモザイク状に交錯した独特の景観を構成する点にある。非森林植生とは，高木を欠く低木叢や湿性草地あるいは露出岩盤上の植生などを指す。そのため下部亜区は forest subzone，上部亜区は parkland subzone と呼ばれる。

　パークランド parkland と呼ばれる独特のモザイク景観の成立は，地形と積雪の微妙な相互作用による。海岸山脈の西斜面では，冬期に大量の降雪を見る。海抜高度が1,000 m を超えるあたりでは，最大積雪深が局所的に5 m 以上に達する所もある。この大量の積雪は，植物の生育期間の短縮をもたらす。実際1,100 m 付近で観測された報告(Brooke et al., 1970)では，雪が吹き溜まり積雪深が4 m を超える地形のくぼ地では，地表面が現れるのが6月下旬であり，そこに再び雪が積もり始めるのが10月中旬である。すると無雪期間は7月上旬〜10月上旬の3か月にすぎない。しかも9月に入ると気温は氷点下になり霜が発生するため，植物にとっての生育期間は7〜8月の2か月にすぎないとされる。

　生育期間が2か月ということは，北極地方よりも酷しい環境である。このような環境では，樹木はもちろんのこと低木や大型草本も生育が難しい。そこでは，寒冷でしかも短い生育期間を効率良く生きる小型の植物や，コケ植物や地衣植物だけが生存を許される。いっぽう地形の中腹部や上部斜面では，雪がそれほど積もらないために樹木の生育が可能で，そこには樹林が成立する。しかし多くの場合，樹木の生長は必ずしも良好ではない。また強風にさらされる場所では倒伏矮生化した変形樹が形成される。

　山岳地では地形が非常に複雑である。尾根あり谷あり，急斜面あり緩斜面あり，微地形的な突出部ありくぼ地あり多様に変化する。この地形の多様性が積雪の深さや期間を規定する。それを反映して植物群落も局地的に複雑に変化する。その結果，植生の明瞭な分化が生じてパークランドと呼ばれる景観のモザイク性が成立する。

　図2-7は，Brooke et al.(1970)による沿海性ミヤマツガ帯上部におけるある地形断面に沿った植物群落の配置を示したものである。僅かな地形の起伏の尾根部であっても，そこは積雪が少ないためにミヤマツガやアラスカヒノ

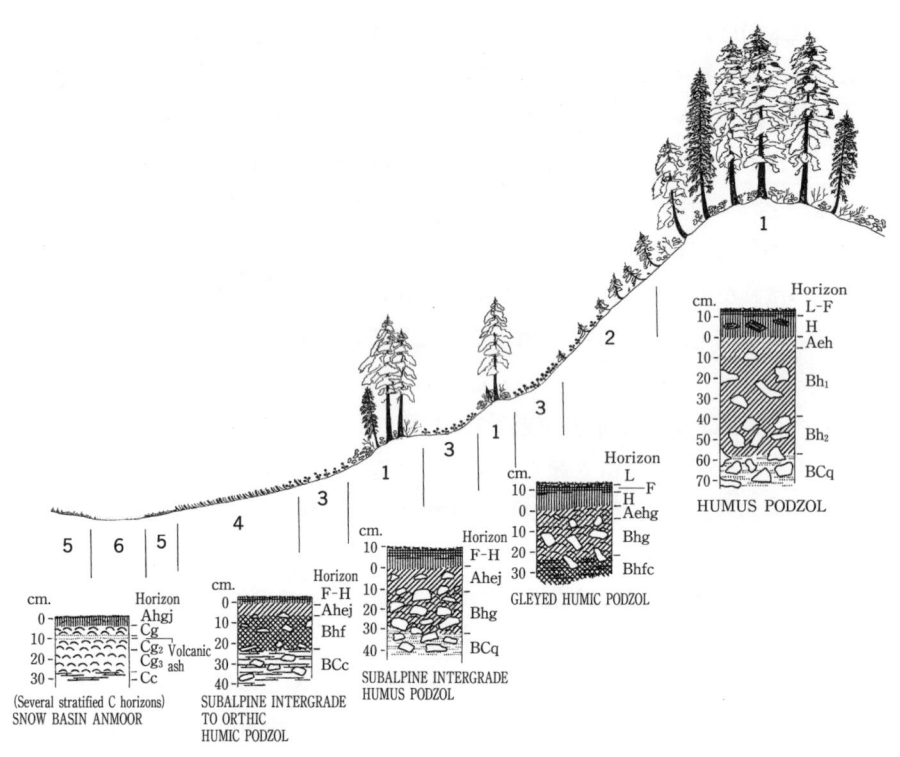

図 2-7 Brooke et al.(1970)により，沿岸性ミヤマツガ帯における植物群落および土壌層位の分化成立の様子を地形との関係で示す。1：ミヤマツガ-カナダスノキ類群落，2：矮生ミヤマツガ群落，3：ウマミノスノキ群落，4：カナダツガザクラ-オオイワヒゲ群落，5：クロホタカネスゲ群落，6：ノルウェースギゴケ群落

キの樹林(群落1)が成立する。尾根部から地形の下部やくぼ地に向かって積雪量は増加する。その積雪期間の傾度にしたがって群落2〜群落6が分化成立する。群落6が成立しているくぼ地は雪が吹き溜まり，冬期5mを超す積雪が見られる所である。ここでは植物の生育期間は2か月間に満たない。極地にも似た過酷な環境である。そのためそこでは一般の維管束植物は生育できず，ノルウェースギゴケがマット状の純群落を形成する。

第3章　コーディレラ山岳性針葉樹林地域
―― カナディアン・ロッキーの山と森

1. 自然環境の特性
2. 山岳性針葉樹林の一般的特性
3. 山岳性針葉樹林の区分
4. エンゲルマントウヒ-ミヤマモミ帯
5. 内陸性アメリカツガ帯
6. 内陸性ダグラスモミ帯

ロッキー山脈の山麓一帯に発達する山岳性針葉樹林

　カナダ西部，太平洋岸から600 kmほど内陸へ入った所に，太平洋岸とほぼ並行して北西-南東方向へ延びる巨大な山脈がある。ロッキー山脈である。そこには分布が基本的にロッキー山脈と海岸山脈の内陸側斜面を含む北米西部の山岳地帯に限られるさまざまな針葉樹からなる森林帯が発達している。本章ではカナディアン・ロッキーの山肌を覆って発達するコーディレラ山岳性針葉樹林地域について解説する。

カナダ西部，太平洋岸から約 600 km ほどの内陸には，太平洋岸とほぼ並行して北西-南東方向へ延びる巨大な山脈がある。ロッキー山脈である。北はブリティッシュ・コロンビア州とユーコン準州の州境にあたる北緯 60 度付近から，南はアメリカとメキシコ国境付近，北緯 33 度あたりにまでまたがる延長 4,000 km にも及ぶ長大な山脈である。最高峰エルバート山 Mt. Elbert (4,399 m, コロラド州) を筆頭に，3,000〜4,000 m 級の頂が連立する。このロッキー山脈は，カナダ領内において北に向かって高さは低下するが，ブリティッシュ・コロンビア州とアルバータ州の州境に位置するロブソン山 Mt. Robson (3,954 m) がカナダにおける最高峰である。このロッキー山脈の西側には，ロッキー山脈地溝 Rocky Mountain Trench をはさんでコロンビア山脈 Columbia Mountains が並走しているが，ここにもファーナム山 Mt. Farnham (3,458 m) を最高峰にして，3,000 m クラスの山々が北西-南東方向に連なっている。

　ロッキー山脈およびコロンビア山脈の中腹から山麓にかけては，エンゲルマントウヒ，ミヤマモミ，コントルタマツなど，分布が基本的にロッキー山脈と海岸山脈の内陸側斜面を含む北米西部の山岳地帯に限られる針葉樹から構成される森林帯が発達している (口絵写真 7)。この森林は，景観的には同じ針葉樹林であっても，太平洋沿岸地域に見られる西岸性針葉樹林や，北米大陸北部を広く覆う北方性針葉樹林 (北方林) とは，自然環境から見ても，また樹種構成から見ても大きく異なるもので，独自のバイオームを構成するものと考えられる。このバイオームがコーディレラ山岳性針葉樹林地域 Cordilleran Montane Coniferous Forest と呼ばれるが，基本的にはロッキー山脈の亜高山帯植生を構成するものである。

　コーディレラ Cordillera というのは，もともと〝撚り合わされた紐〟(たとえば電気コードのコード) という意味であるが，広義には北米大陸から南米大陸をほぼ南北に貫通する両大陸の脊梁山脈，すなわちロッキー山脈とアンデス山脈とそれに付随する山岳地帯を一体化して表す言葉である。ここでは，北米大陸におけるロッキー山脈に沿った地域を意味するものとする。カナダ領内におけるロッキー山脈は，北はブリティッシュ・コロンビア州北部から始まって南東へ延び，ブリティッシュ・コロンビア州とアルバータ州の州境を

なしながら北緯49度線の米国国境に至り，モンタナ州およびアイダホ州を経由して米国領内へと続く。ロッキー山脈のカナダ領内にある部分がカナディアン・ロッキーと呼ばれる。

この森林帯は，コーディレラ山岳性針葉樹林地域以外に，以下に掲げるさまざまな名称で呼ばれる。Subalpine Forests (Weaver & Clements, 1938), Subalpine Forest Region (Rowe, 1959, 1972), Canadian Cordilleran Forest Region (Krajina, 1965), Canadian Cordilleran Subalpine Forest (Krajina, 1969; Scott, 1995), *Picea engelmannii* Province / Subarctic-Subalpine Forest Region (Daubenmire, 1978), Rocky Mountain Forests (Barbour & Billings, 1988), Cordilleran Ecoclimatic Province (CCELC, 1989), Montane Coniferous Forest / North America (Archibald, 1995)。

1. 自然環境の特性

1.1. 気候の特性

このバイオームを成立させている基本的な環境要因は，冷涼湿潤な山岳性気候である。太平洋から400km以上離れた内陸に位置するとはいえ，ここは3,000mを超える頂が連立する巨大な山脈であるため，一般に降水量は多い。ロッキー山脈の西斜面では偏西風の影響を強く受けるため，とくに降水量が増加する。図3-1は，このバイオームを代表する地点の気候を示す。

カナダにおけるこのバイオームの気候特性は，大きく以下のようにまとめられる。①比較的緯度の高い地域(北緯49〜60度に及ぶ)にあるため，概して冷涼で年平均気温は1〜8℃，最寒月の月平均気温は−18〜−5℃，最暖月の月平均気温は12〜20℃である。②気温の年較差は大きく，最寒月と最暖月の月平均の較差は30℃に及ぶ。③年降水量は山麓部では400〜1,000mmと比較的少ないが，山岳地の中腹部から高海抜地においては1,200〜2,000mmに達する。④降水は冬期に集中する傾向を示し，したがって降積雪量は多く，積算年降雪量は400〜1,000cmにも達する。⑤このバイオームの気候は，大部分の所でケッペンの気候型ではDfcになるが，標高の低い所ではDfbに区分される。⑥上記のような基本的な性格を示しながらも，気候は脊梁山

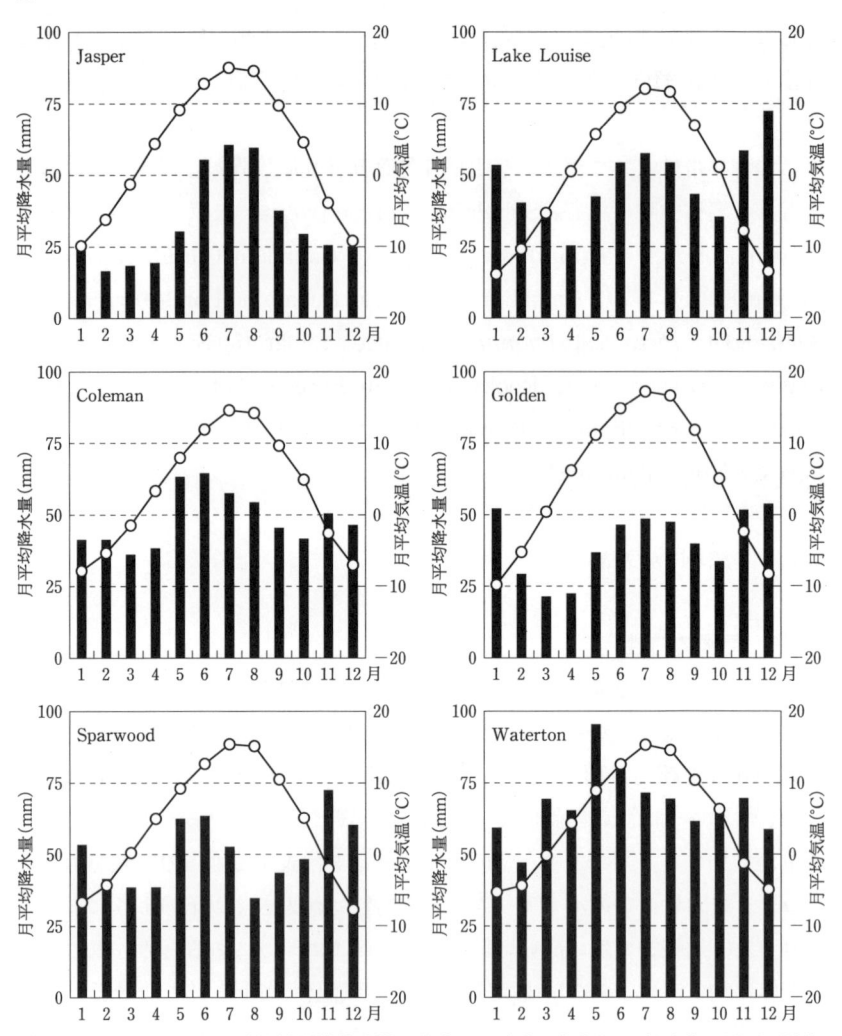

図 3-1 コーディレラ山岳性針葉樹林地域を代表する地点の気候図。各地点の月別平均気温(折れ線グラフ)および月別平均降水量(棒グラフ)を示す。

脈の西斜面と東斜面とで顕著な違いを示す。すなわち西斜面では，太平洋の影響が残り一般に降水量が多く相対的に温和であるが，東斜面において気候は大陸性の度合いが高くなり，気温の年較差が大きくかつ降水量は減少する。

1.2. 地質の特性

気候が重要な環境要因であることはいうまでもないが，このバイオームを特徴づけるいまひとつの重要な環境要因は地質である。現在，ロッキー山脈が成立している一帯は，中生代中期ごろまで海底だった所である。中生代白亜紀に入って，この一帯では激しい造山運動が起こって地殻が隆起した。隆起は新生代に入ると少しずつ東に移動し，それとともにロッキー山脈の分水嶺も東へ移動した。こうして新生代第三紀末ごろまでに，ロッキー山脈の基本形ができあがっている(Butzer, 1976)。そのため，ロッキー山脈の地質は基本的に堆積岩とその変成岩から構成されており，時代的には先カンブリア時代(原生代)から中生代白亜紀までの地層から構成されている(Douglas et al., 1970)。

海成層を主体とするロッキー山脈の地質はきわめて石灰分に富む。岩石としては石灰岩およびドロマイト(苦泥岩)が圧倒的に優占する。これら石灰岩の中にはサンゴ類，貝類，甲殻類，石灰藻などの化石が多く含まれている。そのためロッキー山脈の地質は，カルシウムやマグネシウムに富んだ土壌母材として，この地域の土壌の化学性に大きな影響を与えている。

1.3. 土壌の特性

石灰岩性の母材を主体とするこの地域の土壌は，概して置換性塩基に富むために，冷涼かつ湿潤な気候のもとにあっても溶脱があまり進行しない。その結果，塩基飽和度およびpHは高い値を示す。実際この地域の土壌A層のpHはおおよそ4.5〜7.0の範囲にあるが，未成熟な土壌では7.0を超える場合も少なくない。土壌型としては広範囲にブルニゾルBrunisolが現れ，とくにユートリック・ブルニゾルEutric Brunisolおよびディストリック・ブルニゾルDystric Brunisolが圧倒的に優占する。またここでは，氷河堆積物が土壌母材となることが多く，かつ土壌が比較的若いことなどのために，粘土

の含有量の高いルヴィゾル Luvisol 系の土壌も広く現れる。基本的に冷涼湿潤な気候のもとではあるが，ポドゾル系の土壌は比較的少ない(Walker et al., 1978; Holland & Coen, 1982; Kojima, 1983, 1986)。この傾向はロッキー山脈の東斜面でさらに顕著である。

このような地質的および土壌的特性を反映して，この地域には好石灰植物が多く，植生の重要な構成要素となっている。主な例として，チャボカンバ，キバナチョウノスケソウ，マキバチョウノスケソウ，ヒロハヤナギラン，シロバナアツモリソウ，ロッキーウサギギク，ムラサキクモマグサ，ウツクシロコソウ，ノハラアネモネ，カナダアマ，ロッキートチナイソウ，キンロバイ，ロッキーカマスなどが挙げられる。

1.4. 氷期の影響

新生代第四紀を通じて，ロッキー山脈一帯は幾度となく氷河に覆われた。実際，ロッキー山脈は，氷期におけるコーディレラ氷床の中心部であった。ロッキー山脈に降り積もった雪が，巨大な氷床や氷河となり，氷期の最盛期には氷床は，西はロッキー山脈から太平洋岸までをくまなく覆い，東はロッキー山脈の東麓において，かたや現在のハドソン湾付近に中心を持つローレンタイド氷床と接し，そこで巨大なふたつの氷床は融合しあっていた(Flint, 1957; Prest, 1969; Reeves, 1973)。間氷期になると，氷床の縁辺部は後退するため，ふたつの氷床はあい離れ，氷床と氷床との間には氷のない大地が南から北へ回廊のように現れた。この回廊はその時期，南の北米大陸本土と北のベーリング地域に生息する生物にとって重要な移動と交流の通路として機能した(Hultén, 1937, 1968; Hopkins, 1967)。

最後の氷期は，いまからおおよそ7万年前に始まり1万3,000年前に終わったウィスコンシン氷期である。この時期の氷河が，現在のロッキー山脈の地形に少なからぬ影響を与えている。すなわち氷河の侵食・運搬・堆積作用によって，圏谷 cirque, 懸谷 hanging valley, 岩氷河 rock glacier, U字谷 U-shaped valley, 終堆石および側堆石 terminal and lateral moraine, エスカー esker, ドラムリン drumlin, 漂礫流出原 outwash plain など，多くの特徴的な氷河地形が形成され(Flint, 1957; Gardner, 1972; Rutter, 1972)，この地域の現在の

植生の局地的な分布に大きな影響を及ぼしている

2. 山岳性針葉樹林の一般的特性

冷涼湿潤な山岳地に成立した山岳性針葉樹林は，以下のような一般的特性を持っている。

①分布がコーディレラ山岳地域に限られる針葉樹種が森林を構成する。ここに出現する樹種は比較的少なく，主要な樹種として，エンゲルマントウヒ，ミヤマモミ，コントルタマツが挙げられる。上記3種の他，カナダ領内に見られる樹種として，タカネカラマツ，シロハダマツ，リンバーマツなどがある。標高の低い所にはアメリカツガやアメリカネズコ，および内陸型のダグラスモミも出現する。広葉樹としては，最もふつうに生育するものとしてアスペンがあるが，河川のはんらん原にはアメリカドロノキが良く現れる。量的には少ないが，とくにこのバイオームの北部においてはアメリカシラカンバも生育する。これら主要樹種の生態的特性をKrajina(1969)に基づいて土壌条件(湿潤度および肥沃度)との関係で示すと図3-2になる。

②ロッキー山脈の西斜面は，太平洋の影響をいくらか受けるため比較的降水量も多く，また積雪も多い。そのため西斜面ではアメリカハリブキやシン

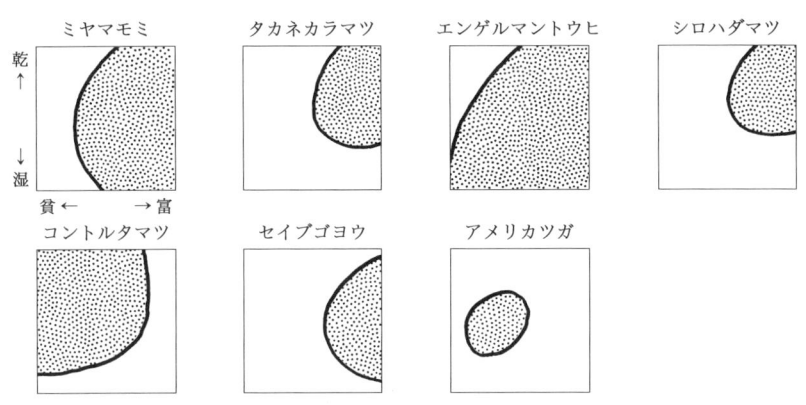

図3-2 エンゲルマントウヒ-ミヤマモミ帯に出現する主要樹種の土壌条件に対する生態分布(図の説明については，図2-2を参照のこと)

ブルベリーのような，本来的に西岸性針葉樹林要素と思われる植物が出現する場合がある。ただしこれら植物は，量的には少なく分布が局地的な環境に規定される。上述のアメリカネズコやアメリカツガが生育するのは，そのような箇所である。それに対し東斜面では，気候の大陸性の度合いが強くなるため寒冷乾燥に適応した植物，たとえばオオタカネバラ，バッファロベリー，クマコケモモ，ヘアリーワイルドライなどが良く現れる。南に面する斜面では，しばしばアスペンの一斉林が現れるが，これは多くの場合，火災跡地に成立したものである。アルバータ州南西部では，このバイオームはプレーリー草原と接するため，そこではしばしば草原植生と森林が複雑に入り混じることがある。

③このバイオームの標高範囲は，カナダ南部の北緯50度付近ではロッキー山脈西斜面で海抜およそ400〜2,100 m，東斜面においてはおおよそ1,000〜2,500 mの範囲に及ぶ。この高度範囲は，北に向かって緯度1度ごとに標高にして約100 mずつ低下する。このバイオームは，その下部において低地の北方林やプレーリー草原バイオームと交替し，その上部においては高山ツンドラ性のバイオームに置き換わる。図3-3は，カナダ南西部，北緯50度線に沿った海岸山脈，オカナガン低地，コロンビア山脈およびロッキー山脈を含む地形断面上に見られる各生態区の高度範囲を示すものである。

④このバイオームは，その北東部で北方性針葉樹林バイオーム boreal forest と接するため，ロッキー山脈東斜面の低海抜地では，カナダトウヒやク

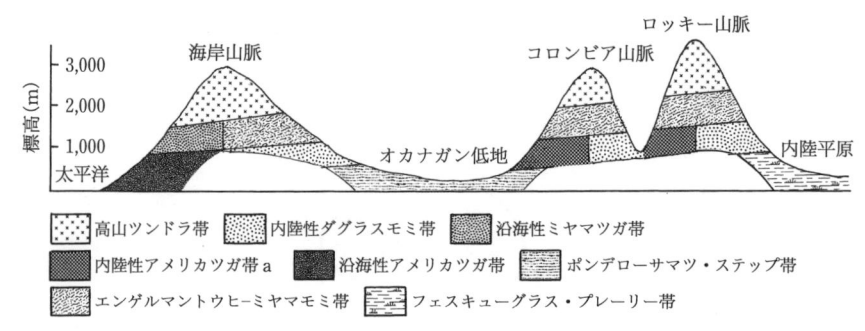

図3-3 太平洋岸から海岸山脈およびロッキー山脈を越えて内陸平原へかけて，北緯50度線に沿った地勢断面上における生態区の分布を模式的に示す。

ロトウヒなどの北方林要素が現れる。そこでは，エンゲルマントウヒとカナダトウヒの間にはしばしば交雑が生じる。量的には少ないがバルサムモミが現れることもあり，ミヤマモミとの間に交雑を生じている。

⑤概して気候が寒冷なため，森林の生産性は西岸性針葉樹林に比べると明らかに低いが，カナダの森林の中においては平均的な位置づけにある。このバイオームにおける平均的な立地での主要樹種の地位指数は，エンゲルマントウヒが20〜30 m/100年，コントルタマツが18〜20 m/100年，ミヤマモミが18〜20 m/100年程度である。森林の立木材積量は，多くの所で300〜800 m³/ha，最大900 m³/haに達する。

⑥このバイオームを特徴づける主な植物として，以下のものが挙げられる。

高木種：*Abies lasiocarpa, Larix lyallii, Larix occidentalis, Picea engelmannii, Pinus albicaulis, Pinus contorta, Pinus flexilis, Pseudotsuga menziesii* var. *glauca*

低木種：*Lonicera utaensis, Mahonia repens, Pachystima myrsinites, Rhododendron albiflorum, Salix barratiana, Salix vestita, Vaccinium scoparium, Vaccinium membranaceum*

草本種：*Antennaria lanata, Aquilegia flavescens, Arnica cordifolia, Arnica latifolia, Aster ciliolatus, Castilleja miniata, Erigeron peregrinus, Pedicularis bracteosa, Rubus pedatus, Senecio triangularis, Valeriana sitchensis, Zygadenus elegans*

3. 山岳性針葉樹林の区分

山岳性針葉樹林バイオームは，その大部分の地域においてミヤマモミとエンゲルマントウヒの混生林が気候的極盛相となる。そのため，基本的にほぼ全域が同一の生態区，すなわちエンゲルマントウヒ-ミヤマモミ帯 Engelmann Spruce-Subalpine Fir Zone と見なされるが，この他に標高の低い地域には内陸性カナダツガ帯 Interior Western Hemlock Zone および内陸性ダグラスモミ帯 Interior Douglas-Fir Zone のふたつの生態区が認められる（Krajina, 1965, 1969）。これら3つの生態区は，異なる気候条件により分化成立している。

すなわちエンゲルマントウヒ-ミヤマモミ帯は標高が高く相対的に冷涼湿潤な気候のもとに，内陸性カナダツガ帯はロッキー山脈の西麓部の標高が低い比較的温和で降水量の多い環境のもとに成立，内陸性ダグラスモミ帯は低海抜地で比較的温暖で降水量の少ない気候のもとに発達している(図3-3参照)。

4. エンゲルマントウヒ-ミヤマモミ帯

エンゲルマントウヒ-ミヤマモミ帯 Engelmann Spruce-Subalpine Fir Zone は，エンゲルマントウヒおよびミヤマモミからなる森林を気候的極盛相とする生態区で，コーディレラ山岳性針葉樹林の主体をなすものであり，ロッキー山脈の亜高山帯を代表するものである。北緯50度付近におけるその高度範囲は，ロッキー山脈分水嶺の西斜面では海抜およそ1,300〜2,100 m，東斜面においてはおおよそ1,600〜2,500 m の範囲にわたる。

この生態区は，標高による植生景観の違いから下部亜区 lower subzone と上部亜区 upper subzone に分けられる。景観的に下部亜区は，常緑針葉樹の密生林(Mueller-Dombois & Ellenberg, 1974 による景観型 IA9c)が成立する地域である。それに対し上部亜区は，密生林の上部限界である森林限界 forest line と，樹木生育の上部限界である樹木限界 tree line の間に成立する。ここでは苛酷な環境のために密生した森林は成立せず，矮生化した樹木から構成される疎林(同上，IIIA2a)や，落葉針葉樹であるタカネカラマツ林(同上，IB3b-2)が成立する。下部亜区から上部亜区への移行は，ロッキー山脈西斜面では1,600 m 付近に，東斜面では2,000 m 付近に認められる。上部亜区のさらに上には，海抜高度2,100 m (分水嶺の西側)および2,500 m (分水嶺の東側)付近で高山ツンドラ帯が発達する。アルバータ州南部においては，これらの他に南部亜区 southern subzone を認めても良いであろう (Kojima, 1983; Archibald et al., 1996)。

4.1. 下部亜区の植生
気候的極盛相

下部亜区における気候的極盛相の森林は，山腹斜面の適潤地に成立する。

しかしロッキー山脈，とくにその東斜面では山火事の頻度が高く遷移が極盛相にまで達することは比較的少ない。そのため，十分に成熟安定した森林は，面積的に見るときわめて少ない。しかし部分的に残された成熟林から，気候的極盛相林の様相を類推することはできる。

気候的極盛相の森林は，以下のような特徴を有する。高木層は，基本的にエンゲルマントウヒとミヤマモミからなるが，遷移の初期からの残存木としてコントルタマツの老齢木が混ざっていることが多い。林内は暗く，樹木の更新状況はやや希薄で，エンゲルマントウヒ，ミヤマモミの更新木が散生するにすぎない。平均的な林木のサイズは，樹高 18〜20 m，胸高直径 30〜40 cm 程度である。立木材積量は 200〜600 m³/ha 程度，材積量の比率においてコントルタマツが 40〜50％ と，比較的大きな割合を占める。

植生の種構成は比較的単純で，低木層にはシロバナツツジ，カナダコヨウラク，ラブラドールイソツツジ，グラウスベリー，カナダスノキなどが疎らに生育する。草本層はゴゼンタチバナ，コイチヤクソウ，リンネソウ，スギカズラ，ロッキーウサギギク，ヒロハウサギギクなどが優占する。これに対しコケ層はきわめて良く発達しており，イワダレゴケ，タチハイゴケ，ダチョウゴケ，チャシッポゴケなどが緻密なカーペット状のコケ層を形成している(口絵写真 8)。

林床には落葉枝が堆積し，分厚いスポンジ状の腐植層を形成する。土壌は溶脱が比較的良く進み酸性が強い。土壌 A 層の pH は 3.5〜6.0 程度。土壌型はほとんどの場合，ディストリック・ブルニゾル Dystric Brunisol になる。

この森林は，Eyre(1980)の Engelmann Spruce-Subalpine Fir Forest Type(Type No. 206)に相当する。

乾性地の極盛相

いうまでもなく山岳地帯では地形の起伏が複雑で，それによる局地的環境の多様化が進んでいる。適潤地において十分に成熟安定した植生を気候的極盛相と見なすのに対して，乾燥した育地や逆に湿潤な育地において成熟安定した植生を地形的極盛相 topo-climax と呼んでいる。

尾根部では明らかに育地の乾性化が進み，ここには乾性地特有の植生が発

達する。またある場合には，南に面した急斜面上でもそれに似た植生が現れる。このような乾性地の極盛相は，ふつうコントルタマツの疎林となるが，土壌の石灰分が高い育地あるいは粘土を多く含む土壌ではしばしばアスペンが高木層に優占する。アスペンは，比較的気温が高く乾燥したアルバータ州南部で顕著に現れる。このような育地では，乾燥が強いために樹木の生育はやや劣り，高木はふつう樹高15〜18 m，胸高直径20〜25 cm 程度。樹木はやや疎らに生育する。材積量は 200〜400 m³/ha 程度と少ない。

　林内は明るく，低木層にはリシリビャクシン，バッファロベリー，ヤマシモツケ，キンロバイ，オオタカネバラなどが生育する。草本層はヘアリーワイルドライやパイングラスなどのイネ科草本が優占するが，その他クマコケモモ，ヤナギラン，ロッキーウサギギク，ロッキーカマス，カナダノイチゴ，ロッキーノコンギク，などがこの植生を特徴づける。コケ層の発達は中位，イワダレゴケ，シッポゴケ，タチハイゴケなどが生育するが，部分的にハナゴケ類(*Cladonia*)やエイランタイ類(*Cetraria*)が出現する。

　土壌は概して栄養塩類に富み，土壌A層のpHは4.5〜6.5にあり，土壌型は多くの場合，ユートリック・ブルニゾル Eutric Brunisol あるいはグレイ・ルヴィゾル Gray Luvisol となる。この森林は Eyre(1980) の Lodgepole Pine Forest Type(Type No. 218)に相当する。

湿潤地の植生

　地下水の湧き出す斜面下部や谷底部には，湿潤地特有の森林が発達する。ここは十分な養分に恵まれてはいるが土壌が常に過湿状態のため，森林の生産性はやや低下する。ここではしばしば土壌の表面に泥炭が形成されることがある。一般に高木層はエンゲルマントウヒが優占するが，標高の低い所ではカナダトウヒが混生することもあり，そこでは両者の雑種が認められる。また，この生態区の北部ではクロトウヒが混生する。クロトウヒの混入は泥炭が堆積する箇所でとくに顕著になる。樹木の生育は劣り，平均的な林では樹高15〜17 m 程度，胸高直径は 20〜25 cm 程度である。クロトウヒが優勢になると樹木のサイズは急に小さくなる。立木材積量は 70〜400 m³/ha，平均的には 250 m³/ha 程度である。

樹木は密生し林内は暗い．低木層は，高木層の更新木が散生するが，クロトウヒは比較的良く更新する．低木種としては，ラブラドールイソツツジ，ヒメカンバ，クロヒョウタンボク，クロミノハリスグリ，バークレイヤナギが繁茂する．草本層は良く発達し，スギナ，ヤチスギナ，フサスギナなどが優占する他，ホッキョクイチゴ，テガタブキ，イワノガリヤス，ヒロハコメススキ，ホロムイイチゴ，サヤスゲ，ハイイロヒエンソウなど，出現種数は多い．コケ層も良く発達し，タチハイゴケの他，ヒメシワゴケ属(*Aulacomnium palustre*)やキンゴケなどが特徴的に生育する．

土壌は多くの場合，地表面に泥炭が堆積する．泥炭の酸性はきわめて強く，ふつう pH 3〜4 を示す．しかしその下の鉱質土壌の pH は高く，多くの場合，A 層の pH は 4〜6 の範囲にある．土壌型は多くの場合，ヒューミック・グライゾル Humic Gleysol になるが，有機物の堆積が顕著な場合，有機質土壌の一種であるメシゾル Mesisol が発達することもある．

フェン湿原の植生

氷河によって形づくられた U 字谷の底には平坦な地形が広がる．ここは一般に水はけが悪く森林は成立せず，そこには湿原が発達する．ふつうこのような寒冷かつ過湿条件のもとにある湿原には，酸性の強い(pH 3〜4)泥炭が堆積し，そこにはミズゴケ類が繁茂しイソツツジ類(*Ledum*)，ツルコメモモ，ヒメシャクナゲ，ホロムイイチゴなど特有の植物が生育するのだが，ロッキー山脈地域では石灰岩質の土壌母材が広く現れるため，周辺からは置換性塩基に富んだ水が流れ込み，酸性の強い湿原は発達せず，そこには弱アルカリ湿原が現れる．事実，土壌 pH を測ってみると U 字谷底部の湿原では通常 7 を超える．そのため本来的に酸性の強い泥炭湿原に生育する植物はここでは生育できず，そこにはまったく異質の植物群落が発達する．また湿原の表面には石灰分が集積したマール marl と呼ばれる灰白色の粘土状の粉末が薄く堆積することがある．このような湿原をフェン fen 湿原と呼んでいる (Juglum et al., 1974; Slack et al., 1980; Kojima, 1986; National Wetlands Working Group / CCELC, 1988)．フェン湿原では，過湿のため高木はふつう生育せず，まれにエンゲルマントウヒやカナダトウヒの低木が散生する程度である．低

木層は良く発達し，チャボカンバ，キンロバイ，ヤナギ類(*Salix barratiana, S. farrae, S. glauca*)などが繁茂する。草本層はスゲ類を中心とする単子葉植物(*Carex aquatilis, C. leptaleia, C. rostrata, C. vaginata, C. limosa, Scirpus caespitosus, Eriophorum angustifolium, Deschampsia caespitosa* など)が優位を示し，その他の草本としてはグリンランドシオガマ，コバナアネモネ，ヒメキイチゴ，ムカゴトラノオ，スギナ，チシマヒメドクサなど，出現種は多い。しかし，ふつうの泥炭湿原との違いをとくに際立たせるものはコケ層の種構成である。ここでは，一括して通称ブラウンモス brown moss と呼ばれるコケ類(*Drepanocladus revolvens, Campylium stellatum, Tomenthypnum nitens, Aulacomnium palustre, Scorpidium scorpioides*)が圧倒的に優占し，本来的に酸性の強い泥炭湿原を特徴づけるミズゴケ類はほとんど生育していない。

フロストポケットの植生

ロッキー山脈の植生景観の中で，いまひとつ特異なものとしてフロストポケット frost pocket 植生が挙げられる。フロストポケットというのは，〝冷気たまり〟といって良いだろう。大きなU字谷の谷底部では，風のない夜間，周辺から重い冷気が谷底部に流れ込んで溜まり，それが昼間になっても流れ出さないことがある。事実，気温を測ってみると，周辺の谷壁斜面よりも標高の低い谷底部で気温が低いという現象がしばしば観察される(Ogilvie, 1963)。この現象は，微地形的にややくぼ地になっている箇所でとくに著しい。

本来的に十分に樹木の生長が可能な標高にも関わらず，そこだけ局地的に極度に寒冷な環境が形成され，樹木の生育を阻害する。その結果，このようなくぼ地には樹木の生えないオープンな草地景観が現れる。谷底部なので，土壌は概して湿潤ではあるが，樹木の生育を阻み湿原を成立させるほど過湿ではない。樹木はオープンな草地を囲むように生えているが，草地に接する所では樹木はやや矮生化し，疎らに生育する。ここでさらに異様な現象は，このような開けた草地の周辺に生えている樹木がまるで剪定されたように頂端が丸くなった釣鐘形をしていることである。樹高は1～2m程度と矮生化して低い。樹種はエンゲルマントウヒやカナダトウヒだが，ロッキー山脈北部ではしばしばクロトウヒも現れる。このような形の樹木はフロストポケッ

トの中心に向かって疎らになり，中心部では樹木はまったく姿を消す。この奇妙な樹形は，木の芽の展開する時期に冷気によって芽が傷つけられることで，ちょうど刈り込まれたような形になるものと解釈されている。

　植生は高木層を欠如し，低木層はヒメカンバやキンロバイ，ヤナギ類(*Salix barrattiana, S. glauca, S. brachycarpa*)が多く，草本類にはイネ科植物(ヒロハコメススキ，*Danthonia intermedia, Trisetum spicatum*)やスゲ類(*Carex capillaris, C. concinna, C. scirpoidea*)等が優占する他，広葉草本としてはアカミノウラシマツツジ，ヒロハヤマハハコ，ノハラアネモネ，ヤナギランなどが生育する。土壌は概して石灰分に富み，土壌 pH は通常は7以上を示すことが多い。土壌型は，多くはユートリック・ブルニゾル Eutric Brunisol であるが，レゴゾル Regosol と呼ばれる未熟土も現れる。

4.2. 上部亜区の植生

　上部亜区は森林限界線から樹木限界線の間に成立する。気候的には，寒冷な森林気候(ケッペンのDfc型)からツンドラ気候(同，ET型)へ移り変わる所に位置する。寒冷なため植物の成育期間(月平均気温10℃以上の月)は短く2か月程度である。上部亜区の景観的特徴は，エンゲルマントウヒおよびミヤマモミが極相樹種となるが密生せずに疎林，あるいは団地状の樹叢を形成したり，あるいは変形樹が矮生林をつくることにある。エンゲルマントウヒ-ミヤマモミ生態区の南部では，部分的にタカネカラマツ林が発達することもある。この他，上部亜区では，森林性の植生と高山性の植生(高山草地)や，ツツジ科の矮生低木からなるヒース heath 植生が入り混じり，複雑なモザイク景観が発達する。

タカネカラマツ林の植生

　カナディアン・ロッキーの南部，北緯50°以南では，高海抜地にしばしばタカネカラマツ林が現れる(口絵写真10)。低地においては暗い密生林を形成しているエンゲルマントウヒやミヤマモミも標高が高くなると次第に樹冠が疎らになり，またサイズも小さくなり，これら常緑針葉樹と入れ替わるようにタカネカラマツが現れる。タカネカラマツは典型的な陽樹で，エンゲルマ

ントウヒのような常緑針葉樹とは共存できない。いっぽうタカネカラマツは，冬期落葉することによって高海抜地の極度に寒冷な気候に良く適応しており，常緑針葉樹の生育しにくい苛酷な高海抜地に生育の場を確保して，この地域では高木として最も高い所にまで生育する。そのためしばしば森林限界付近に特有のベルトを形成する。苛酷な環境のもとに生育するわりには生育は良好で，樹木のサイズは大きく，平均的な林では樹高 10〜15 m，胸高直径 20〜30 cm 程度になる。樹木が疎らに生育するため立木材積量は小さく，平均的な林分では 150〜180 m³/ha 程度である。落葉針葉樹ということもあって，林内は明るい。

環境が苛酷なことと，林内が明るいことから，ここには下部亜区とは違った特有の植生が成立する。ここには本来的に高山に見られる植物も生育し，森林から高山への移行帯としての性格が強く現れる。低木層は，グラウスベリー，オオイワヒゲ，カナダツガザクラ，ネバリツガザクラなどの矮生低木が圧倒的に優占する他，矮生化したミヤマモミがそこここに生育する。草本層の発達も良い。シロバナオキナグサ，ヒロハヤマハハコ，ミヤマヒナギク，タカネシオガマ，アカバナウツボ，シトカノコソウなど，種類数も豊富である。やや湿った箇所にはタカネワスレナグサも生育する。ここは草本植物の多様性に富むために，花季にはさまざまな花がいっせいに開花し，みごとな"お花畑"が展開する。コケ層の発達は中位程度である。*Barbilophozia lycopodioides*, *Dicranum scoparium*, *Polytrichum juniperinum*, *Drepanocladus uncinatus* などの蘚苔類の他，*Cetraria islandica*, *Peltigera aphthosa*, *Cladonia chlorophaea*, *Peltigera canina* などの地衣類もよく目につく。

土壌は適潤からやや湿性になる。土壌母材は一般に石灰分に富むが，ここは寒冷多湿でとくに積雪期間が長く土壌の溶脱が進みやすいため，土壌はやや酸性化が進み，土壌 A 層の pH は 4〜5 程度である。土壌型はほとんどの場合，イリュービエイテッド・ディストリック・ブルニゾル Eluviated Dystric Brunisol になる。

樹木限界付近の植生

　高海抜地では，冬の間，極度の低温と強風のために植物の生育は著しく阻まれる。とくに体の大きな樹木は，樹高が最大積雪深を超えると冬の間，強風とそれによって吹きつけられるガラス状の氷粒の破壊力によって幹や枝が傷つけられる。そのため高海抜地の樹木は，最大積雪深以上の高さにはなかなか生長できない。いっぽう雪の下に埋もれた部分は，雪により枝葉が保護されるが，この場合は雪の重みで幹や枝が地面に押しつけられて倒伏する。その結果，本来なら直立する樹木が高海抜地では変形し，矮生倒伏して成育することが多い。このような樹形を，ドイツ語で〝屈曲した木〟という意味のクルムホルツ krummholz という言葉で呼んでいる。また，樹木の主幹が積雪の上に出て生き残った場合でも，風上側の枝は冬の間に強風と氷粒に削られ，風下側の枝だけが辛うじて生き残る。これらの結果，樹木は下枝だけが地面に這うように四方に広がり，いっぽう主幹の枝は風下側だけに延びるいわゆる〝旗差し状〟flag-shaped tree の特異な形をとる。こうした樹木の変形は常緑針葉樹でとくに顕著となる。ロッキー山脈ではミヤマモミに変形樹が多く見られるが，これはエンゲルマントウヒよりはミヤマモミの方がより高い所にまで生育するからであろう。このような変形樹が，あるときはかたまって，あるときは散在して，ロッキー山脈における樹木限界線付近の景観を形づくっている。

　変形樹に特徴づけられる樹木限界線付近の植生は，低海抜地を代表する森林性植物と高海抜地の高山植物が入り混じって複雑な構成を示す。一般に変形樹の下には，木立に守られて森林性の植物が生育するが，その例としてリンネソウ，コケモモ，オオバナイチヤクソウ，ヒロハウサギギク，ロッキーウサギギク，コイチヤクソウ，ヤナギラン，スギカズラなどがある。そこでは針葉樹の落葉が堆積することも林内に似た環境をつくることになり，これらの植物の定着を助けるのであろう。いっぽう，木立から離れると，そこは日当たり良好な開けた環境となり，そこにはさまざまな高山性の植物が生育する。その例として，オオイワヒゲ，カナダツガザクラ，リュートケア，タカネワスレナグサ，サマニヨモギ，アカミノウラシマツツジ，チョウノスケソウ，タテヤマキンバイなどが挙げられる。これらの植物は微地的な環境に

対応して棲み分け，局地的な植物群落が多様に分化し，それらがパッチワークのように入り混じる。これらの植物の多くは，色や形において目立つ花をつけるため，花時にはここでもみごとな〝お花畑〟が繰り広げられる。

　土壌は，木立の下ではやや酸性が強くA層のpHは4.0〜5.0の範囲にあり，土壌型はイリュービエイテッド・ディストリック・ブルニゾル Eluviated Dystric Brunisol になる。いっぽう開けた草地では，概してpHは高く土壌型はレゴゾルからブルニゾルまで複雑に変化する。

4.3. 南部亜区の植生

　カナディアン・ロッキーの南部，アルバータ州およびブリティッシュ・コロンビア州の北緯52度線付近から南には，エンゲルマントウヒ-ミヤマモミ帯の南部亜区 southern subzone が認められる。この亜区は，南に位置することもあって，気候は他の亜区に比べて温和で湿潤となる。この気候に対応して，そこに生育する植生にも違った特徴が認められる。たとえば南部亜区に特有あるいはそこに偏在する植物として，イチゲツバメオモト，シンブルベリー，チャボヒイラギナンテン，ドーソンシシウド，ダグラスカエデ，ワラビ，ベアグラスなどが挙げられる。樹木としてはタカネカラマツ，ダグラスモミ，アメリカツガ，リンバーマツなども南部亜区において明らかに優勢となる。植生構成の点からは，南部亜区は次のような点で特徴づけられる。①林床にベアグラスやシンブルベリーが特徴的に現れる。②タカネカラマツ林が良く発達する。③森林限界付近には，シロハダマツ林が良く発達する。④逆に，林床にコケ層が良く発達したコケ型群落は発達が貧弱となる。⑤エンゲルマントウヒ-ミヤマモミ林に比べてコントルタマツ林がやや増加する。⑥標高の低い箇所にはダグラスモミ林が良く発達する。

シロハダマツ林の植生

　シロハダマツ林は，カナダ領内のロッキー山脈においてはアルバータ州南部，米国との国境付近の高海抜地によく認められるが，その本体はむしろ米国モンタナ州において顕著に発達している。シロハダマツは五葉松で基本的には直立性の樹木であるが，樹木限界付近では屈曲した樹形を取り，北東ア

ジアのハイマツにやや似た生育形を示すことがある。カナダ領内におけるシロハダマツ林は，高海抜地の南に面する斜面あるいは尾根上の乾燥した立地，あるいは風あたりの強い立地によく成立する。シロハダマツが優占種となるが多くの場合ミヤマモミが混生する。樹木は屈曲あるいは矮生化することが多く疎らに生育する。低木層にはグラウスベリーが密に生え，その間にチャボヒイラギナンテン，カナダコヨウラク，フィゾカルプスなどが散生する。やや湿った箇所にはシンブルベリーも生育する。林冠が開けているため，草本層の発達も良く，ベアグラス，エフデグサ，ミヤマヒナギク，オオイワヒゲ，カナダツガザクラ，タカネシオガマ，ホークウイード，タカネコメススキなど，高海抜地を指標する草本が多い。

5．内陸性アメリカツガ帯

　この生態区(内陸性アメリカツガ帯 Interior Western Hemlock Zone)は，主としてロッキー山脈西麓からコロンビア山脈の山麓部一帯に成立するもので，カナダ領内においては北緯54度付近を北限として南は米国との国境に達し，米国モンタナ州においても僅かに認められる。

　ロッキー山脈の西側に付随するコロンビア山脈 Columbia Mountains の中麓から下には，良く発達したアメリカツガ林が認められる。アメリカツガは，温和湿潤な気候とその下に発達した酸性の強い土壌に良く適応しており，本来的に太平洋沿岸部に分布の主体を有する樹種である。しかしコロンビア山脈では，太平洋岸から 400 km 離れているとはいえ，まだ太平洋の影響がいくらか残り，とくに西斜面では降水量が多くまた降水が冬に集中するという海洋性気候の特徴が認められる。そのため，コーディレラ地域の中にあって，ここは降水の集中するいわばレイン・ベルト rain belt 地域となり，山岳地ではとくに大量の降積雪が見られる。その結果，ここには太平洋沿岸部とやや似た環境が成立する。そのことが，内陸部とはいえアメリカツガの定着を促し，アメリカツガが気候の極盛相を形成する。これが内陸性アメリカツガ帯である。この生態区は Rowe(1972)の Columbia Forest Region / Southern Columbia Section に相当する。

標高的には，亜高山性の生態区であるエンゲルマントウヒ-ミヤマツガ帯の下に位置しコーディレラ地域の山地帯 montane を代表するもので，北緯50度付近ではおよそ400～1,300 m の高度範囲に成立している。ここは内陸部としては降水量が多く，年降水量は500～1,700 mm に達し，降水量の約30%は冬期3か月にもたらされる。年平均気温は3～8°C，月平均気温10°C以上は4か月に及ぶ。このような気候はケッペンの気候区分では Dfb になる。

　土壌母材は石灰岩を含み置換性塩基に富むが，降水量とくに降雪量が多いために土壌の溶脱が進行する。その結果，土壌は酸性の強いものとなり，土壌型としてはポドゾル系の土壌(ヒュモ-フェリック・ポドゾル Humo-ferric podzol)が卓越する。

　この生態区に生育する主な樹種は，アメリカツガ，ダグラスモミ(内陸型)，オオモミなど，本来的に太平洋沿岸部に見られるものの他，セイブカラマツ，セイブゴヨウなどがあり，標高が増すとエンゲルマントウヒやミヤマモミなどの亜高山性樹種も現れる。また北部ではカナダトウヒやクロトウヒが混入する場合もある。

5.1. 気候的極盛相の植生

　山腹のなだらかな適潤地に気候的極盛相は認められる。高木層にはアメリカツガが優占するが，多くの場合アメリカネズコが混生，また所々にダグラスモミ(内陸型)も生育する。樹木のサイズは比較的大きく，アメリカツガは樹高20～25 m，胸高直径30～50 cm，アメリカネズコは樹高20～25 m，胸高直径40～60 cm に達する。土壌が乾燥に傾くとセイブゴヨウが現れることもある。低木層は良く発達しており，カナダスノキ，クロウスゴ，ニセツゲ，セイブイチイ，カナダコヨウラクなどが繁茂する。草本層も良く発達しており，イチゲツバメオモト，ゴゼンタチバナ，リンネソウ，コガネイチゴ，カナダウメガサソウ，キマルバスミレ，ヒトツバズダヤクシュなどが生育する。コケ層の発達も良好で，タチハイゴケ，イワダレゴケ，ダチョウゴケ，フサゴケ類(*Rhytidiadelphus robusta*)などがカーペット状に地表を覆う。

　森林の生産性は比較的高い。アメリカツガの地位指数は30～35 m/100年，

アメリカネズコは20〜25 m/100年，ダグラスモミは20〜25 m/100年になる。また立木材積量は300〜800 m³/ha程度である。

土壌は溶脱が進み概して酸性が強く，土壌A層のpHは4〜5程度であるが，土壌母材が石灰分に富むため土壌深部ではpHは高くなる傾向がある。このことがおそらく，土壌表層部で溶脱が進み貧栄養状態にあるにも関わらず，肥沃な育地を求めるアメリカネズコの生育を助けているものと思われる。土壌は多くの場合，ヒュモフェリック・ポドゾル Humo-Ferric Podzolとなる。

5.2. 乾性地の植生

山腹の上部斜面や尾根部の乾燥した育地には乾性型の植生が発達する。ここでは乾燥が強いためアメリカツガやアメリカネズコは生育が阻まれダグラスモミ(内陸型)が優占する森林となる。ダグラスモミに混じってしばしばセイブゴヨウが混生する。アメリカツガは，水気を十分に含み，かつ酸性の強い倒朽木上には生育するが，通常は高木層にまで到達できない。乾燥が進むため樹木の生育はやや劣り，また樹木は疎らに生え，林冠は疎開する。ダグラスモミの平均的なサイズは，樹高15〜20 m，胸高直径25〜35 cm程度である。セイブゴヨウもほぼ同様である。ダグラスモミの地位指数は20〜25 m/100年，セイブゴヨウは15〜20 m/100年程度である。樹木が疎らに生えるため立木材積量も低く，200〜300 m³/ha程度である。

低木層の発達も貧弱でリシリビャクシン，バッファロベリー，サスカツーンベリー，セイタカオレゴングレープなどが生育する。草本層は良く発達する。パイングラスやセイブフェスキューなどのイネ科草本が優占し，クマコケモモ，セイヨウノコギリソウ，ペンツテモンなどが生育する。コケ層の発達は貧弱で，シモフリゴケやハナゴケ類(*Cladonia*)が散生する。

土壌は概して浅くまた酸性度が低い。土壌A層のpHはふつう5.0〜6.0程度，土壌型は多くの場合，ソンブリック・ブルニゾル Sombric Brunisolあるいはメラニック・ブルニゾル Melanic Brunisolになる。

5.3. 湿潤地の植生

山麓斜面や谷底部には湿潤地の植生が発達する。ここは十分な水分と，そ

れによって供給される栄養塩類に恵まれて樹木の生長は良い。しかし酸性の強い分厚いモル型腐植の堆積を求めるアメリカツガはここでは生育が阻まれ，アメリカツガは倒朽木の上にだけ生育する。そのためここではアメリカネズコが圧倒的に優占し，まれにオオモミやエンゲルマントウヒが混生する。樹木のサイズは大きく，アメリカネズコは樹高 30 m，胸高直径 60～70 cm に達する。土壌がやや過湿状態のため林冠はやや疎らになる。ここではアメリカネズコの地位指数は 35～40 m/100 年に達する。樹木のサイズは大きいが，林木がやや疎らになるため立木材積量は低く，300～500 m³/ha 程度である。

　低木層はきわめてよく発達する。アメリカハリブキ，シンブルベリーなどが優占し，ダグラスカエデ，クロミノハリスグリなどが繁茂する。草本層の発達も良好で，主要な種としてメシダ，ウサギシダ，アメリカミズバショウ，コタケシマラン，サンカクサワギク，スギナ，ヤチスギナなどが生育する。コケ層の発達は中位程度で，チャチハイゴケやダチョウゴケなどの他，チョウチンゴケ類(*Rhizomnium punctatum, Plagiomnium insigne, Leucolepis menziesii*)が生育する。

　土壌は概して肥沃で，土壌 A 層の pH は 5～6 程度を示す。土壌型は多くの場合，ヒューミック・グライソル Humic Gleysol となる。

6. 内陸性ダグラスモミ帯

　ロッキー山脈とその西に位置するコロンビア山脈の間には，ロッキー山脈地溝 Rocky Mountain Trench と呼ばれる地溝帯がある。幅 10～20 km，長さは 1,000 km に及ぶ大地溝帯である。この地溝帯は，両側を海抜 3,000 m クラスの山脈にはさまれているため，そこだけ局地的に雨の少ない乾燥した気候が成立している。レイン・シャドウ地域である。この地溝帯の底部は，降水量が少ないばかりではなく標高が低いために気温は高い。このような温暖かつ乾燥した気候の下では，アメリカネズコはもとより，アメリカツガも生育が困難となる。また本来高海抜地に適応したエンゲルマントウヒやミヤマモミもここには現れない。その結果，ここでは温暖で乾燥した気候に適応したダグラスモミ(内陸型)が優占種として，また極相種としてほぼ独占的に森

林を形成し，気候的極盛相を形成する。この地域が内陸性ダグラスモミ帯 Interior Douglas-fir Zone である。

　この生態区は，ロッキー山脈地溝に沿ってコロンビア山脈およびロッキー山脈の山麓一帯に成立する。カナダ領内においては北緯 53 度付近から南に現れ，米国との国境に達し，米国モンタナ州においてはむしろ重要な森林となっている (Pfister et al., 1977)。標高的には，エンゲルマントウヒ-ミヤマモミ帯の下部に位置し，北緯 50 度付近では標高およそ 1,000～1,600 m の高度範囲に成立する。この生態区はロッキー山脈西麓ばかりではなく，ロッキー山脈の山中の大きな谷底部や東麓にも認められる。ことにアルバータ州南部ではロッキー山脈東麓一帯に，山脈に沿うように狭い範囲に帯状あるいは斑状に発達している。

　気候的には，年降水量は 300～500 mm，降水は年間を通じてほぼ均等に分布する。年平均気温は 3～10°C，月平均気温 10°C以上は 4 か月に及ぶ。この気候はケッペンの気候区分では Dfb になる。

　ここは気候が乾燥しているため土壌の溶脱は進みにくい。また広範囲に石灰岩性の土壌母材が分布することもあって土壌の酸性度は低く，土壌 A 層の pH は 5～6 程度である。土壌型としては，ユートリック・ブルニゾル Eutric Brunisol あるいはグレイ・ルヴィゾル Gray Luvisol がこの生態区を代表する。

　この生態区に出現する主な樹種としては，ダグラスモミ(内陸型)の他，コントルタマツ，セイブゴヨウ，セイブカラマツ，オオモミなどがあり，標高が増すとエンゲルマントウヒやミヤマモミなどの亜高山性樹種も現れる。またブリティッシュ・コロンビア州南部では，乾燥がいっそう進むとしばしばポンデローサマツが現れる。

6.1. 気候的極盛相の植生

　この生態区は，概して標高が低くなだらかな地形の所に発達するが，気候的極盛相はゆるやかな台地の適潤地に成立する。高木層はふつうダグラスモミの純林であるが，所によってはカナダトウヒが混生する。またブリティッシュ・コロンビア州南部で，気候がさらに乾燥するとポンデローサマツが混

生することもある。樹木のサイズは概して大きく，生育の良い所では，樹高30 m，胸高直径50〜70 cm になる。しかし林冠はやや疎らになる。更新状態は希薄である。ここで，ダグラスモミの地位指数はおよそ 20〜25 m/100 m。立木材積量は 300〜600 m³/ha 程度である。

低木層の発達は貧弱で，リシリビャクシン，バッファロベリー，サスカツーンベリー，ヤマシモツケ，ニセツゲ，スノーベリーなどが散生する。それに対して草本層の発達は良好で，パイングラス，ヘアリーワイルドライなどのイネ科草本が優占し，ロッキーノコンギク，セイヨウノコギリソウ，クマコケモモ，カナダノイチゴ，アメリカノエンドウなどが混じって生育する。コケ層は貧弱で，イワダレゴケ，タチハイゴケが斑状に生育し，地衣植物のハナゴケ類(*Cladonia*)やツメゴケ類(*Peltigera aphtosa, P. canina*)が比較的目立つが，これは地表面が乾いているためであろう。

土壌はほとんど溶脱が進行せず，有機物の分解は良好なため，黒色のA層が良く発達，pH は 5.0〜6.5 程度で，土壌型としては多くの場合メラニック・ブルニゾル Melanic Brunisol またはグレイ・ブラウン・ルヴィゾル Gray Brown Luvisol になる。

6.2. 乾性地の植生

本来的に乾燥の進んだ生態区なので，ここでの乾性地は樹木の生育可能限界に近い状態になる。そのため樹木はむしろ疎らに生育し，ここでは森林というよりは疎林が成立する。高木層は多くの場合，ダグラスモミ1種からなる。樹木のサイズはやや小さく，樹高 15〜20 m，胸高直径 30〜40 cm 程度。しかしブリティッシュ・コロンビア南部では，このような育地にしばしばポンデローサマツが混生する。ポンデローサマツはダグラスモミよりは耐乾性が強く，所によってはポンデローサマツが優勢となることもある。一般に樹木のサイズもポンデローサマツの方がダグラスモミよりも大きくなる。地位指数は，ダグラスモミ 15 m/100 年程度，ポンデローサマツ 10 m/100 年程度である。

低木層の発達も概して貧弱で，サスカツーンベリー，チャボヒイラギナンテン，ヤマシモツケ，ユタヒョウタンボク，スノーベリーなどが散生する。

草本層は良く発達する。イネ科草本のブルーバンチが優占するが，パイングラス，アイダホフェスキューなどのイネ科草本が混生して地表を密に覆い，ステップ草原に似た景観を示す。その他，バルサムヒマワリ，アメリカノネギ，キタムグラなどが散生する。

　土壌はほとんど溶脱が進まず，また母材が石灰分に富むため中性に近い反応を示し，土壌A層でのpHは6.0〜7.5程度になる。土壌型は多くの場合，グレイ・ブラウン・ルヴィゾル Gray Brown Luvisol になる。

6.3. 湿潤地の植生

　斜面下部の滲出水が認められる箇所や谷底部の湿潤な育地には湿潤地の極盛相が成立する。ここは水分の供給が潤沢であるため，さらに土壌の栄養塩類供給も本来的に高いために，樹木の生育はきわめて良く，この生態区の中では最も森林生産性は高い。本来，ダグラスモミによって代表される生態区ではあるが，ここはダグラスモミにとって土壌が過湿なため生育が阻まれ，ダグラスモミは水はけの良い微地形的な高みに僅かに生育するにすぎない。このような育地はアメリカネズコにとってはきわめて好適な場所であるが，アメリカネズコはこの地域には分布していない。すると結局，湿潤地を代表する樹種は，カナダトウヒあるいはカナダトウヒとエンゲルマントウヒの雑種ということになる。標高的にはエンゲルマントウヒにとって本来の分布域の外であるが，他樹種との競走が軽減されていることによって，このような低海抜地にも出現する。その結果，雑種を含むエンゲルマントウヒ林がここには成立する。樹木は密生し，樹木のサイズは大きく，平均的なサイズは，樹高30〜35m，胸高直径50〜60cm程度である。ここで雑種トウヒの地位指数は30m/100年程度，立木材積量は500〜800 m³/ha 程度になるが，土壌の過湿が進むと材積量は低下する。

　低木層も良く発達する。ヤチミズキ，シンブルベリー，スノーベリー，クロミノハリスグリ，ヤナギ類が繁茂する。草本層の発達も良い。スギナ，ヤチスギナが圧倒的に優占し，この群落を特徴づける。このほか主なものとして，テガタブキ，カナダルリソウ，マルバチャルメルソウ，ヒメキイチゴ，サンカクサワギク，ハイイロヒエンソウ，サヤスゲ，クロバナダイコンソウ

などがあり，ここに出現する種類はきわめて豊富である．それに対してコケ層の発達は貧弱で，チョウチンゴケ類，キンゴケなどが主なものであるが，過湿状態の箇所にはミズゴケ類(*Sphagnum fuscum, S. warnstorfii*)がかたまって生育する．

　土壌A層のpHは4.5～6.0程度，過湿状態を反映して多くの場合，グライド・ユートリック・ブルニゾルGleyed Eutric Brunisolあるいはヒューミック・グライゾルHumic Gleysolになる．

6.4. 植生分布に及ぼす山岳斜面の影響

　内陸性ダグラスモミ帯は，森林の成立可能なほとんど限界に近い乾燥した気候のもとに成立している．そのため，僅かな局地的条件の違いが植生の発達に決定的な影響を及ぼし，景観の大きな違いをつくり出すことがある．

　アルバータ州の南西部では，ロッキー山脈の東斜面山麓に沿って内陸性ダグラスモミ帯が成立している．この生態区は，その東に広がるプレーリー草原のバイオームと接しているが，その境においては草原と森林が複雑に入り混じる．そのとき，山の斜面の向き(方位)が，森林と草原の局地的分布を決定づけている．図3-4は，アルバータ州南部のポーキュパイン・ヒルズ Porcupine Hillsにおいて，山の斜面の向きによって，あるいは斜面上の位置によって森林植生と草原植生が複雑に入り混じる様子を模式的に示したものである．この場合，山の斜面勾配はわりとゆるやかで，山頂部と谷底部との標

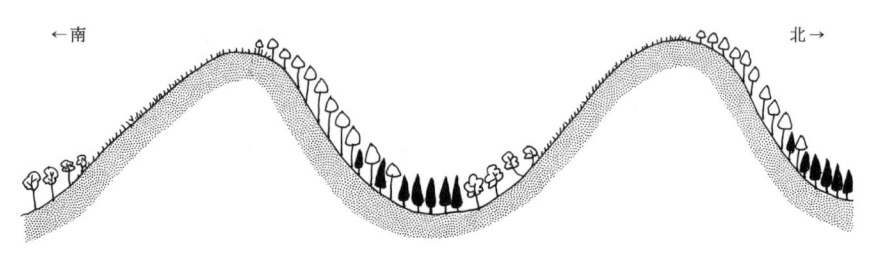

←南　　　　　　　　　　　　　　　　　　　　　　　　　　　北→

草原　ダグラスモミ　カナダトウヒ　アスペン

図3-4　ロッキー山脈の東麓においては，コーディレラ山岳性針葉樹林とプレーリー草原が接し合う．そこでは小高い丘陵の斜面方位や位置によって生育する樹種や植生が変わり，それが顕著な景観の違いをつくり出している(Kojima, 1980より改描)．

高差は 50〜100 m 程度なので，標高の違いによる気候の違いはほとんどないものと考えられる。

　森林は明らかに山地の北向き斜面に成立しており，それも斜面の上部から下部さらには谷底部へ向かって林相が変化する。すなわち北向き斜面の山頂部から斜面中部まではダグラスモミの純林が発達しているが，斜面下部ではダグラスモミにカナダトウヒが加わり，やがて谷底部へ向かってカナダトウヒの比率が高くなり，谷底部では完全にカナダトウヒ林に替わっている。それにともない林床植生も変化する。いっぽう，南に面した斜面では，山頂部から斜面中部まではラフフェスキューを優占種とするイネ科草本群落すなわち草原植生が発達している。この植生は，カナダの大平原に広がるラフフェスキュー・プレーリー Rough Fescue Prairie の群落と基本的に同じ植生である。斜面下部では落葉広葉樹であるアスペンがやや疎らに生えてアスペン林を形成している。このように，ここでは斜面方位によって植生が明瞭に分かれ，それが斜面による顕著な景観の対照をつくり出している。

第4章　高山ツンドラ地域
──氷河とお花畑

1. 自然環境の特性
2. 高山ツンドラ植生の一般的特性
3. 高山ツンドラバイオームの区分
4. 地質特性とツンドラ植生

樹木限界以上の高海抜地には高山ツンドラが発達する

カナダ西部のアルバータ州からブリティッシュ・コロンビア州にかけて，さらに北のユーコン準州の大部分は，コーディレラ地域と総称され，カナダの中でも山岳が集中している地域である。本章ではロッキー山脈や海岸山脈の高海抜地に発達する高山ツンドラ地域について詳述する。樹木をまったく欠き，そこには百花繚乱たるお花畑が展開する。

カナダ西部のアルバータ州からブリティッシュ・コロンビア州にかけて，さらに北のユーコン準州の大部分は，コーディレラ地域と総称され，カナダの中でも山岳が集中している地域である。太平洋沿岸部には海岸山脈Coast Mountainsが，太平洋岸から400〜600 km内陸にはロッキー山脈Rocky Mountainsが，またロッキー山脈に付随する形でその西にはコロンビア山脈がいずれも太平洋岸に並行するような形で，その長軸が北西-南東方向に延びている。これらの山脈は，ユーコン準州に入ると，キャシヤー山脈Cassier Mountains，マッケンジー山脈Mackenzie Mountains，リチャードソン山脈Richardson Mountains，セント・イライアス山脈St. Elias Mountainsなどとなり，さらにアラスカのランゲル山脈Wrangel Mountainsやアラスカ山脈Alaska Mountainsへと連なっている。

これら山脈の高海抜地には，苛酷な環境のために高木はもちろんのこと丈の高い低木(植物体の高さがおよそ50 cm以上)も生育せず，矮生低木，草本，コケ類，地衣類からなる植生が広範囲に発達し，独特の景観を形成している(口絵写真11)。このバイオームが高山ツンドラ地域Alpine Tundraと呼ばれる。一般的には，山岳地において樹木限界tree line (timber line)よりも高い所に成立するバイオームを高山ツンドラというが(Körner, 1999)，本書では，高海抜地にあって樹木種だけではなく丈の高い低木種をも欠如する景観を高山ツンドラと定義する。カナダのような高緯度地方では，樹木は欠如するがヤナギ類やカンバ類の低木が広範囲に生育し景観を特徴づける地域(Mueller-Dombois & Ellenberg (1974)の景観分類によるIIIB4b)が発達している。これを本来的なツンドラと区別するためには，上記のような定義が重要な基準となる。

北米における高山ツンドラの取り扱いは複雑で，一般的にコンセンサスを得た取り扱いはない。Krajina (1969)はAlpine Tundra Bogeoclimatic Zoneとして独自の生態区を認めているが，Franklin & Dyrness (1973)は高山ツンドラ帯をTimberline and Alpine Vegetationに含め，またDaubenmire (1978)は世界のTundra Regionの中にExtratropical Alpine Tundrasという区分を置き，北米山岳地の高山ツンドラをここに位置づけている。Barbour & Billings (1988)はAlpine Vegetationとして一括して扱っている。CCELC (1989)は高山ツンドラをCordilleran Ecoclimatic Province / Alpine

Northern Cordilleran Region, Alpine Southern Cordilleran Region; Interior Cordilleran Ecoclimatic Province / Alpine Interior Cordilleran Region; Pacific Cordilleran Ecoclimatic Province / Apine North Pacific Cordilleran Region と，地理的に分割している．Archibald(1995)は高山ツンドラを The Polar and High Mountain Tundras に含めている．

　高山ツンドラの成立する高度は，山脈の地理的位置や斜面方向により，また緯度によって大きく異なる．カナダ南部の北緯50度付近では，海岸山脈分水嶺の西側斜面(太平洋に面する斜面)では海抜高度約1,500 m以上，東側斜面(内陸側斜面)では海抜高度1,800 m以上に成立する．太平洋岸から約500～600 km 内陸に位置するロッキー山脈では，分水嶺の西側斜面で海抜高度約2,200 m以上，東側斜面では同2,600 m以上に成立する．このように内陸方向で高度が上昇するのは，冬期の降積雪量と，その結果としての樹木限界線の位置に関係する．海岸山脈では，太平洋に直接臨んでいることもあって気候的に夏期は比較的低温であるとともに冬期はきわめて多雪となる．多雪は積雪深の増加と積雪期間の長期化，その結果として夏期における植物の生育期間の短縮をもたらす．そのため，雪の多い高海抜地では，たとえ気温だけが上昇しても雪が遅くまで残るため，樹木の生育できる環境が成立せず，樹木限界はより標高の低い所に押し下げられ，その結果，多雪気候のもとにある海岸山脈では高山ツンドラの下限も下降する．この傾向は，卓越風の風上側に位置する西斜面でことに著しく，西斜面では東斜面に比べて樹木限界線がいっそう下降し，それだけ高山ツンドラの下限は低下する．

　いっぽう内陸のロッキー山脈では，太平洋岸から500 km以上も離れていることもあって，気候は明らかに大陸性の度合いが強くなる．海岸山脈に比べて降水量は減少し，冬期はより低温になるが，いっぽうで夏期はより高温になる．冬期低温になるとしても，夏期の高温と積雪量の減少は，早い雪解けと生育可能期間の延長をもたらす．そのことが，内陸に位置するロッキー山脈では樹木の生育可能限界を押し上げるとともに高山ツンドラを上方に追いやり，その成立高度を上昇させる結果になる．ロッキー山脈においても，高山ツンドラの下限が卓越風の風上側にあたる西斜面では東斜面に比べて全体にやや低いのは，やはり同じ理由によるものである．

緯度が増すと高山ツンドラの成立高度は低下する。その度合いは，北に向かって緯度が1度増加するごとに標高にしておよそ100 m ほどの割合で下降する。事実，北緯60度付近では，高山ツンドラの成立下限高度は海岸山脈分水嶺の西側斜面では600 m，東側斜面では900 m，内陸のロッキー山脈分水嶺西側斜面では1,500 m，東側斜面では1,900 m にまで下降している。しかしユーコン準州中部，北緯64度付近にあるオグルヴィー山脈 Ogilvie Mountains 南部，北緯64度付近では，山脈がほぼ東西方向に延びていることもあるが，高山ツンドラは分水嶺の南側斜面では海抜高度約1,300 m 以上，北側斜面では1,100 m 以上の地域に認められ (Kojima, 1973, 1978)，上記の下降度合いから見ると明らかに高い所にある。これは，このような高緯度地域にあっては降水量が減少し，それにともなって積雪量も減少することと，夏期において昼間の時間が長く実際に日照時間が増加すること，などによるものであろう。高山ツンドラの下限高度は，北緯67度付近のリチャードソン山脈では，海抜およそ800 m 付近に認められる。

　一般に高山ツンドラの高度範囲の幅は，気候条件から理論的には約1,500～1,700 m に及ぶと考えられる。これは，高山ツンドラを成立させる気候がケッペンの気候区分による ET 型であるとすると，1年を通じて月平均気温が0℃以上に達しない EF 型気候になる高さが高山ツンドラの上限と考えられるからである。EF 型気候は，もはや植物の生育をほとんど不可能とする氷雪気候であり，そこにおいて高山ツンドラは雪氷帯 Nival Zone に移り変わると考えられる。したがって高山帯の下限が2,000 m の所では上限が3,500 m 付近とみて良いであろう。ただ現実にはカナダの山岳地では，いたる所に氷床，氷河，雪田が発達しており，また高海抜地では地形がきわめて急峻なこと，岩盤が露出していて植生を成立させる土壌がほとんど発達していないことなどもあって，実際に気候的に上限を確認することは難しい。ただし，高山ツンドラの上限付近にあっては，露岩上に固着性地衣類によって代表される"地衣帯"があっても良いであろう。図 4-1 は，カナダ西部の山岳地における高山ツンドラ帯および亜高山帯バイオームの緯度による高度範囲の変化を示すものである。

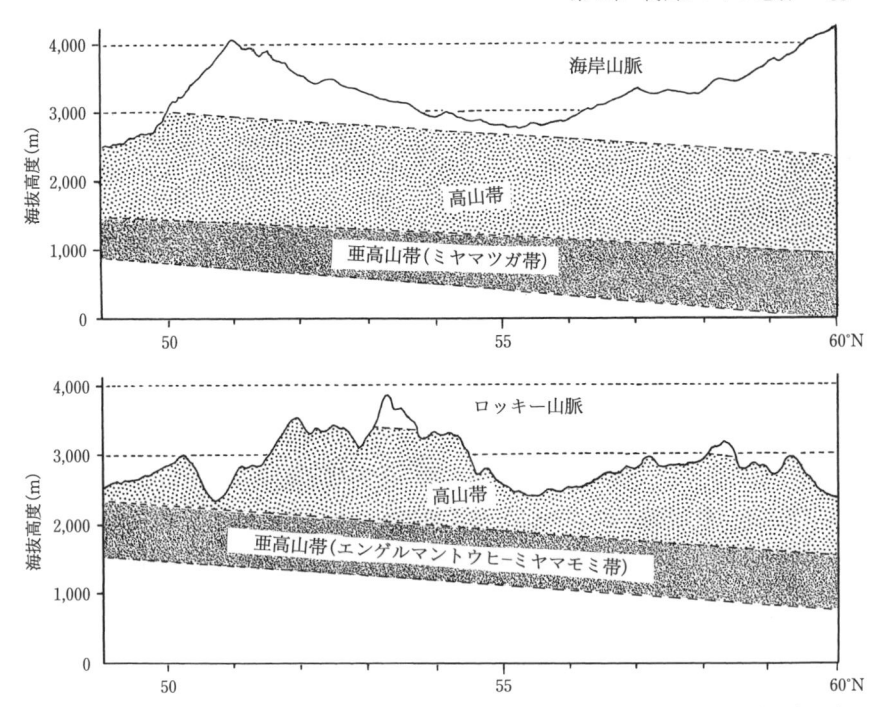

図 4-1 緯度の変化にともなう高山ツンドラ帯の高度範囲の変化。上図は太平洋に臨む海岸山脈西斜面(卓越風の風上側)における高度範囲を，下図は太平洋から 500 km 以上内陸に位置するロッキー山脈の東斜面(卓越風の風下側)における高度範囲の変化を示す。海岸山脈西斜面に比べてロッキー山脈東斜面では高山帯の高度が(下限)1,000 m 近くも上昇している。

1. 自然環境の特性

1.1. 気候の特性

　いうまでもなく，このバイオームを成立させる環境要因は高海抜地のきわめて寒冷な気候である。高山ツンドラバイオームの気候を示す気象観測資料はきわめて少ないが，いくつかの観測資料からカナダの高山ツンドラの気候は，次のような一般的特性を持つものと考えられる。①年平均気温は−12〜−2°C，最暖月の月平均気温は 5〜10°C，最寒月の月平均気温は−30〜−7°C である。②月平均気温 10°C 以上の月はなく，0°C 以下の月数は 7〜8 か

月に及ぶ。③気温の年較差は太平洋沿岸部では10〜20°Cと比較的小さいが，内陸部ではその差は20〜40°Cにも達する。④年降水量は400〜3,500 mmに及ぶ。沿岸部の風上側では多くの所で2,000 mm以上になるが，風下側では500〜1,000 mm程度，内陸部では400〜1,000 mm程度である。⑤沿岸部では年降水量のうち70〜80％，内陸部では50〜60％が降雪としてもたされる。⑥年間を通じて天候によりいつでも降雪降霜を見る。⑦このバイオームの気候は，ケッペンの気候区分では基本的にET気候になる。図4-2は，限られた観測点ではあるが，高山ツンドラ地域の気候特性を示すものである。

　大気候的には上記の特性を示すが，山岳地の複雑な地勢・地形条件から局地的な微環境の違いはきわめて大きい。標高差による気温の差はもちろん，斜面方位の違いによって受け取る輻射量，それに起因する環境温度，蒸発散量などには明らかな相違が生じる(Salisbury et al., 1968; Barry & Van Wie, 1974)。地形的位置の違いは風衝斜面と保護斜面の違いを生じ，植物に対する機械的損傷など風による直接的な影響，さらには冬期の吹き溜まりによる積雪量および積雪期間の差異をつくり出して植物の局地的な分布に影響を及ぼす(Wilson, 1959)。

1.2. 地質の特性

　コーディレラ地域の地質の基盤をなすものは堆積岩で，時代的には原生代

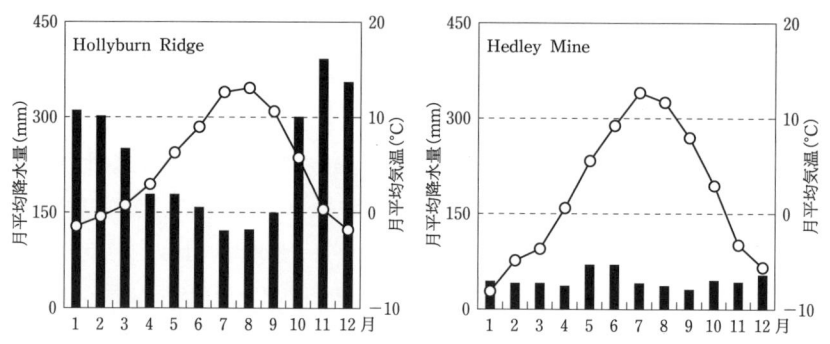

図4-2　高山ツンドラ帯を代表する地点の気候図。各地点の月別平均気温(折れ線グラフ)および月別平均降水量(棒グラフ)を示す。

から第三紀にまでわたる。ロッキー山脈の地質は概して古い(原生代から中生代白亜紀が圧倒的に多い)のに対し,海岸山脈では比較的新しく新生代第三紀の地質が広く現れる。さらに海岸山脈では第三紀以降における火山活動が活発で火成岩の貫入が広範囲に見られる。そのため,ロッキー山脈では石灰岩,泥岩,粘板岩,ドロマイトなどを主体とするのに対して,海岸山脈ではこれら堆積岩に混じって花崗岩系岩石が広く現れ,所によっては安山岩,玄武岩なども認められる(Douglas et al., 1970)。このような地質特性は,土壌母材の化学性を規定し,他の条件ともあいまって,それぞれの地域の土壌特性に大きな影響を及ぼしている。

1.3. 土壌の特性

きわめて寒冷な気候のもとでは土壌生成も緩慢で,母材の化学的風化が進み難い。しかしいっぽうで凍結-融解の反復による地表面の攪拌 cryoturbation や岩石の破砕と移動,あるいは強風により飛散する氷や砂による岩盤の削磨など,物理的風化だけは著しく進行する。その結果,高山域では地表面のかく乱が激しく土壌の層分化は進行できない。そのため高山ツンドラ地域では,土壌の成層構造が発達しないか,あるいは層構造が極度に不規則で,多くの土壌が未熟土の状態にとどまっている。したがって土壌型は多くの所でレゴゾリック・タービック・クライオゾル Regosolic Turbic Cryosol,あるいはオーシック・レゴゾル Orthic Regosol になる。また化学的風化の進行が極度に遅いため,土壌は母材の化学性を強くとどめている場合が多い。たとえば土壌 A 層の pH が,石灰岩を母材とする土壌では 7.7 であるのに対して,珪岩では 4.5,玄武岩では 6.0 と,母材により顕著に異なるという報告がある(Retzer, 1974)。

きわめて寒冷な環境のもとにあるため,高山ツンドラ地域では広範囲に永久凍土 permafrost が認められる。永久凍土は,カナダ-アメリカ国境をなす北緯 49 度付近においては海抜およそ 2,100 m 以上に認められるが,北緯 54 度付近では 1,200 m まで下降する(Ives, 1974; National Atlas of Canada, 1974)。高山ツンドラ地域では,各種の周氷河地形や周氷河現象が広範囲に認められる。その例として,岩氷河 rock glacier,各種構造土 patterned ground,多角形

土 polygon, フロストボイル frost boil, 環状石列 stone ring, 凍上環状斑 freeze sorted circle, アースハンモック earth hummock, ソリフラクション solifluction などが挙げられる。

2. 高山ツンドラ植生の一般的特性

ツンドラという言葉で代表されるように，そしてまたこのバイオームの高度下限が樹木の上部限界線をもって境されるように，高山ツンドラバイオームは基本的に樹木をまったく欠く植生帯である。また一般に丈の高い低木（高さ50 cm以上）もここでは生育しない。したがって植生は，矮生低木，草本植物，蘚苔類，地衣類から構成され，開けた景観が発達する。矮生低木は，主としてツガザクラ類(*Phyllodoce*)，イワヒゲ類(*Cassiope*)，クマコケモモ類(*Arctostaphylos*)，スノキ類(*Vaccinium*)，ガンコウラン類(*Empetrum*)，チョウノスケソウ類(*Dryas*)，矮生ヤナギ類(*Salix*)などからなる。これら矮生低木，とくにツツジ科の矮生低木は，しばしば密生した植物群落を形成するが，これを高山ヒース alpine heath(heather) と呼ぶ。草本植物群落の発達も顕著であるが，高山のバイオームを代表する草本植物としては，ジンヨウスイバ，タテヤマキンバイ，ムラサキクモマグサ，ムカゴトラノオ，ヒメカラマツ，イワギキョウ，タカネシオガマ，エゾタカネツメクサ，ムカゴユキノシタなど日本と共通種も多いが，その他チャボタカネニガナ，タカネゲンゲ，コケマンテマ，エフデグサ類(*Castilleja*)，クモノスユキノシタなどがあり，また単子葉植物では各種のスゲ類(*Carex*)，イチゴツナギ類(*Poa*)，ウシノケグサ類(*Festuca*)などが生育する。

カナダの高山帯に生育する植物の中には，北半球の高緯度地方に北極を取り巻くように広く分布するものも多い。これらは植物地理学で周極要素 circumpolar element と呼ばれる。その例としてムラサキクモマグサ，ホッキョクヤナギ，ホッキョクイチゴツナギ，オニイワヒゲ，ユキワリキンポウゲなどがある。また分布が北半球高緯度地方から海岸山脈やロッキー山脈沿いに低緯度地方の高海抜地にも広がるものもある。これらを植物地理学では極地高山要素 arctic-alpine element と呼ぶが，その例としてムカゴトラノオやビゲ

ロウスゲ，コケマンテマなどが挙げられる。

　高山帯では，土壌水分の多少，積雪量と積雪期間，地表面の安定度，風衝の程度，土壌の理化学性など局地的な微環境の違いが植生の種組成に増幅するように表現され，地形の僅かな起伏に対応してきわめて複雑な群落配置が形成される。

　高山帯の中にあっても，標高が高くなり環境がいっそう苛酷になると，ひとつには安定した育地が欠落することもあり，またほとんどの箇所が岩場になることもあって，維管束植物を含む群落は極度に減少し，代わってイワタケ類(*Umbilicaria*)やチズゴケ類(*Rhizocarpon*)などのような岩上に生育する固着性地衣類が群落を形成し，独特の景観を形成する。このとき地衣類は基盤となる岩石の種類に影響されるが，概して石灰岩や玄武岩上には固着地衣類は少なく，酸性岩になると増加する傾向が認められる。

3. 高山ツンドラバイオームの区分

　カナダ西部に見られる高山ツンドラは，基本的には全域が同じバイオームと見なしても良いが，亜区のレベルで海岸山脈における沿海亜区 Coastal Subzone，コロンビア山脈やロッキー山脈に見られる内陸亜区 Interior Subzone，および主として北緯60度以北の北部亜区 Northern Subzone に分けられて良いであろう。これらを分化させる基本的な要因は気候であるが，北部亜区では地史的要因も関与して植物相の違いをつくり出し植生構成にも違いを生じさせている。

3.1. 沿海亜区の植生

　沿海亜区 Coastal Subzone は，海岸山脈の高海抜地に現れるもので，夏期冷涼かつ極度に多雪な気候のもとに発達するものである。多雪は一般に植物の生育期間の短縮をもたらすが，僅かな地形的な起伏が局地的な積雪期間の違いをつくり出し植物の分布を規定する。そのため，ここでは僅かな地形的位置の違いに応じて，局地的積雪のパターンを反映するように群落が複雑に分化する。また樹木限界付近にはしばしば矮生倒伏形(krummholz型)のミヤマ

ツガが現れる。

植物群落の分化パターン

図4-3は，Brooke et al.(1970)，Franklin & Dyrness(1973)，およびDouglas & Bliss(1977)に基づいて，地形の起伏による群落分化の様子を模式的に示したものである。地形の起伏は，土壌の湿潤度および積雪期間の長短を決めるというふたつの側面から群落分化を生じさせている。図4-3において，冬期ほとんど雪のつかない切り立った尾根や突出した岩盤には固着地衣類の群落が現れる(群落Ⅰ)。ここは冬期，極度な低温と強風にさらされる所で，植物は低温のみならず強風によって吹きつけられる砂塵や氷雪粒によっても物理的に傷めつけられる。さらにここでは，多くの所が岩盤上であり土壌の堆積と発達はほとんど認められず，植物の生育はきわめて困難となる。その結果，イワタケ類，チズゴケ類，ヘリトリゴケ類(*Lecidia*)などの地衣類が岩上に固着し群落を形成する。維管束植物はほとんど認められず，岩場の隙間に僅かにキンスゲやヒメハリスゲが見られる程度である。

地形の高みは相対的に排水良好で乾燥しており，一般的に雪が溜り難くここは比較的雪解けの早い育地となる。雪が消えるのは5月下旬で，植物の生育期間は夏期の約3か月間ほどになる。そこにはスゲ類に代表される群落(群落Ⅱ)が現れる。優占種 *Carex phaeocephala* の他に，*Carex scirpoidea*，ウシノケグサ，リシリゲンゲ，カナダキンバイ，チャボフロックス，*Arenaria obtusiloba* などが生育するが，植被率は50〜70%と概して低く砂

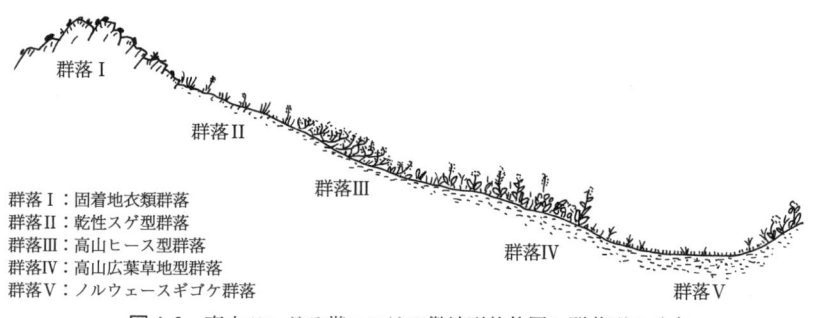

群落Ⅰ：固着地衣類群落
群落Ⅱ：乾性スゲ型群落
群落Ⅲ：高山ヒース型群落
群落Ⅳ：高山広葉草地型群落
群落Ⅴ：ノルウェースギゴケ群落

図4-3 高山ツンドラ帯における微地形的位置と群落型の分布

礫が裸出し，礫は線状や環状に配列する場合が多い。土壌は凍結-溶解にともなう攪拌作用が激しいためほとんど層分化が進まず，土壌型としてはターピック・クライオゾル Turbic Cryosol あるいはオーシック・レゴゾル Orthic Regosol になる。

中腹斜面には群落Ⅲと群落Ⅳが現れる。ここは土壌の湿潤度から見て適潤な育地であり，また積雪期間も9～6月の10か月間で，高山帯としては平均的な所である。植被率は100％に達する。微地形的な高みには，いわゆる高山ヒース alpine heath(群落Ⅲ)が現れる。これはカナダツガザクラ，ネバリツガザクラ，オオイワヒゲ，ガンコウラン，ウマミノスノキなどの矮生低木が圧倒的に優占し特有の景観を形成するものである。これらの植物が密生するため，ここに出現する種は少なく，主なものとしてシトカスギカズラ，リュートケア，タカネコメススキなどが散生する程度である。平坦な箇所では群落Ⅳが現れる。ここでは土壌がやや湿潤となる。ここにはキョクチノボリフジやミヤマクロスゲに代表される典型的な高山草地が発達する。優占種キョクチノボリフジの他に，オオイワヒゲ，イブキトラノオ，リュートケア，ミヤマヒナギク，シトカカノコソウ，タカネミミナグサ，タカネキリンソウ，ダントーニア，*Carex breweri*，チャボフロックスなど，出現種数は多い。土壌は，多くはターピック・クライオゾル Turbic Cryosol になるが，やや安定した所ではディストリック・ブルニゾル Dystric Brunisol あるいはヒューミック・ポドゾル Humic Podzol が認められる。

地形的なくぼ地には湿潤地の群落が成立する。だがここは土壌が過湿であるばかりでなく，地形的に常に雪の吹き溜まりができ遅くまで雪の残る所である。事実ここで積雪が完全に消えるのは7月下旬～8月上旬で，植物の生育期間は僅か1か月程度にすぎない。ここにはクロホタカネスゲに代表される群落Ⅴが現れるが，生育する維管束植物は少ない。僅かにタカネコメススキ，ヒロハヤマハハコ，リュートケア，ドルモンドイなどが見られる程度である。地表にはノルウェーギゴケやヘチマゴケ類(*Pohlia drummondi*)などが密生する。土壌の発達も不良で，土壌型は多くの所でオーシック・レゴゾル Orthic Regosol となるが，過湿な箇所ではグライゾル Gleysol が現れる。

3.2. 内陸亜区の植生

内陸亜区 Interior Subzone は，主として太平洋岸から 400〜600 km 内陸に位置するコロンビア山脈およびロッキー山脈の高海抜地に成立する。沿海性の亜区に比べて気候の大陸性度が高くなり，相対的に降積雪量が少なく，また気温の年較差が大きく，夏期は比較的気温が高い。そのため高山帯の現れる高度がここでは高くなり，北緯50度付近においては分水嶺の西斜面で海抜およそ 2,200 m，東斜面では同 2,500 m と，沿海性亜区に比べて 700〜800 m 上昇している。この亜区のもうひとつの特徴は，地質が主として堆積岩からなり概むね石灰分に富むことである。沿海亜区に比べて降水量が少なく，いっそう寒冷なこともあって，土壌生成の進行がきわめて緩慢なため，土壌は概して置換性塩基に富み土壌 pH も高く多くの場合 5〜7 間の値を示す。しかし，ここにおいても地形の僅かな起伏が積雪期間に影響を及ぼし植物の分布を規定し，微地形に従う複雑な群落分布のパターンをつくり出していることには変わりはない。

植物群落の分化パターン

冬期，雪の着かない岩場や急峻な尾根部には固着地衣群落が認められる。これは露出した母岩上や堆積した巨岩礫上に発達するものである。ここは冬期極度の低温と強風にさらされる環境で，また土壌が発達していないこともあって，ここに生育する維管束植物はきわめて少なく，地衣類が群落を代表する。主な地衣類として，チズゴケ類(*Rhizocarpon*)，オオロウソクゴケ類(*Xanthoria*)，ホウネンゴケ類(*Acarospora*)，チャシブゴケ類(*Lecanora*)，イワタケ類(*Umbilicaria*)などがあるが，いずれも基本的に固着性地衣である。その他の地衣類として *Cetraria*, *Cladonia*, *Dactylina*, *Thamnolia* などが挙げられる。維管束植物としては，岩場のポケット状の隙間にコケマンテマ，オシクラスギカズラ，ムラサキクモマグサ，イヌナズナ類(*Draba*)などが僅かに散生する程度である。地質が石灰岩性になると，マキバチョウノスケソウが現れ，またムラサキクモマグサが増加する。土壌は事実上ここでは堆積しない。

上部斜面の水はけの良い乾性地では，ヒメハリスゲやチョウノスケソウに

代表される群落が発達する。この群落はとくに南に面した急斜面上に良く現れる傾向がある。ここは比較的早く積雪の消失する所で，いっぽう凍結-融解にともなう土壌表面の攪乱作用が強く不安定な育地である。植被率はほぼ100％に達するが，攪拌選別された大きな礫が堆積する箇所もあり，部分的に無植被地も認められる。この群落は上記の種の他，主なものとしてロッキートチナイソウ，クマコケモモ，アカミノウラシマツツジ，フウセンゲンゲ，タカネキリンソウ，ムカゴトラノオなどから構成される。この他 *Cetraria islandica*, *Cetraria nivalis*, *Cetraria ericetorum*, *Thamnolia subliformis* などの地衣類も良く目立つ存在である。ここでは土壌溶脱の進行が遅いため，土壌のpHは概して高く6.5～7.0前後である。土壌母材が石灰岩質の場合，とくにpHは高くなり7.0を超えるが，このような所ではチョウノスケソウに代わってマキバチョウノスケソウが優占する。土壌は概して浅く，また発達も悪い。土壌型は多く場合オーシック・レゴゾル Orthic Regosol あるいはユートリック・ブルニゾル Eutric Brunisol になる。

　なだらかな斜面上の乾性地から適潤地にかけては，チョウノスケソウやチリメンヤナギを優占種とする群落が発達する。植被率はほぼ100％である。チョウノスケソウやチリメンヤナギの他に，草本としてコケマンテマ，ムカゴトラノオ，カナダキンバイ，キバナエフデグサ，タカネキリンソウなどが良く現れる。ここは地衣類の被度も比較的高く，主な種として *Cetraria islandica*, *Cetraria nivalis*, *Cetraria cucullata*, *Thamnolia subriformis* などが挙げられる。植被率はほぼ100％。土壌は概して浅く，ヒューミック・レゴゾル Humic Regosol あるいはユートリック・ブルニゾル Eutric Brunisol が一般に認められる。

　積雪の平均的な育地では，オニイワヒゲを優占種とする群落が発達する。ここは平坦かつなだらかな斜面で，土壌の湿潤度も平均的な適潤地である。植物は密生し植被率は100％に達する。矮生低木のオニイワヒゲが圧倒的に優占する。出現種数も多くチョウノスケソウ，タカネヤナギ，ネバリツガザクラなどが高い頻度で現れ，高山ヒース植生を構成する。矮生低木に被圧されて草本植物は少ないが，キバナエフデグサ，タカネイチゴツナギ，ムカゴトラノオ，カナダキンバイなどが現れる。*Cetraria islandica*, *Cetraria nivalis* などの地衣類がやや高い被度を示す。土壌はやや溶脱が進み，土壌pHは5.0〜6.0程度で，土壌型は多くの場合ユートリックまたはディストリック・ブルニゾル Eutric or Dystric Brunisol になる。

　適潤な育地であっても，雪が吹き溜まりやすく，したがって比較的積雪期間が長い所ではネバリツガザクラの優占する群落が発達する。ここには優占種の他に，カナダツガザクラ，オオイワヒゲ，ホッキョクヤナギ，タカネヤナギ，チリメンヤナギなどの矮生低木が現れ，一種の高山ヒース植生を形成する。草本植物の種数も多く，ヒロハヤマハハコ，トウヤクリンドウ，タテヤマキンバイ，カナダキンバイ，サマニヨモギ，タカネイチゴツナギ，オシクラスギカズラ，タカネシオガマなどが生育する。コケ植物，地衣類は少なく，比較的顕著なものとしてはスギゴケが挙げられる程度である。ここでは土壌の溶脱が進み，土壌pHは5.0〜5.5程度，土壌型は多くの場合，ディストリック・ブルニゾル Dystric Brunisol あるいはヒュモフェリック・ポドゾル Humo-Ferric Podzol になる。

　地形のくぼ地や湿潤地にはシロバナリュウキンカ，シロバナキンバイなどに代表される湿性群落が発達する。ここは雪解けが遅く，通常は6月上中旬まで雪の残る所である。また周辺から滲出水の集まる所で，常に土壌は過湿状態にある。植被率は100％に達する。上記の植物の他，主なものとしてクロホタカネスゲ，ヒロハヤマハハコ，サマニヨモギ，ロッキーヒナギク，ムカゴトラノオ，サンカクサワギク，タカネコメススキ，ホッキョクヤナギ，キバナエフデグサ，タカネシオガマ，エシュショルツキンポウゲ，ドルモンドイなどが挙げられる。ここに出現する維管束植物はきわめて多い。コケ類，地衣類は比較的少ないが，*Aulacomnium palustre*, *Campylium stellatum*, *Polytrichum norvegicum* などが良く生育する。土壌型としてはグライゾル Gleysol になる。このとき局地的にさらに積雪量が増加し積雪期間が長くなる所ではクロホタカネスゲやドルモンドイが増加，やがてクロホタカネスゲ群落へと移行する。

　以上は，いずれも微地形条件と土壌湿潤度の異なる育地において，ほぼ成熟安定した群落について記述したものである。しかしこの他に，遷移の初期あるいは中期段階にある未成熟な群落も至る所に見られる。ことに高山地域

では氷河が各所に発達しているため，その周辺や氷河から流れ出る河川のはんらん原には，遷移の初期段階の群落が成立している。

　北米コーディレラにおける氷河の縁辺部は，近年，氷河の縮小とともに後退を続けている(Rutter, 1972; Østrem, 1974)。後退した氷河の下からは，氷河によって運ばれた土砂や礫がうず高く積み上げられる。これを堆石あるいはモレーン moraine という。新鮮な堆石上には，もちろんまったく植物が生育していないが，数年経つと地衣類やコケ類(*Rhacomitrium, Polytrichum, Pogonatum, Bryum*)が進出する。あい前後して維管束植物も進入する。遷移初期に現れる維管束植物として，ここではキバナチョウノスケソウ，キンイロユキノシタ，ヒロハヤナギラン，ブラヤ，リシリカニツリなどが挙げられる。しかしこの段階で植被率は 10% 以下ときわめて低い。はんらん原などのような湿潤な箇所では，上記の種に混じってしばしばチシマヒメドクサやムシトリスミレも生育する。ロッキー山脈では，石灰岩系の地質が広く現れるため，遷移初期の土壌はとくにカルシウム分に富み，また土壌 pH も 7 前後とほぼ中性にある。このことも上記の維管束植物が生育しやすい条件となっている。遷移が進行するにつれて，群落の発達と局地的環境の違いに対応した性格づけが顕著となり，上述のような群落へと分化する。

化石構造土の植生

　ロッキー山脈の東斜面の中腹部，アルバータ州の南西部にプラトー山地 Plateau Mountains がある。その中腹部，海抜高度およそ 2,500 m 付近には，台地状の平坦地が広がっているが，そこにはみごとな多角形構造土が発達している。多角形のさしわたしは 2〜5 m 程度で，周りを大きさ 30〜50 cm ほどの篩い分けられ集積した礫群に囲まれるように発達している。多くの礫は長軸を縦にして立ち上がるような形に集まっている。このような多角形構造土が平坦な大地に網の目のように広がっている(口絵写真 12)。これら多角形土を取り巻く集積した礫の上にはもちろん維管束植物は生育せず，そこには一面にイワタケ類(*Umbilicaria*)が固着して黒色の岩礫帯を形成する。いっぽう，細土分が集まった多角形土上には，チョウノスケソウ，オオイワヒゲ，ムカゴトラノオ，チリメンヤナギ，ヒロハヤマハハコ，リシリカニツリ，ナ

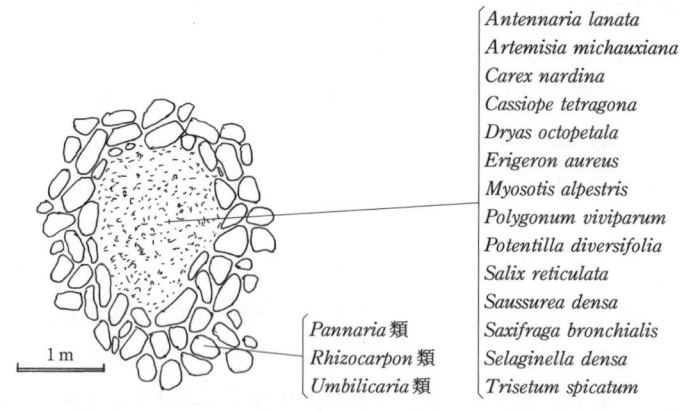

図 4-4 アルバータ州のプラトー山地における化石構造土の岩礫集積部と細土集積部に生育する植物種の相違

ルデイナスゲなどの維管束植物や地衣類(主に *Cetraria cucullata*)を主要構成種とする群落が成立している(図4-4)。ここでは植被率は100%に達し,良く発達した高山草地が成立している。このことは,構造土が良く発達しているが,今日まで長期間にわたって土地基盤はある程度安定した状態にあったことを示唆している。事実,プラトー山地は,カナディアン・ロッキーにあってはきわめて例外的にウィスコンシン氷期の間,氷河の直接的影響を受けなかったとされる所である。それは,氷期の最盛期であっても,プラトー山地では海抜1,900 m 以上の高さは氷河の上にあって氷河に覆われなかったと推定されるからである(Bryant & Scheinberg, 1970)。そのため,これらの構造土も後氷期というよりは,最終氷期の最盛期以前から形成されたものとも考えられる。このような構造土は,古周氷河現象 paleo-periglacial phenomena のひとつとしての化石構造土といわれ,プラトー山地におけるこの特異な景観は,化石構造土上に成立した植生といえる。

3.3. 北部亜区の植生

北部亜区 Northern Subzone は,カナダで最北に位置する高山帯である。それは,おおよそ北緯60度以北,地域的には主としてユーコン準州に成立した高山ツンドラ帯を指す。北緯60度というのは,南から延びたロッキー山

脈が北緯60度付近でいったん途切れて，そこから別の山系に変化する所である．このあたりから北では，植物相が変化して，むしろ北極域 Arctic の要素が強くなり，それにともなって植生の種構成も変化する．そのため，このような高緯度では高山ツンドラと北極ツンドラ Arctic Tundra との区別が困難になる．植物相から見ても，ここでは周極要素が増加し植生の主要な構成要素となる．ただ真の北極ツンドラは，標高的に最も低い地域に成立するのに対して，高山ツンドラは，標高的にさらにその下に別のバイオームが成立することによって北極ツンドラと区別される．事実，北部亜区ではその下にサブアークティック Subarctic のバイオームが発達しており，そのことによって景観的に明らかに識別される．

　北部亜区が認められる主な山岳地としては，セント・イライアス山脈 St. Elias Mountains をはじめ，マッケンジー山脈 Mackenzie Mountains，セルヴィン山脈 Selwyn Mountains，オグルヴィー山脈 Ogilvie Mountains，リチャードソン山脈 Richardson Mountains などがある．北緯64度付近における北部亜区は，風上側斜面では1,200 m，風下側では1,500 m 付近から上に現れる．しかしこの高度は，北緯67度のリチャードソン山脈では風上側で1,300 m，風下側では1,000 m あたりにまで下降する．

　気温だけから見ると，この亜区は南の亜区と本質的な差はないが，高緯度地方の特徴として夏期の昼間の長さと太陽高度の低さが挙げられる．事実，北緯65度における夏至の日の昼間の長さは22時間50分であり，太陽の南中高度は48.5度である．そのため夏期における気温の変動は，日周期よりはそのときの天候状況によってより大きく変動する．一般に年降水量は高緯度で減少するが，カナダ北部では夏期に降水が集中する傾向があるため，地勢的なレイン・シャドウ地域を除くと水分供給の不足が植物にとって制限要因となる状況にはない．

　地質は時代的に先カンブリア代の地層を基盤とし，その上に中生代白亜紀までの地層が広い範囲に現われる．石灰岩，ドロマイト，粘板岩，泥岩，頁岩などを主体とするが，いずれも石灰質に富む．僅かではあるが，部分的に花崗岩の貫入も見られる (Douglas et al., 1970; Green, 1972)．

　地史的に見て北部亜区の大きな特徴は，この地域の大部分が山岳地を除き

ウィスコンシン氷期を通じて氷河に覆われなかったことである(Prest, 1969)。それは，この地域が南にセント・イライアス山脈，チュガチ山脈，アラスカ山脈といくつもの巨大な山脈に遮られて太平洋からの豊富な水分が到達しなかったこと，また北極海からの僅かな水分供給もリチャードソン山脈，ブリティッシュ山脈，ブルックス山脈などに遮られて，氷河や氷床を発達させる十分な降水が得られなかったことによるものである。事実，現在でも太平洋に直接臨むアラスカ州のヤクタート Yakutat における年降水量は 3,705 mm であるのに対し，セント・イライアス山脈の東(内陸側)にあるユーコン準州のホワイトホース Whitehorse では僅か 268 mm である。とはいえ山岳地一帯には山岳氷河が広く発達していたし，現在も高海抜地には氷河が広く認められる。

植物群落の分化パターン

ここは，カナダの高山帯の中でも最も北に位置しているために，微環境の相違に対応して複雑な分化パターンを示しながらも，南部の高山帯とはやや異なる群落分化パターンを示す。そのひとつは尾根部や谷底部といった地形的位置の違いによる群落分化のパターンがやや不明瞭になることであり，いまひとつは南斜面と北斜面とで群落分化の様子が大きく異なることである。南斜面では，尾根部，中腹部，斜面下部で群落が多少なりとも分化するが，北斜面では尾根部から山麓部まで群落分化がほとんど認められず，一様に同じ群落が発達している。これは永久凍土の分布と活動層の深さによるものと考えられる。

南斜面の尾根部から岩棚上には，チョウノスケソウ，ムサキクモマグサ，ホッキョクヤナギなどに代表される乾性地の群落が認められる。ここは冬期ほとんど雪の積らない所で，きわめて苛酷かつ不安定な育地である。そのため植被率は 20〜40% と低く，植物は直径 20〜50 cm ほどの斑状に固まるかあるいは単独で生育し，その間には裸地が広がる。上記植物の他，ここによく現れるものとして，コケマンテマ，イワギキョウ，タカネイヌナズナ，シントリス，フリースチチコグサや，極端に矮生化したクロマメノキなどが挙げられる。その他，ここでは地衣類が顕著に生育するが，主なものとして

Alectoria ochroleuca, *Cetraria islandica*, *Cetraria nivalis*, *Cetraria richardsonii*, *Cladonia alpestris*, *Cladonia mitis*, *Dactylina arctica*, *Peltigera malacea*, *Thamnolia vermicularis* などがある。一般に土壌は浅く多量の礫や岩石を含み，ほとんど層分化が認められない。各所に線状集礫が形成されるなど，不安定な育地である。

　南斜面の中腹部は，冬期適度の積雪に覆われる所で，また雪の消失も早く植物にとっては条件の良い所である。そのため，ここでは植生は良く発達し植被率はほぼ100%に達する。ことにここではイネ科およびカヤツリグサ科の植物が圧倒的に優占し，いわゆる高山草地 alpine turf が発達する。主要な構成種としてプンペリキツネガヤ，タカネコウボウ，ホッキョクイチゴツナギ，ミヤマノカリヤス，ヒメハリスゲ，ユーコンスゲ，ザラツキスゲなどが密生する。この他，ここには広葉草本 forbs も多く，主なものとしてタカネウサギギク，ユーコンエフデグサ，アボリジンゲンゲ，ヒメリンドウ，クロゲンゲ，パリヤ，イチゲキンバイ，シベリアフロックスなどがある。矮生低木としてのチョウノスケソウも，ここにしばしば現れる。草本層の発達が良いため，それに被圧されてコケ層は貧弱である。被度は高くはないが，カギハイゴケ，タチハイゴケ，イワダレゴケなどが生育し，地衣類としては *Cetraria cucullata*, *Cladonia alpestris*, *Cladonia mitis*, *Peltigera aphthosa* などが良く現れる。斜面の勾配が大きい場合，ここはソリフラクションが発生しがちな所で，地表面は斜面下部方向に向かって移動し土砂が重なるように盛り上がることがある。凍結攪乱作用 cryoturbation がさかんなため，土壌の層分化が発達し難い。土壌型としては多くの場合タービック・クライオゾル Turbic Cryosol になる。

　南面する斜面の下部や山麓の湿潤地には広葉草本群落が発達する。ここは斜面上部から流下する滲出水にかん養されて水分および養分に富む。また一般的に夏期の活動層は深い。植物の生育にとっては最も条件の良い所であるが，所によっては積雪が遅くまで残る箇所もあり，このような所では植物の生育期間は1か月に満たない場所もある。ここに生育する種類はきわめて多い。主なものとして，キタトリカブト，ハクサンイチゲ，コバナイチゲ，キタヨモギ，カンチエンゴサク，ユーコンイヌナズナ，キタスズソウ，ヒメド

クサ, ヒメリンドウ, タカネワスレナグサ, ジンヨウスイバ, カンチブキ, キョクチハナシノブ, ムカゴトラノオ, ユキワリキンポウゲ, キバナユキノシタ, タカネキリンソウなどがある。これらの植物が, 7月下旬にはいっせいに花をつけるため, その時期にはここにはみごとな〝お花畑〟が出現する。コケ層の発達は貧弱であるが, カギハイゴケが比較的高い被度で現れ, 部分的にミズゴケ類が斑状のかたまりをつくることがある。土壌は, 比較的分厚い腐植層(L-H層)が発達するが, 鉱質土壌層の分化は貧弱である。土壌型は多くの場合, レゴゾリック・スタティック・クライオゾル Regosolic Static Cryosol になる。

　上記のように南斜面では, 斜面の位置によってある程度の群落分化が見られるのに対し, 北斜面では上部から斜面麓まで一様な群落に覆われていて, 地形的位置による分化は事実上見られない。これは, おそらく以下のような環境特性によるものと考えられる。すなわち, 北斜面では受け取る輻射量が少ないこと, 土壌表面には約10 cmの厚さでほぼ一様に未分解の有機物が堆積していることなどのため, どの位置をとっても8月中旬において, 地表面から20～30 cmの深さに永久凍土が認められる。したがって活動層が極度に浅い。しかもそのような状態が地形的位置の違いに関わらず尾根部から谷底部まで一様に成立しているため, 群落の分化が進まないものであろう。

　寒冷で湿潤しかも活動層が浅いという劣悪苛酷な環境のため, ここに生育する維管束植物の種数は少なく被度も低い。それに対してコケ層は良く発達し, コケ類と地衣類の総被度は100%に達する。維管束植物としては, ここではオニイワヒゲがしばしば優位種として現れる。もともとオニイワヒゲは, 乾燥した育地よりは雪の溜りやすい湿った箇所にかたまって生育する性質がある。おそらく北斜面の寒冷やや湿潤な環境に比較的よく適応しているものと思われる。このほか北斜面に良く現れる種としては, コバナイチゲ, キョクチヤナギ, チリメンヤナギ, チョウノスケソウ, チシマイワブキ, キタダイコンソウなどがある。コケ層は良く発達するが, ここでは地衣類が圧倒的に優占する。主な地衣類として *Cetraria cucullata, Cetraria islandica, Cladonia alpestris, Cladonia sylvatica, Cladonia uncialis, Dactylina arctica, Solorina crocea, Stereocaulon tomentosum* などが挙げられる。コケ

植物としては，カギハイゴケ，タチハイゴケなどがふつうに見られるが，所々にミズゴケ類が斑状に生育することもある。土壌は，地表面に 10 cm 程度の厚みの L-H 層が発達するが，鉱質土壌の層分化はまったく認められない。また鉱質土壌は多くの礫を含み，凍結攪拌がさかんである。土壌型は，多くはレゴゾリック・タービック・クライオゾル Regosolic Turbic Cryosol であるが，過湿状態の箇所ではグライゾリック・タービック・クライオゾル Gleysolic Turbic Cryosol となる。

4. 地質特性とツンドラ植生

ユーコン準州のほぼ中央部，オグルヴィー山脈の北部では，海抜 900 m 付近に樹木限界があり，それ以上の高度ではふつう樹木は完全に姿を消す。そこにはヒメカンバの密生した低木の茂みが山の斜面を覆い，山麓や開けた谷底にはワタスゲの優占する凍土湿原が発達しており，一種のツンドラ景観が広がっている。ところが不思議なことに，ある特定の山の斜面だけ黒々と針葉樹の森が発達している所が見られた。そこでは海抜 1,100 m の高さにまで樹木が生育しているが，これはこの地方としてはきわめて異例な現象である。事実，これに隣接する別の斜面では，条件はまったく同じに見えるにも関わらず，そこには樹木はまったく生育せずツンドラが成立している。なぜここにだけ異例の高さにまで樹木が生育しているのだろうか。現地で調査を行った。

現場へ行ってみると，山麓から比高 200 m ほどの尾根がふたつ，約 1 km ほどの距離を隔てて東西に並行して延びており，そのふたつの尾根の，あるひとつの斜面だけにカナダトウヒが生育していることが明らかとなった。そこでは樹高 10〜15 m，胸高直径 20〜30 cm ほどのカナダトウヒが，やや疎らな樹林を形成していたのである。とはいえ，よく調べてみると，それは南に面した斜面に限られており，北斜面には樹木はまったく見当たらなかった。他方の尾根では，南斜面であってもそこに樹木はまったく見られなかった。何が樹木を生育させている要因なのか，逆にいえば何が樹木の発達を阻む要因なのだろうか。そこで，ふたつの尾根をまたぐように 17 箇所で調査区を

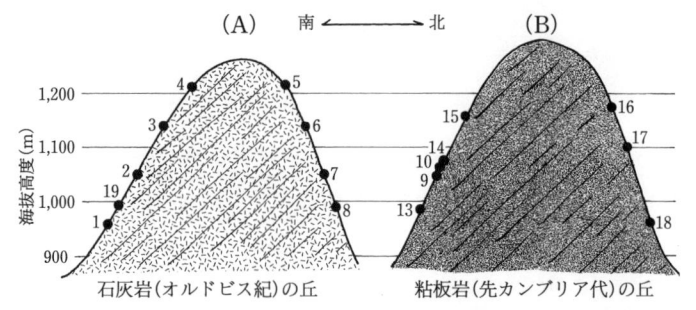

図 4-5 ユーコン準州オグルヴィー山地北部において，隣接する異なる地質の山地に設定された 17 植生調査区の位置

設定して(図 4-5)植生組成や土壌特性を調べてみた。現地での調査および地質図(Tempelman-Kluit, 1970)から，明らかにこのふたつの尾根の基盤となる地質には違いが認められた。尾根 A では，地質がオルドビス紀の石灰岩 lime stone およびドロマイト dolomite からなるのに対して，尾根 B では先カンブリア代の粘板岩 argillite からなるものであった。このことから，石灰岩を基盤とする尾根の南斜面だけに樹木は生育していることが明らかとなった。

表 4-1 は，17 箇所の調査区の植生を組成表にまとめたものである。この表から，植生は地質および斜面方位というふたつの要因の組み合わせによって分化していることが明らかとなった。まず斜面方位に無関係に石灰岩地域に強く結びつく種として，*Rhododendron lapponicum*, *Carex scirpoidea*, *Lesquerella arctica*, *Hedysarum mackenzii*, *Anemone parviflora*, *Thalictrum alpinum* などがあり，また斜面方位に無関係に粘板岩地域に結びつく種としては，*Ledum palustre*, *Vaccinium vitis-idaea*, *Empetrum nigrum*, *Hierochloe alpina* などが認められた。次に石灰岩の南斜面に強く結びつく種としては，*Picea glauca*, *Salix glauca*, *Potentialla fruticosa*, *Juniperus communis*, *Dryas integrifolia*, *Arctostaphylos rubra*, *A. uva-ursi*, *Hedysarum mackenzii*, *Zygadenus elegans*, *Festuca altaica*, *Androsace chamaejasme* など多くの種があり，逆に石灰岩地域の北斜面に強く結びつくものとして，*Tofieldia pusila*, *Pedicularis kanei*, *Silene acaulis*, *Carex nardina*, *Cassiope tetragona*, *Dryas octopetala*, *Saxifraga*

表 4-1 17 調査区の植生組成表（表中の数値は Domin-Krajina の被度階級を示す）

階層*	種名	通算番号	1	2	3	4	5	6	7	8	9	10	11	12	13	14	15	16	17
		地質					石灰岩								粘板岩				
		斜面方位		南向斜面					北向斜面				南向斜面				北向斜面		
		調査区番号	1	19	2	3	4	5	6	7	8	13	9	10	14	15	16	17	18
		標高(m)	960	990	1050	1140	1220	1220	1140	1050	990	990	1060	1060	1070	1170	1180	1100	960
A	Picea glauca		5	5	4	2	·	·	·	·	·	·	·	·	·	·	·	·	·
B 1	Picea glauca		6	4	5	4	·	·	·	·	·	·	·	·	·	·	·	·	·
B 2	Betula glandulosa		3	2	4	5	3	·	·	·	·	9	8	8	8	7	6	5	7
B 2	Salix glauca		4	3	2	·	·	·	·	·	·	·	·	3	2	·	·	·	·
B 2	Potentilla fruticosa		3	1	5	+	·	·	·	·	2	·	·	·	·	·	·	·	·
B 2	Juniperus communis		3	+	4	3	·	·	·	·	·	·	·	·	·	·	·	·	·
B 2	Rhododendron lapponicum		5	4	+	+	1	+	+	·	2	·	·	·	·	3	·	·	·
C	Carex scirpoidea		6	5	5	5	5	5	5	4	4	·	·	·	·	·	·	·	·
C	Lesquerella arctica		3	2	1	2	3	+	2	+	·	·	+	·	·	·	·	·	·
C	Thalictrum alpinum		+	·	+	3	+	·	3	+	·	·	·	·	·	·	·	·	·
C	Hedysarum mackenzii		3	3	+	3	4	·	3	+	·	·	·	·	·	·	·	·	·
C	Polygonum viviparum		2	·	+	+	+	·	·	·	·	·	·	·	·	·	·	·	·
C	Dryas integrifolia		6	5	6	5	6	·	·	·	1	·	·	·	·	·	·	·	·
C	Arctostaphylos rubra		4	5	6	4	·	·	·	·	·	·	·	·	·	·	·	·	·
C	Arctostaphylos uva-ursi		4	5	6	4	·	·	·	·	·	·	·	·	·	·	·	·	·
C	Zygadenus elegans		2	1	3	·	+	·	·	·	·	·	·	·	·	·	·	·	·
C	Festuca altaica		·	3	+	4	2	+	+	+	·	5	·	·	3	·	·	·	·
C	Anemone parviflora		+	+	1	·	+	+	+	·	·	·	·	·	·	·	·	·	·
C	Senecio lugens		3	1	+	·	+	+	+	·	·	·	·	·	·	·	·	·	·
C	Androsace chamaejasme		·	+	+	1	+	·	·	·	·	·	·	·	·	·	·	·	·
C	Saussurea angustifolia		+	·	+	·	·	·	·	·	·	·	·	·	·	·	·	·	·
C	Chrysanthemum integrifolia		4	2	·	·	·	+	·	1	·	·	·	·	·	·	·	·	·
C	Parrya nudicaulis		3	·	·	·	·	+	1	2	·	·	·	·	·	·	·	·	·
C	Tofieldia pusila		3	·	·	·	·	+	·	1	2	·	·	·	·	·	·	·	·
C	Pedicularis kanei		·	+	·	2	·	+	+	+	+	·	·	·	·	·	·	·	·

（つづく）

表 4-1（つづき）

階層	通算番号	1	2	3	4	5	6	7	8	9	10	11	12	13	14	15	16	17
	地質				石灰岩									粘板岩				
	斜面方位			南向斜面				北向斜面				南向斜面				北向斜面		
	調査区番号	1	19	2	3	4	5	6	7	8	13	9	10	14	15	16	17	18
	標高(m)	960	990	1050	1140	1220	1220	1140	1050	990	990	1060	1060	1070	1170	1180	1100	960
	種名																	
C	Silene acaulis	·	·	·	·	1	2	2	2	1	·	·	·	·	·	·	·	·
C	Cassiope tetragona	·	·	·	·	·	6	4	4	4	·	·	·	·	·	·	·	6
C	Dryas octopetala	·	·	·	·	·	6	6	6	7	·	·	·	·	·	·	·	6
C	Saxifraga oppositifolia	·	·	·	·	·	1	5	4	·	·	·	·	·	·	·	·	7
C	Carex nardina	·	·	·	·	4	5	6	4	·	·	·	·	·	·	·	·	5
C	Carex misandra	·	+	·	+	5	·	4	·	+	·	·	·	·	·	·	·	5
C	Minuartia rossii	·	·	·	·	·	+	4	·	+	·	·	·	·	·	·	·	2
C	Parnassia palustre	+	·	·	3	·	·	+	+	·	·	·	·	·	·	·	·	·
C	Castilleja yukonis	·	·	·	+	·	·	+	+	·	·	·	·	·	·	·	·	·
C	Vaccinium vitis-idaea	·	·	·	·	·	·	·	·	·	7	7	7	8	7	7	5	6
C	Empetrum nigrum	·	·	·	·	·	·	·	·	·	·	6	6	4	4	5	4	6
C	Ledum palustre	·	·	·	·	·	·	·	·	·	·	5	6	2	6	7	6	7
C	Hierochloe alpina	·	·	·	·	·	·	·	·	·	2	·	4	4	6	5	5	5
C	Arctostaphylos alpina	·	·	·	·	·	·	·	·	·	·	5	1	4	·	·	·	2
C	Dryopteris fragrans	·	·	·	·	·	·	·	·	·	·	+	·	1	4	+	·	·
B2	Rosa acicularis	·	·	·	·	·	·	·	·	·	+	4	4	+	·	·	·	·
C	Saxifraga tricuspidata	·	·	·	·	·	·	·	·	·	5	·	·	5	4	·	·	·
B2	Salix pulchra	·	·	·	·	·	·	·	·	·	·	·	3	·	·	+	6	+
C	Pedicularis labradorica	+	·	2	·	·	·	·	·	·	·	+	·	·	·	+	·	+
C	Carex podocarpa	·	·	·	·	·	·	·	·	·	·	·	·	·	·	·	·	+
C	Vaccinium uliginosum	·	1	·	·	·	+	·	·	·	·	5	·	2	·	4	·	·

*階層：A：高木層（5 m以上の木本植物層），B1：高低木層（高さ50 cm以上5 m以下の木本植物層），B2：低低木層（高さ50 cm以下の木本植物層），C：草本層（すべての草本植物層）

oppositifolia, *Minuartia rossii* などが認められた。これに対し，粘板岩の南斜面に現れるものとしては *Rosa acicularis*, *Saxifraga tricuspidata* があり，また粘板岩北斜面に特有に結びつくものとしては，*Salix pulchra*, *Pedicularis labradorica* など認められた。地質の違いを越えて特定の斜面方位と結びつく種は認められなかったが，*Cassiope tetragona* がやや北斜面と結びつく傾向を示していた。また粘板岩基質に比べて石灰岩基質上では，出現種数が圧倒的に多いのも特徴的だった。

図 4-6 は，表 4-1 に基づいて 17 箇所の調査区間の植生類似度を求め，それから調査区のクラスタリングを行ったものである。この図から，ここで植生は，第一義的には地質の違いによって大きく分化し，次いでそれぞれの中で斜面方位によって分化していることが示された。地質の違いは植物に具体的にどのような影響を及ぼすものだろうか。表 4-2 は，これら調査区における根圏域の土壌分析結果を示すものである。この表から石灰岩を母材とする土壌は斜面方位に関係なく粘板岩性のものに比べて pH が高く，塩基性イオンの量も多く，また塩基飽和度も高いことが明らかである。このことから石

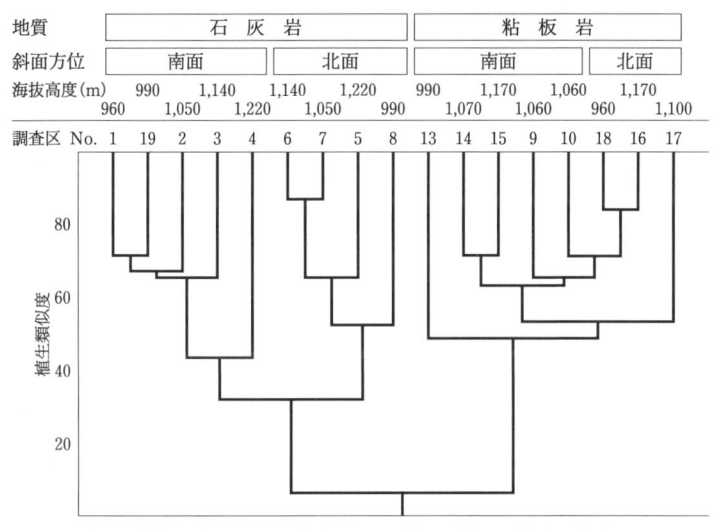

図 4-6 地質と斜面方位の違いによる植生の分化成立の様子を植生類似度に基づき調査区のクラスタリングで示す。

表 4-2 地質および斜面方位による根圏土壌の化学性の相違。それぞれのブロックの平均値を示す。

項 目	石灰岩 南斜面	石灰岩 北斜面	泥岩 南斜面	泥岩 北斜面
pH	7.0	7.3	4.6	4.0
Ca (meq/100g soil)	51.5	44.1	17.0	7.0
Mg (meq/100g soil)	20.8	12.2	6.4	2.4
Na (meq/100g soil)	0.09	0.08	0.15	0.13
K (meq/100g soil)	0.53	0.23	1.17	1.18
塩基飽和度(%)	111	97	14	13

灰岩を母材とする地域では明らかに塩基性イオンとくにカルシウムの供給が豊富であり，このことがいわゆる好石灰植物の定着を促し，特有のフロラおよび植物群落を成立させているものと思われた。また石灰岩地域の土壌は，黒色のA層が良く発達しており典型的なレンジーナ土壌の形態を示した。また概して土壌の空隙も比較的大きく排水良好であることが判明した。このことは，おそらく夏期において土壌が暖まりやすく，とくに南斜面では土壌温度の上昇が顕著となり，また夏期における活動層の厚みも増し，そのことが本来的に樹木の生育できない高度においても樹木の生長を可能にしたものであろう。

このように，極めて苛酷な環境にある高山地域では，土壌母材となる地質の影響が増幅されるように植生に現れるものであろう。ユーコン準州の例では，石灰岩を基質とする尾根の南斜面においてのみ樹木すなわちカナダトウヒが生育して樹林を形成，それが特異な景観を形成していたのである。

第5章　森林ステップ地域
──せめぎあう森と草原

1. 自然環境の特性
2. 森林ステップ植生の一般的特性
3. 森林ステップの植生

森林と草原の錯綜する森林ステップ

　森林ステップというのは，ステップ草原を基調としながらも，局地的な環境条件に従って所々に団地状あるいは散在するように樹木が生育し，草原と樹林が交錯する独特の景観からなるバイオームをいう。本章では，プレーリー草原の北にあって北方性針葉樹林へ移り変わるあたりに発達する森林ステップ地域について解説する。

森林ステップとは，ステップ草原を基調としながらも，局地的な環境条件に従って所々に団地状あるいは散在するように樹木が生育し，草原と樹林が交錯する独特の景観からなるバイオームをいう。草原の中に樹林が団地状に現れる独特の景観はしばしばパークランド parkland と呼ばれるが，このような景観は，極度に乾燥した草原気候と比較的湿潤な森林気候との中間の地域に成立し，広い意味では森林性バイオームと草原性バイオームの移行帯としての性格を持つものである。カナダにおいて森林ステップが認められるのは以下のふたつの地域である（図 5-1）。

　ひとつは，ロッキー山脈の東麓にあたるアルバータ州南西部から中部にかけて，さらに東に延びてサスカチェワン州中部，マニトバ州の東南部にかけての地域である。ここには森林とステップの交錯するバイオームが，地理的に半月形の大きな弧を描くような形で広がっている。この一帯は，北米大陸

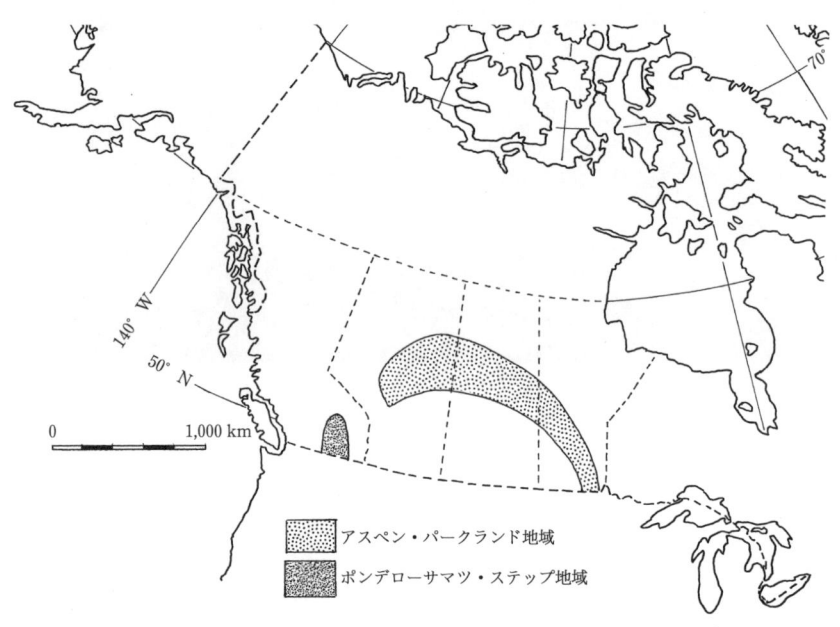

図 5-1　森林ステップ・バイオームの分布。アスペン・パークランドはカナダ中央部の大平原（The Great Plain）北部に，ポンデローサマツ・ステップは海岸山脈とロッキー山脈にはさまれた内陸高原（Interior Plateau）に分布する。

の内陸平原 Interior Plain に広く発達するプレーリー草原の北縁に位置する所である。ここはロッキー山脈の東側にあり，また大西洋からも 1,700 km 以上離れた内陸の奥深くにあるため，そこには乾燥した気候が発達している。そのため，ここでは基本的に樹木を欠く草原植生が発達するが，比較的水分供給の良い河川のはんらん原，地形のくぼ地や北に面する斜面など，限られた箇所には樹木が生育する。樹種は多くの場合アスペン（アメリカヤマナラシ）であるが，水分供給が豊富になるとカナダトウヒが現れる。

いまひとつの地域は，ブリティッシュ・コロンビア州の南部，海岸山脈とコロンビア山脈・ロッキー山脈にはさまれたオカナガン Okanagan 地方を中心とする一帯である。ここは，地勢区分からは内陸高原 Interior Plateau (Holland, 1964) と呼ばれる所であるが，海岸山脈とロッキー山脈にはさまれた南北に細長い盆地状の低地で平均の標高はおよそ 600 m，なだらかな地形が広がる。ふたつの山脈にはさまれ，地勢的には典型的なレイン・シャドウ地域にあたり，ここにも極度に乾燥した気候が発達している。そのため基本的に森林は成立せず，ステップ草原が広がるが，比較的乾燥に強いポンデローサマツやダグラスモミが所々に疎林状に現れて森林ステップを構成する。

カナダの森林ステップ・バイオームは，上記のように地理的に異なるふたつの地域に認められるが，ここでは便宜的に前者をアスペン・パークランド地域，後者をポンデローサマツ・ステップ地域とする。

アスペン・パークランド地域は，Boreal Forest Region / Forest and Grass Subregion (Rowe, 1972), Grassland Ecoclimatic Province / Transitional Grassland Ecoclimatic Region (CCELC, 1989), *Festuca scabrella* Province (Daubenmire, 1978), Central Aspen-White Spruce Biogeoclimatic Zone (Kojima, 1980) など，さまざまな名称で呼ばれる。いっぽう，ポンデローサマツ・ステップ地域は，Montane Forest Region / Ponderosa pine and Douglas-fir Section (Rowe, 1972), Interior Cordilleran Ecoclimatic Province に総括される種々の Regions (ICm, ICp, ICv), Ponderosa Pine-Bunchgrass Biogeoclimatic Zone (Krajina, 1965, 1969) などの名称で呼ばれる。この地域はまた，現地名でパラウス・プレーリー Palouse prairie と呼ばれることもある (Barbour & Billings, 1988)。

1. 自然環境の特性

1.1. 気候の特性

　森林ステップを成立させている基本的な環境要因は，乾燥した気候である。北米大陸の内奥深くに成立したアスペン・パークランド地域は，本来的に気候が乾燥し，樹木の生育できるほとんど限界に近い条件の所である。そのため，樹木は局地的に水分供給の良好な場所に集中して生育し，その他の大部分の所では樹木を欠く草原植生が発達する。その結果，樹林と草原植生が複雑に交錯したパークランド景観が成立する。このバイオームの気候は，以下のようにまとめられる。①年平均気温は1〜3°C程度，最寒月は−19〜−13°C程度，最暖月の月平均気温は15〜20°C程度。②気温の年較差は30〜40°Cと比較的大きい。③年降水量は350〜550 mm程度，それに対して年潜在蒸発散量は400〜600 mmで，気候的な水不足が生じる。④この気候はケッペンの気候区分によるDfb型となる。⑤Conradの大陸度指数は40〜60の範囲にある。図5-2は，このバイオームの代表的な気候を示すものである。

　ポンデローサマツ・ステップ地域は，地理的にやや緯度の低い所に成立していることもあって，乾燥度は高いが気候的にはより温暖な所である。①年平均気温は7〜10°C程度，最寒月の月平均気温は−5〜−1°C程度，最暖月の月平均気温は15〜20°C程度。②気温の年較差は25〜30°C程度。③年降水量は250〜380 mm程度，それに対して年潜在蒸発散量は500〜700 mmで，明らかに気候的に大きな水不足が生じる。④この気候は基本的にケッペンの気候区分によるDfb型であるが，降水量の少ない所ではBSkとなる。⑤Conradの大陸度指数は30〜40の範囲にある。

1.2. 地質の特性

　アスペン・パークランド地域は，北米の大平原 The Great Plainsのほぼ北端にあたる。基盤となる地質は白亜紀の堆積岩であるが，この一帯はアルバータ州を除き更新世の間，ローレンタイド氷床 Laurentide Ice Sheetにすっ

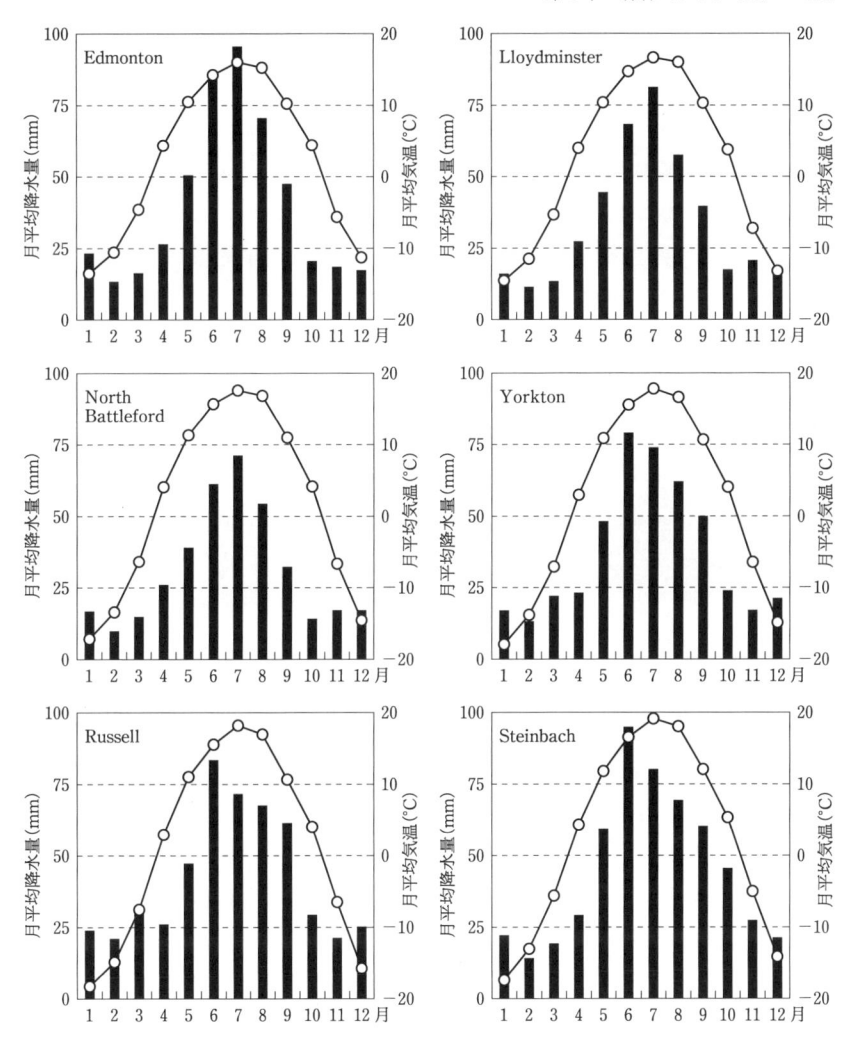

図 5-2　森林ステップ・バイオームを代表する地点の気候図。各地点の月別平均気温（折れ線グラフ）および平均降水量（棒グラフ）を示す。

ぽりと覆われていた所である。氷期が終わり氷河が消失した直後，平坦な地勢構造のため，ここでは至る所に大小さまざまな湖が形成された。とりわけ現在のマニトバ州には，現州のおよそ1/3の面積を占めるアガシス湖と呼ばれる巨大な湖が出現した。そのため，この一帯は多くの所で湖底堆積物 lacustrine deposits が広く認められ，氷河堆積物 glacial till と並んで地形を特徴づけるとともに主要な土壌母材となっている。岩石学的には，アスペン・パークランド地域の東半分では，古生代の片麻岩から中生代白亜紀の堆積岩(砂岩，泥岩など)までを含むさまざまな岩石が認められる。これらは基本的に氷河によって運ばれ置き残されていったものである。いっぽう，その時期アルバータ州は，ロッキー山脈に源を発するコーディレラ氷床に覆われており，アルバータ州の東部でコーディレラ氷床はローレンタイド氷床と接し合っていた(White et al., 1985)。コーディレラ氷床由来の氷河堆積物は古生代〜中生代の堆積岩からなるが，岩石学的には主として石灰岩からなる。

ポンデローサマツ・ステップ地域も，基本的にはコーディレラ氷床に覆われていた所である。そのため，この一帯でも氷河堆積物が広く認められる。また各所に湖が形成され，湖底堆積物も広く現れる。ここでは氷床の起源がロッキー山脈にあるので，岩石学的には石灰岩やドロマイトを主体とする。

1.3. 土壌の特性

森林ステップは，乾燥した気候のもとに発達したバイオームであるため，ここには森林には見られない特徴的な土壌が現れる。気候的には多くの所で蒸発散量が降水量を上回るため，一般に土壌の溶脱が進まず，土壌中には母材の風化によって放出された置換性塩基イオンがいつまでも残留する。あるいは塩基イオンは土壌の中層部まで移動しながら土壌のC層に集積する。その結果，塩基性イオンに富んだ土壌が形成される。土壌中の高い塩基イオン濃度は土壌のpHを押し上げ，土壌は多くの所で中性か弱アルカリ性を示す。

森林ステップ地域では，多くの所で草原植生が発達する。草原を構成する優占種はイネ科植物であるが，これらの植物は緻密な根を土壌表層部に張り巡らせている。ところが，草本植物であるイネ科植物は，毎年新しい根を更

新する。そのとき前年の枯死した根が土壌有機物の供給源となる。こうして毎年，枯死根による大量の有機物が土壌表層部に供給される。土壌は本来的に塩基性イオンに富み，かつ pH が高い。このような土壌環境は土壌微生物の活動を促し有機物の分解を促進する。加えて比較的温和で乾燥した気候も土壌微生物の活動を促す。これらの相互作用の結果，枯死根に由来する有機物の分解が進み，分解途上の有機物が土壌表層に集積して黒色の分厚い A 層が発達する。このような土壌は，チェルノーゼム Chernozem と呼ばれ，草原植生に特徴的に現れる。

乾燥した気候のもとにあるため，森林は局地的に水分供給の良好な箇所に成立する。それは微地形的なくぼ地であったり，地形の北斜面であったり，あるいは河川のはんらん原や流路跡のような所であったりする。森林が成立すると，林床には樹木の落葉が堆積する。その結果，有機物が土壌表層部に落葉腐植層(L-H 層)として堆積する。樹木の落葉は，その分解の過程で有機酸を形成し，土壌のアルカリ性を中和あるいは酸性化する。その結果，森林の下ではチェルノーゼムは形成されにくく，そこにはルヴィゾル Luvisol やブルニゾル Brunisol が発達する。しかし，基本的に乾燥した気候のもとにあるので，森林性の土壌といっても，比較的 pH が高く塩基性イオンに富んだ土壌となる。近年，森林植生が草原植生に進出する傾向があるが，このような所では土壌変化の時間が短いため，森林下であってもしばしばチェルノーゼムが認められる。

森林ステップが成立する地域では概して平坦な地勢のため，更新世末期，氷河から溶け出した膨大な量の水が溜って，至る所に大小さまざまな湖が形成されていた。その後，湖が干上がって現在の大地が形づくられたが，このような所では湖底堆積物が広範囲に現れる。湖底堆積物は一般にきわめて粘土の含量が高い。粘土分の高い土壌では，粘土の高い吸着力によって水分子が粘土に吸着されて，植物にとっては利用困難な水となる。本来的に乾燥の進んだ気候のもと，土壌母材の性質が植物にとって有効水分の供給をいっそう減らすこととなる。このことも樹木の生育を困難とする要因となっている。

2. 森林ステップ植生の一般的特性

このバイオームは，広い意味では森林性バイオームとステップ草原バイオームの移行帯的性格を帯びた所である。景観的には草原と森林が入り混じるが，南に向かって草原が次第に優勢となり，いっぽう北に向かっては森林が増加する。森林を構成する樹種として，アスペン・パークランド地域では，アスペンが最もふつうに生育するが，北部においてはカナダトウヒが増加する。河川のはんらん原ではアメリカドロノキが渓畔林を構成する。

アルバータ州南部では，広漠とした平坦な大地が見渡すかぎり広がっている。しかし地表面は氷河の置き残していった堆積物が複雑な形で地形の起伏を形成しており，なだらかな丘陵の連続からなっている。そんな丘陵のくぼ地には樹木が生え，地形の高みにはイネ科植物の草原植生が成立する。その結果，明るい色調の草原の中に，地形のくぼ地だけには黒々とした樹叢が点在し，上空から見るとまるで"豹紋"のような奇妙な模様を描いている（口絵写真18）。

近年，草原の中に樹林が増加しているといわれる。アスペンを主とし，カナダトウヒを混じえた樹林である。この現象は人間活動の影響と考えられている。それは，このあたりでは家畜の放牧がさかんに行われているが，家畜は主にイネ科草本を食べ樹木を食べ残す。そのことが樹木の繁茂を促し，少しずつではあるが樹林が増加しているからである。この他，近年火災が少なくなったことも樹木の繁茂を助ける要因となっている。火災は，イネ科草本にはほとんど影響を与えないが，樹木は地上部が焼けると多くは枯死する。かつて火災が多かったこのあたりで，ひとつは牧野としての利用が進むにつれ，防火消火に人間が努力することによって火災が減少した。そのことも樹木の増加を助ける要因となっているという（Archibold & Wilson, 1980）。

森林ステップバイオームの東側には，五大湖地方から大西洋沿岸部にかけて広がる東部落葉広葉樹林バイオームが広がっている。マニトバ州東南部は，森林ステップが東部落葉広葉樹林と接する地域にあたる。そのため，マニトバ州東南部では，森林ステップ植生の中にしばしば落葉広葉樹林の要素が現

れる。たとえばバーナラである。この樹種は，比較的乾燥に強いナラであるが，マニトバ州東南部ではステップ草原の中にアスペンに混じって，あるいはアスペンに代わってバーナラの樹叢が現れる。ここではまた，地形のくぼ地や河川の流路に沿って，しばしばクロヤチダモ，アカヤチダモ，アメリカニレ，ネグンドカエデなどの東部落葉広葉樹林要素も生育する。

　森林と交錯するステップ草原群落は，本来のプレーリー草原の群落にある程度の似通いを示しながら，放牧などの人為影響を強く受けて雑草的な外来種が多く混生していることが多い。たとえば多くの場所で，ラフフェスキュー，リチャードソンハネガヤ，ミノボロなどが草本層に優越するが，これらは本来的に草原植生を特徴づける種である。しかし，それに混じってイチゴツナギ類(*Poa*)，キツネガヤ類(*Bromus*)など各種イネ科植物が多いのは，放牧の影響であろう。草原群落においても，東部と西部とで種構成に多少の相違が認められる。すなわち東部では，草原群落の優占種として *Andropogon scoparious* や *Andropogon furcatus* などが限定的に現れるが，西部ではラフフェスキューやミノボロなどが現れる。

3. 森林ステップの植生

3.1. アスペン・パークランドの植生

　アスペン・パークランドは，アスペン-カナダトウヒ帯 Central Aspen-White Spruce Biogeoclimatic Zone(Kojima, 1980)とも呼ばれる。ここは森林性と草原性の植生が，局地的環境とくに水分供給の度合いに従って入り混じる所である。一般に北に面したゆるやかな斜面や地形のくぼ地には森林が成立するが，乾燥の激しい南に面した斜面や丘陵の尾根部などには草原が発達する(口絵写真 17)。

　森林は多くの場合，アスペンの純林となる。アスペンは樹高 10〜15 m，胸高直径 30〜40 cm に達する。アスペン・パークランドの北部に向かうにつれて，気候は寒冷かつ湿潤となり林内にカナダトウヒが混生し，次第にその割合が高くなる。丘陵の山足部など局地的にも水分条件が良好になるにつれてカナダトウヒの割合は増加し，またサイズも大きくなる。条件の良い所

ではカナダトウヒが優占木となることもある。このような箇所では，カナダトウヒは樹高 20 m，胸高直径 40〜50 cm に達する。またこのバイオームの西部ではコントルタマツが混生することもある。

　アスペンは落葉広葉樹なので，アスペン林の林内は比較的明るく，林床にはさまざまな低木や草本が生育し出現種数も多い。典型的なアスペン林では，高木層はアスペンの純林であるが，低木層にはカナダハシバミ，オオタカネバラ，カナダカンボクなどが，かなり密に生育する。草本層もきわめて良く発達する。ふつうアメリカニンジン，ヘアリーワイルドライ，アメリカノエンドウ，ヤナギラン，カナダノイチゴなどが繁茂するが，土壌が湿潤になるとマルバチャルメルソウ，テガタブキなどが現れる。高木層に針葉樹の割合が増加すると土壌の酸性化が起こり，林床にはコケモモ，ゴゼンタチバナなどが現れる。コケ層の発達は概して貧弱でイワダレゴケがややかたまって生育する程度である。

　このバイオームでは，一般に樹木は疎らに生育し，また樹木のサイズも概して小さいため森林生産力は低い。比較的良く発達したアスペン林であっても，材積量は 100〜200 m³/ha 程度である。土壌は降水量が少ないため溶脱が進みにくいこと，概して母材の石灰分が高いことなどのため，pH が高くふつう A 層の pH は 5〜6 程度である。また溶脱が進まないことから概して粘土の含量も高い。土壌型としては多くの所でグレイ・ルヴィゾル Gray Luvisol になるが，草原群落に接する所ではしばしばブラック・チェルノーゼム Black Chernozem が現れることもある。

　地形のくぼ地など，土壌が湿潤な育地には，しばしばカナダトウヒ林が発達する。水分供給の増加とともに次第にカナダトウヒが増加し純林状になることもある。この傾向は，冷涼な北部でとくに著しい。カナダトウヒの優勢な森林は，森林生産力という点からは森林ステップバイオームの中で最も生産性の高い生態系となる。ここでカナダトウヒは平均樹高およそ 20 m，胸高直径は 50 cm あるいはそれ以上に達する。成熟した森林では，立木材積量は 250〜300 m³/ha 程度になることもある。このような森林では，針葉樹が密生するため林内は暗く，林床植生の発達はやや貧弱となる。低木としてはオオタカネバラ，カナダカンボクなどが散生する程度で，草本としてはリ

ンネソウ，コケモモ，ゴゼンタチバナ，カナダルリソウなどが生育する．土壌の湿潤な箇所にはマルバチャルメルソウ，スギナなどが現れる．コケ層の発達は顕著でイワダレゴケ，タチハイゴケ，ダチョウゴケなどがカーペット状に生育する．このタイプの群落は，植生構成の点から北方林の植生にきわめて近くなる．土壌は，腐植層の堆積が進むため酸性が強くなり，A層のpHは4.5～5.5となる．ここではまだ顕著な溶脱は見られない．土壌型としては基本的にグレイ・ルヴィゾル Gray Luvisol であるが，その中でもとくにブルニゾリック・グレイ・ルヴィゾル Brunisolic Gray Luvisol が現れる．

　ゆるやかな丘陵の尾根部から南斜面にかけては樹木を欠く草原植生が現れるが，所によっては生育貧弱なアスペンが現れることもある．ここではミノボロ，ラフフェスキュー，*Bouteloua gracilis*, *Stipa spartea*, *Agropyron dasystachyum*, *Stipa comata*, *Andropogon scoparius* などのイネ科草本が優占するが，低木層にはサスカツーンベリーやピンチェリーなどが散生する．草本層の発達はきわめて良く，上記イネ科以外の草本植物としては，アメリカノネギ，カナダアマ，クマコケモモ，*Apocynum androsaemifolium*, *Astragalus flexuosus* などが特徴的に現れる．しかしコケ層の発達は貧弱である．土壌は，溶脱がほとんど進まないため概して塩基性イオンに富み，土壌A層のpHは6～7と高い値を示す．A層にはイネ科植物の根茎が枯死更新し，それが有機物を供給源となるため有機物に富んだ黒色のA層が発達する．その結果，ここではブラック・チェルノーゼム Black Chernozem が形成される．これらの土壌は多くの場合，土壌C層に炭酸塩の集積が認められ，C層のpHは7を超える．

3.2. ポンデローサマツ・ステップの植生

　ブリティッシュ・コロンビア州のオカナガン地方を中心とする低地一帯に見られるポンデローサマツ・ステップも，樹林と草原植生が交錯するバイオームである．ここはポンデローサマツ-バンチグラス帯 Ponderosa Pine-Bunch Grass Biogeoclimatic Zone(Krajina, 1969)とも呼ばれる．ここはまた，北米大陸西部の山岳地帯に見られるパラウス・プレーリー Palouse prairie の北端をなす所である．ここでは，河川のはんらん原を除いてアスペンはほとん

ど現れず，樹林を構成する樹種はほとんどの場合ポンデローザマツであるが，水分供給の良好な場所にはダグラスモミ(内陸型)が現れる。これらの樹木は，団地というよりは樹木が疎らに生えた疎林を形成する(口絵写真5)。

ポンデローサマツ・ステップは，アスペン・パークランドに比べると，緯度的にやや南にあるため気候はやや温暖になる。それに対して年降水量は300 mm 程度と少ないうえ，夏期高温になるために蒸発散量も大きく，カナダの中では最も乾燥の進む地域である。そのため広い範囲でステップ草原が発達する。標高的には海抜およそ 350～900 m の範囲に成立する。地形的および土壌的条件に従ってステップ草原群落および森林(疎林)群落が分化する。

ステップ草原は，水はけの良い地形的な高みや粘土質の高い土壌条件の箇所に発達する。しかしこの地域のステップ草原は，アスペン・パークランド地域のステップ草原と種構成の点で質を異にする。アスペン・パークランド地域のステップ草原では，ラフフェスキュー，*Stipa spartea*, *Agropyron dasystachyum*, などが主たるイネ科草本だが，ここではむしろブルーバンチ，アイダホフェスキュー，*Aristida longiseta*, *Sporobolus cryptandrus*, *Poa sandbergii* などがイネ科草本を代表する。とくにブルーバンチは株立ちする性質があるので，"株 bunch をつくる草"という意味でバンチグラス bunch grass と呼ばれる。これらイネ科植物の他に，この草原に出現する主要な植物としては，セイヨウノコギリソウ，セイジヨモギ，*Agoseris heterophylla*, *Aretemisia frigida*, *Anntennaria dimorpha*, *Balsamorhiza sagittata*, *Fritillaria pudica*, *Chrysothamnus nauseosus*, *Erigeron compositus* などが挙げられる。このとき，土壌が礫質になると *Purshia tridentata* という低木が増加する。またこのステップには *Opuntia fragilis*, *Opuntia polyacantha* など，きわめて小型のウチワサボテン類も生育する。気候が乾燥しているため，ここでは土壌の溶脱はほとんど進まない。そのため土壌は多くの場合，C層に炭酸塩が集積したレゴゾリック・ダークブラウン・チェルノーゼム Regosolic Dark Brown Chernozem となる。

このステップでは家畜とくに肉牛の放牧が盛んに行われている。ところが放牧が過度に進むと植生構成が変化する(Daubenmire, 1940; Sims, 1988; Meidinger & Pojar, 1991)。一般に放牧された家畜はイネ科植物を選択的に利用する

が，セイジヨモギや *Artemisia frigida*，*Chrysothamnus nauseosus* などのヨモギ類を含むキク科低木を食べ残す．その他の植物についても家畜の嗜好によって影響がまったく異なる．その結果，家畜に利用される植物は次第に減少するいっぽうで，残された植物は繁茂する．これらの中には上記ヨモギ類や *Chrysothamnus nauseosus* などのキク科低木やアカザ科の植物などが多い．また過放牧地では，スズメノチャヒキ，ウマノチャヒキ，*Centaurea* sp. などの外来植物が増加する．このように過放牧地では家畜の好まない植物が増加し，景観が一変するばかりでなく，牧野としての利用価値も減少する(口絵写真 6)．

　地形の北斜面や山地の比較的標高の高い箇所には針葉樹の森林が発達する．水分供給量の増加が樹木の生育を可能にするからである．とはいえ，ここに生育する樹木は基本的に乾燥に良く適応した樹種で，その代表はポンデローサマツである．ポンデローサマツは，3葉のマツ類で，北米西部のコーディレラ山岳地に沿ってカナダのブリティッシュ・コロンビア州からメキシコまで広く分布する．ブリティッシュ・コロンビア州南部はその北限地域にあたるが，そこでは海岸山脈とロッキー山脈にはさまれたレイン・シャドウ地域にのみ分布する．ここは気候が極度に乾燥しているため，他の樹種がほとんど生育できず，基本的にポンデローサマツが唯一の樹木として生育する．森林といっても，樹木は疎らに分布するにすぎない．高木層はふつうポンデローサマツからなる．ポンデローサマツの生育は概して良好で，樹木のサイズも大きい．平均的な育地では樹高 30 m，胸高直径 40〜50 cm に達する．地位指数は 30 m/100 年程度である．ポンデローサマツ林は，極度に乾燥した気候のもとに発達しているため，よく火災の起きる所である．8〜20 年の間隔で火災が発生するとされる(Franklin & Dyrness, 1973)．しかしポンデローサマツは，樹皮が厚くきわめて耐火性の高い樹種である．この性質もポンデローサマツが火災の頻度の高いこの地域に生育繁茂できる要因のひとつと考えられる．低木層の発達は貧弱で，サスカツーンベリー，*Purshia tridentata*，*Rosa nutkana*，*Rhus galbra* などが散生するにすぎない．草本層は良く発達し，出現種類数も比較的多い．主なものとして，アイダホフェスキュー，セイヨウノコギリソウ，バルサムヒマワリ，*Agropyron spicatum*, *Festuca occidentalis*, *Poa sandbergii*, *Eriogonum heracleoides*, *Hydrophyllum capitatum*, *Astragalus miser*, *Crepis atrabarba*, *Lupinus sericeus*, *Antennaria microphylla*, *Tragopogon dubius*, *Lithospermum ruderale* などが挙げられる。コケ層は事実上、欠如する。土壌は多くの場合、ユートリック・ブルニゾル Eutric Brnisol またはブラウン・チェルノーゼム Brown Chernozem となる。このタイプの森林は、Eyre(1980)の Interior Ponderosa Pine Cover type(Type No.237)に相当する。

　地形の斜面下部や河川に沿っては、しばしばアスペンやアメリカドロノキの森林が認められる。針葉樹としてはダグラスモミがポンデローサマツに置き換わる。ここでは樹木は密生し、生育も良好で概してサイズも大きく樹冠高は30mに達する。高木層は上記樹種からなる。低木層は良く発達し、*Betula occidentalis*、ダグラスカエデ、*Symphoricarpos albus*、*Cornus stolonifera*、*Mahonia aquifolium*、*Rhus radicans* などが密生する。草本層も良く発達する。草本の主な構成種としては、*Smilacina stellata*、*Viola canadensis*、*Mertensia paniculata Apocynum cannabinum*、*Clematis ligusticifolia* などが挙げられる。コケ層は実質的に欠如する。土壌は多くの場合ユートリック・ブルニゾル Eutric Brnisol となるが、河川沿いの立地ということもあってレゴゾル Regosol が現れることも多い。

　ポンデローサマツ・ステップにおいては、地形条件ばかりではなく土壌条件とくに土性の違いが植物群落の分化に大きな役割を果たしている(Brayshaw, 1965)。土性というのは土壌の粒径組成(粒子の粗密さとその構成割合)のことである。図5-3に示すように、同じ気候条件あるいは標高のもとであっても、土壌が礫質になると樹林が成立し、粘土質になるとステップ草原になる。このような群落の分化は、土性の違いによる土壌水分の供給状況と、根圏における根の棲み分けの結果と考えられる。一般に樹木はサイズが大きく、体を維持するためには大量の水を要求する。それに対してイネ科草本は本来的に体が小さく、したがって水分要求量も樹木に比べると少ない。そのため樹木にとっては不十分な水分量であっても、イネ科草本にとっては十分な量となり、有効水分供給量の比較的小さな粘土質土壌でもイネ科植物は生育するのである。

第5章 森林ステップ地域　121

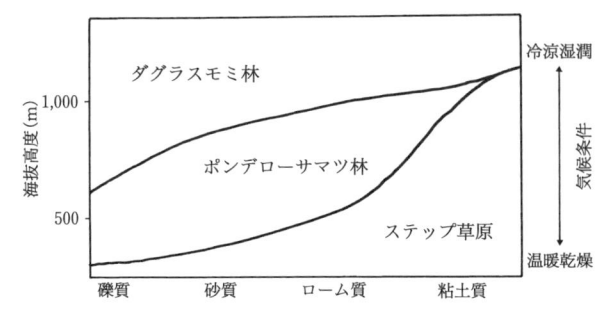

図5-3　ポンデローサマツ・ステップ地域における土壌の土性(礫質度)と海抜高度による植生分化の様子(Braishaw, 1965を基に改描)

　一般に粘土質土壌では，土壌粒子が小さいため一定容積の土壌あたり土壌粒子の総表面積はきわめて大きくなる。そのため土壌中の水分は，土壌粒子全体の持つ大きな吸着力によって粒子表面に強く吸着されている。その結果，粘土質土壌では保水力が大きくなる。しかし粘土粒子は強い力で水を吸着しているために，通常の植物の浸透圧ではそれを吸水できない。その結果，植物にとっての有効水の供給量はかえって減少する。いっぽう砂質や礫質土壌の場合，保水力は比較的小さいが植物に対する有効水の供給量は必ずしも少なくはない。
　もうひとつの理由として，イネ科植物と樹木の根圏における棲み分け関係が考えられる。図5-4に示すように，一般にイネ科草本は緻密な根系を土壌の浅い所に張り巡らせている。これに対し，樹木種は根を土壌の深い所まで広げている。両者が競合する場合，降雨の後，土壌表層に浸み込んだ水の大部分はまずイネ科植物に吸収されて土壌深部にまでは到達しない。その結果，比較的深部に根系を広げている樹木にとって水はほとんど供給されないことになる。ところが岩礫質土壌では，逆に根の浅いイネ科植物は十分に根を張れず定着しにくい。いっぽう樹木種は，礫の間隙をぬうように土壌深部まで根を差し込んで広げる。さらに岩礫は降雨ののち，浸み込んだ水を集める役目を果たし少ない水分を効果的に樹木の根に供給する。これを雨傘効果 umbrella effect と呼んでいる。その結果，礫質地には樹木が生育し樹林が形成される。

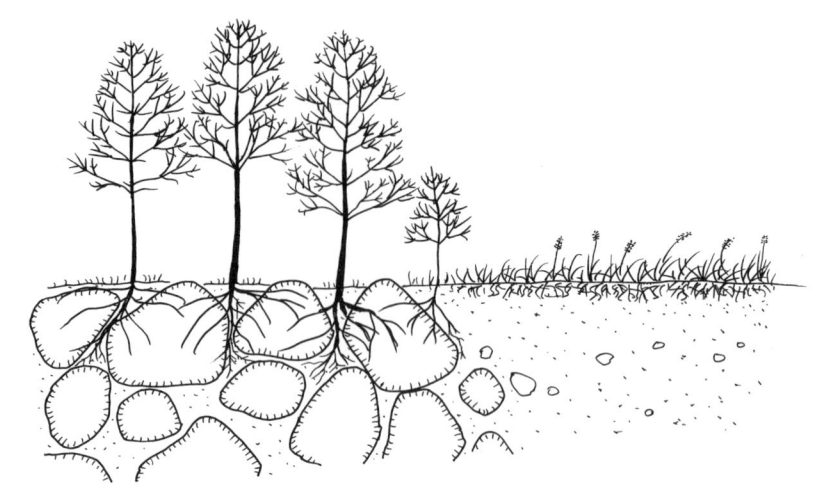

figure 5-4 ポンデローサマツ・ステップ地域に見られる土壌条件と植生分化の様子を示す図。巨礫の堆積した箇所には樹林が成立するが，土壌が粘土分からなる箇所では草地が成立する。これは土壌条件の違いにより有効水分供給量の違いによるものと考えられる。

　地形的条件から見て，まったく差が見られないような所であっても，ある箇所ではステップ草原が成立し，またある箇所ではポンデローサマツの樹林が発達していることがしばしば認められる。この場合，土壌を子細に観察すると，緻密な粘土質土壌の上にはステップ草原が発達しているが，土壌が礫質になるとポンデローサマツ林が発達していることが多い。その中間の所では，低木である *Purshia tridentata* の優占する群落が現れることがある。
　一般にポンデローサマツ林は，勾配の急な斜面の下部や崖錐上，あるいは小河川の扇状地上などにも良く成立する。これらの育地は，斜面上部から転落した，あるいは河川によって運ばれた大小さまざまな礫が堆積した所であって，本来的に草原にはなりにくく，逆に樹木にとっては水分供給の点からより好適な条件と考えられる所である。これに対して，湖底堆積物を母材とする土壌は一般に粘土分が高く，このような箇所では樹木はほとんど生育せず，そこには開けたステップ草原が成立する。このように森林ステップでは，土壌母材の種類とその分布が植生の分化と発達を規定し，景観の形成に大きな影響を与えていることが多い。

第6章　プレーリー草原地域
──果てしなき大地

1. 自然環境の特性
2. プレーリーの植生

一望千里，果てしない草原の広がるプレーリー

　北米大陸の中央部には，広大な草原が発達している。見渡すかぎり360度地平線の広がる広漠かつ平坦な大地を覆って成立した草原である。乾燥した気候のもと樹木は生育できず，この草原地帯がプレーリーと呼ばれる。本章ではプレーリー草原地域について詳述する。

北米大陸の中央部には，南は北緯30度付近から北は同54度付近にかけて，広大な草原が発達している。その総面積はおよそ176万km²(Barbour & Billings, 1988)，日本の国土面積の約4.6倍にあたる。見渡すかぎり360度地平線の広がる広漠かつ平坦な大地を覆って成立した草原である。この草原地帯がプレーリー prairie と呼ばれる。プレーリーというのは，ユーラシア大陸における狭義のステップ steppe，南米大陸におけるパンパ pampa，アフリカ大陸のヴェルド veld などと同じように，北米大陸の中央部に発達した草原バイオームに対する地域名称である。

　北米大陸中央部には，グレート・プレーンズ The Great Plains と呼ばれる広大な平原が発達している。東はアパラチア山系，西はコーディレラ山系にはさまれた巨大な平地であるが，その中心をなす水系がミシシッピ川である。ミシシッピ川の河口部から左岸(東側)一帯は比較的大西洋に近く，またメキシコ湾から北上する気団の影響を受けて，気候は比較的湿潤で年降水量は1,000 mmを超える。ところが右岸(西側)からロッキー山脈の山麓にかけては，太平洋からの水分は巨大なロッキー山脈によって遮られ，東の大西洋からは内陸の奥深くにあって，そこには極度に乾燥した気候が成立する。年降水量は500 mmに達せず，それは西に向かっていっそう減少する。そのためここでは樹木は生育せず，森林は成立しない。代わって草原が広く発達し，それが気候的極盛相となる。これがプレーリーと呼ばれるバイオームである。気候がさらに乾燥すると砂漠となる。

　プレーリー草原バイオームの主要な部分は米国内にあるが，その北部がカナダ領内にまで入り込み，アルバータ州の東南部からサスカチェワン州南部，さらにマニトバ州の南西部にかけて，大きな半円を描くような形で広がって，カナディアン・プレーリー Canadian Prairie を形成している。以下本章でプレーリーというのは，特に注記のないかぎり，このカナディアン・プレーリーのことである。

　カナディアン・プレーリーの総面積は約40万km²に及ぶ。なだらかに起伏する平原上に発達しているが東に向かってゆるやかに傾斜し，その標高はロッキー山脈東麓で海抜1,000 mほど，東のマニトバ州東部では500 mほどである。プレーリーの大部分ではすでに開発が進み，現在そのほとんどが

農耕地あるいは牧野として利用されており，本来の自然相をとどめたプレーリー植生はきわめて少ない。カナディアン・プレーリーは Grassland Region(Rowe, 1972)，Canadian Prairie Biogeoclimatic Region(Kojima, 1980)，Grassland Ecoclimatic Province(Ga, Gs: CCELC, 1989)などと呼ばれる。

1. 自然環境の特性

1.1. 気候の特性

プレーリーを成立させている決定的な環境要因は乾燥した気候である。少ない降水量が樹木の生育を阻み，代わってイネ科草本を優占種とする草原植生を広く発達させる。プレーリーの気候は以下のような特性を持っている。①年平均気温は 3〜6°C，最寒月の月平均気温は −15〜−7°C，最暖月のそれは 16〜20°C である。②気温の年較差は大きく，28〜35°C に及ぶ。③年降水量は 300〜400 mm，降水は夏期(5〜7 月)に集中する傾向がある。④年潜在蒸発散量は 500〜600 mm で，明らかに気候的な水不足が生じる。⑤大陸の内陸深くに位置するため気候の大陸度は高く，Conrad の大陸度指数は 35〜50 の範囲にある。この気候はケッペンの気候区分では基本的に Dfb であるが，乾燥が進んだ所では BSk となる。図 6-1 はプレーリーの代表的な気候例を示すものである。

1.2. 地勢・地質の特性

現在，プレーリーが成立している一帯は，中生代白亜紀中期までは浅い海となっており，周辺から流れ込む土砂が静かに堆積していた所である(Douglas et al., 1970)。ところが新生代に入ると，ロッキー山脈をつくり上げたララミー造山運動にともなって，この一帯はそのまま静かに隆起して海上に現れ広大な平坦地を形成した。そのため，大部分の所で白亜紀の堆積岩がプレーリー地域の地質的基盤をなしている。しかしカナダの南部，米国との国境付近では，部分的に新生代第三紀の海成層も現れ，またプレーリーの西部，ロッキー山脈の東麓部では陸成層も広く出現する。

現在のプレーリー地域の地形形成には氷河の影響も無視できない。新生代

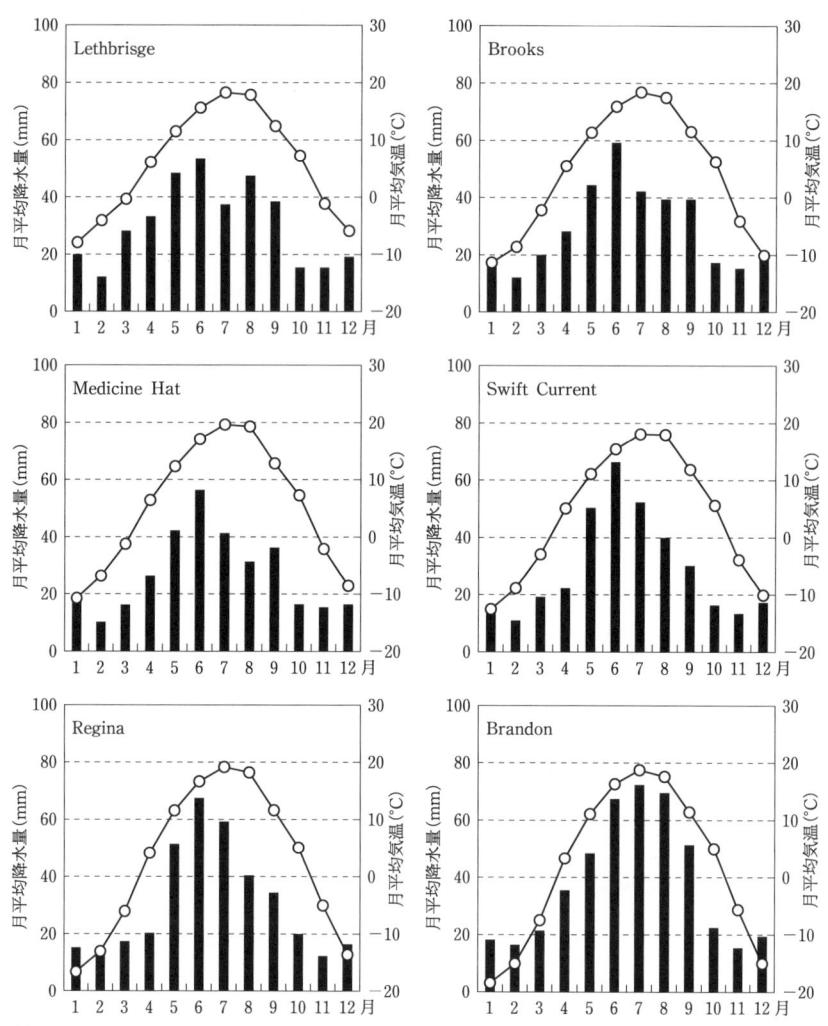

図 6-1 プレーリー草原バイオームを代表する地点の気候図。各地点の月別平均気温(折れ線グラフ)および月別平均降水量(棒グラフ)を示す。

第四紀に入ると，プレーリーの一帯は広く氷河に覆われた。そのため平坦な地形を基本としながらも，氷河の影響を強く受けて各所に堆石 moraine，漂礫原 glacial till plain，エスカー esker，ドラムリン drumlin など，さまざまな氷河地形が形成されている。それらが局地的な地表面の起伏をなし現在の地形特性をつくり出して，植生の局地的な分化と分布に大きな影響を与えている。また広く分布する氷河堆積物がプレーリー土壌の重要な母材となっているが，これらは岩石学的には，砂岩，頁岩，ドロマイト，石灰岩を主体とする。プレーリー地域の西部では，かつてロッキー山脈を源とするコーディレラ氷床に覆われており，そこから運ばれた氷河堆積物が広く分布するため，概して土壌母材は石灰分に富む(Douglas et al., 1970)。

　最終氷期の末期，気候が暖かくなるとともに，大陸を覆っていた巨大な氷床は溶け始めた。そのとき溶け出した膨大な量の水が奔流となって大地を削り谷をうがち，あるときは低地に溜って大小さまざまな湖をつくり出した。事実，現在のマニトバ州の南部には，州の面積のおよそ1/3にも及ぶ巨大な湖，アガシス湖が存在したが，これはその最たる例である。これら湖の底には周辺から流入する土砂が静かに堆積したが，これら湖底堆積物も広大な平坦地形をつくり出すひとつの要因となっている。またプレーリー地域南部の各所には，バッドランド bad land と呼ばれる深い峡谷と異様な侵食地形が見られるが，これも氷床から溶け出した水の侵食によりつくられた独特の地形である。

1.3. 土壌の特性

　プレーリーでは，基本的にチェルノーゼムが極相土壌 zonal soil として現れる。チェルノーゼムは潜在蒸発散量が降水量を上回る乾燥気候のもとに発達する土壌である。チェルノーゼムの生成過程については前章でもある程度述べた。乾燥が激しいため多くの所で樹木は生育せず，代わってイネ科草本を優占種とする植生が広範囲に発達する。イネ科草本は地表部に緻密な根を張り巡らせているが，この根系は毎年更新される。その枯死根が土壌表層部に大量の有機物を供給する。その結果，土壌 A 層に有機物が集積して，チェルノーゼム特有の黒色の分厚い A 層が形成される。概して有機物の分

解は良好である。またここでは蒸発散量が降水量を上回るために土壌の溶脱は進行しにくい。そのため，土壌中の塩基性イオンは土壌中に残存，とくに土壌C層に炭酸塩として集積する。その結果，土壌のpHは高い状態に保たれる。このように，A層に有機物が，C層に炭酸塩が集積していることがチェルノーゼムの特徴である。

　カナダの土壌分類体系(CSSC, 1998)によると，チェルノーゼムは，①ブラウン・チェルノーゼム Brown Chernozem，②ダークブラウン・チェルノーゼム Dark Brown Chernozem，③ブラック・チェルノーゼム Black Chernozem，④ダークグレイ・チェルノーゼム Dark Gray Chernozem の4つに区分される(CSSC, 1977)。この①～④にかけての系列は，かなりの程度気候条件を反映する。相対的に①は最も乾燥した気候のもとに，逆に④は最も湿潤な気候のもとに成立する。①は，プレーリー草原の典型的な土壌型で，カナダのプレーリーでは，その南半分の地域に現れる。ここは比較的温暖で，高い気温が蒸発散量を増加させ，気候的には極めて乾燥する。その結果，有機物の生産量はやや低下する。そのためここではチェルノーゼムとはいえ土壌有機物の集積量はやや低下し，比較的明るい色調のA層を持ったチェルノーゼムが発達する。これがブラウン・チェルノーゼムである。植生は，後述する混生草本プレーリー型 Mixed-grass prairie に対応する。②は，①の地域を取り囲むように①の周辺に分布する。気候的には降水量がやや増加し，そのため有機物の生産量もやや高くなり，土壌表層には暗い色調のA層が良く発達する。植生は，後述する高茎草原プレーリー Tall-grass prairie あるいはフェスキューグラス・プレーリー Fescue-grass prairie と結びつく。③は，プレーリー草原のさらに外側を囲むように分布する。ここは気候的に冷涼湿潤となり，樹木も生育し有機物の供給量も増加する。その結果，土壌表層にはきわめて分厚い黒色のA層が発達する。この土壌型は，本来のプレーリー草原というよりは，前章で述べた森林ステップ・バイオームに対応する。④は，チェルノーゼムの性格を基本的には示しながらも，かなり溶脱が進んだ土壌である。これはプレーリー草原地域というよりは，気候的にはより冷涼湿潤な森林ステップから，さらに北の北方林バイオームとの移行地域に認められる。図6-2は，この4種類のチェルノーゼムの地理的分布を示すものである。

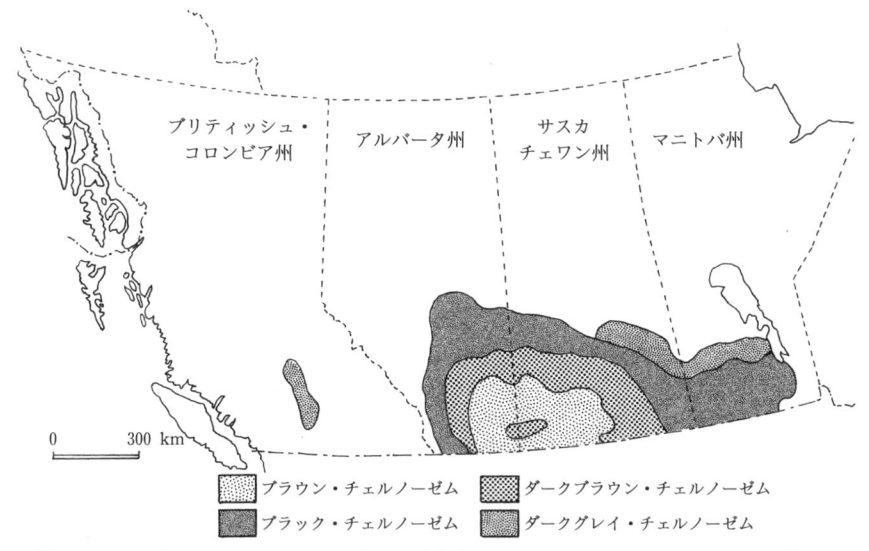

図 6-2　カナダにおけるチェルノーゼムの分布（National Atlas of Canada, 1974 を基に改描）。カナダの土壌分類体系による 4 種のチェルノーゼムの分布を示す。

　プレーリー草原バイオームに特徴的に出現する土壌に塩性土壌 halomorphic soil (solonetzic soil)がある。プレーリー地域では蒸発散量が降水量を上回るため，降水はふつうそのまま蒸発し原則として流出水は生じない。ところがくぼ地には大雨の後や雪解けの時期，周辺から流れ込んだ水が一時的に溜り，春から初夏にかけては浅い湖沼が現れる。しかし夏になると水はほとんど干上がってしまう。そのとき水とともに運ばれてきたさまざまな物質，とくにナトリウム，カリウム，カルシウム，マグネシウムなどの塩基性金属イオンはそのままその場に残される。このような状況が長年月続くと塩類は次第に濃縮し，やがて塩性土壌が形成される。プレーリー地域ではしばしば湖沼の干上がったあとに，雪でも降り積もったように地表一面に白く塩が析出する所が見られる（口絵写真16）。そんな所では土壌中に氷砂糖のような塩の結晶が認められることもある。塩性土壌では，一般に粘土の量が多くまた B 層にはアルカリイオン，とくにナトリウムイオンが高濃度で集積していることが多い。そのため B 層は一般にきわめて強い粘りを示し，また乾くと極度に硬くなる。このような土壌では，塩基飽和度は常に100％を超え，土壌

pHもA層で8～9に達することも珍しくない。塩性土壌はくぼ地ばかりではなく，かつて氷期の終わりころに形成された浅い湖がその後干上がり，湖底堆積物が土壌母材となっている箇所にもしばしば認められる。

カナダの土壌分類体系では，塩性土壌はソロネッツ Solonetz とソロド Solod に分けられる(CSSC, 1998)。両者とも塩性土壌の特徴であるナトリウムの集積をともなったB層(Bn層)を有するが，前者は溶脱がまったく進んでいないきわめてアルカリ性の強い土壌であり，後者はやや溶脱の進んだ土壌である。

2. プレーリーの植生

カナディアン・プレーリーの植生に関する主な研究としては，Moss(1944, 1955)，Moss & Campbell(1947)，Hubbard(1950)，Coupland(1950, 1961)，Coupl & and Brayshaw(1953)，Watts(1969)，Looman(1969, 1977, 1983a, 1983b, 1986, 1987)，Biondini et al.(1989)，Kucera(1992)などが挙げられる。植生から見てカナダのプレーリーは，大きく①混生草本プレーリー Mixed-grass prairie，②フェスキューグラス・プレーリー Fescue-grass prairie，および③高茎草本プレーリー Tall-grass prairie，の3つに分けられる。図6-3はそれらの地理的分布を示すものである。

本来的にイネ科草本によって特徴づけられるプレーリーであるが，種数から見ると必ずしもイネ科草本が多いわけではない。Steiger(1930)は，北米のプレーリーに生育する主な種子植物を250種挙げているが，そのうちイネ科植物は51種である。したがって種構成から見ると，イネ科植物はむしろ全体の20%にすぎない。しかし乾物量から見ても，また景観的にもイネ科植物はプレーリー植生において優占的な位置づけにあり，プレーリーを特徴づける重要な植物といえる。

プレーリーの植生を構成する植物の中にはC_4植物が比較的多いのも特徴である。Ode & Tieszen(1980)は，サウスダコタ州の混生草本プレーリーに生育するイネ科植物53種のうち36%にあたる19種がC_4植物であると報告している。これらの中にはカナダのプレーリー草原植生においても主要な構

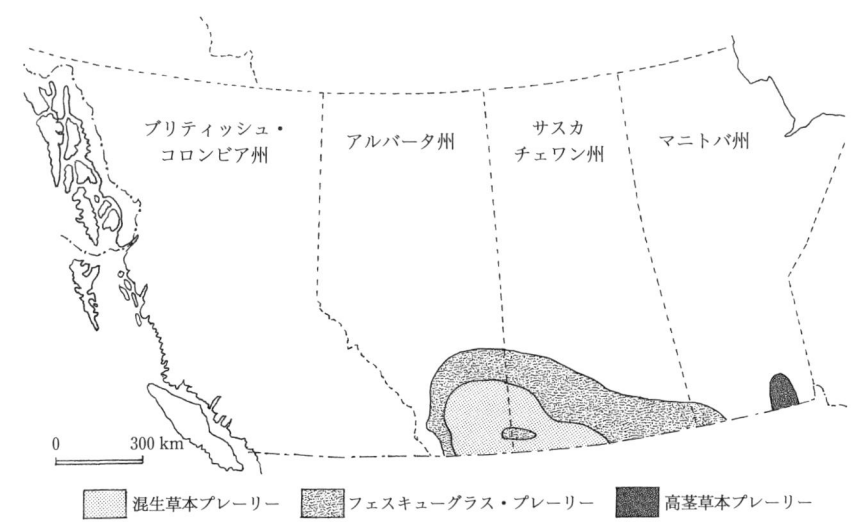

図6-3 カナダにおける混生草本プレーリー，フェスキューグラス・プレーリー，および高茎草本プレーリーの分布

成種となるものが多く含まれている。さらに双子葉植物では，ヒユ科3種，アカザ科2種，トウダイグサ科2種が C_4 植物であるとされる（表6-1）。このようにプレーリーでは，物質生産に対する C_4 植物の貢献度は大きいものと思われる。

2.1. 混生草本プレーリーの植生

混生草本プレーリー Mixed-grass prairie は，カナディアン・プレーリーの中心をなすもので，アルバータ州東南部からサスカチェワン州南部にかけて，面積的にして約15万 km^2 を占める。混生草本プレーリーというのは，米国中西部の気候的に極度に乾燥した地域に成立する短茎草本プレーリー Short-grass prairie と後述する高茎草本プレーリー Tall-grass prairie との間にあり，短茎草本と高茎草本が混生するプレーリーという意味である。カナダに認められる3つのタイプのプレーリーの中では最も乾燥した気候のもとに成立する。年降水量(R)は250〜400 mm，それに対して年潜在蒸発散量(E)は480〜900 mm となり，R：E比は0.2〜0.8で明らかに気候的な水不足が生

表 6-1 混生草本プレーリーの植生構成種の中に見られる C_4 植物 (Ode & Tieszen, 1980)

イネ科
　Andropogon gerardii Vit.
　A. scoparius Michx.
　Aristida longiseta Steud.
　Bouteloua curtipendula (Michx.) Torr.
　B. gracilis (H.B.K.) Griffiths
　Buchloe dactyloides (Nutt.) Engelm.
　Calamovilfa longifolia (Hook.) Scribn.
　Distichlis spicata (L.) Greene
　Echinochloa crusgalli (L.) Beauv.
　Eragrostis cilianensis (All.) E. Mosher
　Muhlenbergia asperifolia (Nees & Mey.) Parodi
　M. cuspidate (Torr.) Rydb.
　Panicum capillare L.
　P. virgatum L.
　Setaria glauca (L.) Beauv.
　S. viridis (L.) Beauv.
　Sorghastrum avenaceum (Michx.) Nash
　Spartina pectinata Link.
　Sporobolus cryptandrus (Torr.) A. Gray
アカザ科
　Kochia scoparia (L.) Schrad.
　Salsola iberica Senner & Pau
ヒユ科
　Amaranthus graecizans L.
　A. retroflexus L.
　A. tamariscius (Nutt.) Wood
スベリヒユ科
　Portulaca oleracea L.
トウダイグサ科
　Euphoribia glyptosperma Engelm.
　E. serpyllifolia Pers.

じる(Coupland, 1961)。乾燥が激しいため，ここでは高茎草本プレーリーを特徴づける *Andropogon scoparium*, *Andropogon gerardii*, *Sorghastrum nutans* などはほとんど出現せず，代わって草丈の低い *Agropyron*, *Bouteloua*, *Koeleria*, *Stipa* などのイネ科植物がこのプレーリーを特徴づける。混生草本プレーリーでは，概して地形が比較的なだらかで平坦であること，したがって気候的にも局地的変化が乏しいことなどのため，植生の分化

も貧弱で全体として一様な植生が発達する。

混生草本プレーリーを代表する植生

混生草本プレーリーの最も典型的な植生は，なだらかな台地上に発達した群落である。そこでは *Bouteloua gracilis*, *Stipa comata*, *Stipa spartea*, *Agropyron dasystachyum*, *A. smithii*, ミノボロなどのイネ科草本が優占する。草丈は 10～40 cm 程度，植被率は 80～90％である。*Stipa comata* および *S. spartea* が最も高い被度(両種の植被率合計 30～40％程度)を示し，*Bouteloua gracilis*(植被率 20％程度)がこれに次ぐ。イネ科以外の植物としては，主なものに *Artemisia cana*, *Artemisia frigida*, *Artemisia ludviciana*, *Phlox hoodii*, *Gutierrezia diversifolia*, *Thermopsis rhombifolia*, *Malvestrum coccineum*, カナダアマ, *Liatris punctata*, *Eurotia lanata*, *Solidago missouriensis*, *Petalostemon purpureus* などがあり，そのほか *Opuntia polyacantha* や *Mamillaria vivipara* などの小型のサボテンも生育する(Coupland, 1950, 1961)。南面する急斜面や崖にはしばしば *Yucca glauca* も現れる。樹木は地形のくぼ地や河川のはんらん原以外にはほとんど認められない。土壌は，典型的なブラウン・チェルノーゼムが現れる。この土壌は，概して薄い淡色の A 層を持つが，それは乾燥が激しく有機物の供給が必ずしも豊富ではないためであろう。

河畔林の植生

気候的にきわめて乾燥しているため，本来的に樹木の生えない混生草本プレーリーではあるが，河川の流路沿いやはんらん原には森林が発達する(口絵写真 15)。河川が十分な水分を供給するからである。河川は，その源流を遠くロッキー山脈に発するものが多い。河川沿いに成立する最もふつうに見られる森林は *Populus deltoides* 林である。樹高 20 m，胸高直径 50 cm ほどの *P. deltoides* がやや疎らに生育して河畔林を形成する。水分条件が良好なことと，高木層が発達して林内が暗くなるため，プレーリーの本来的な植物はここにはほとんど生育しない。代わって林床には木本・草本植物を含め多くの中生植物 mesophytic plants が繁茂する。主なものとして，低木ではヤチ

ミズキ，カナダハシバミ，オオタカネバラ，*Symphoricarpus oocidentalis*，サスカツーンベリー，*Ribes oxyacanthoides* などがあり，草本植物では *Agropyron trachycaulum*，フォーリーガヤ，*Smilacina stellata*，*Aster laevis*，*Campanula rotundifolia*，*Heracleum lanatum*，アメリカノエンドウなどが見られる。ここはきわめて被度が高くまた出現種数も多い。河川沿いの育地でひんぱんに攪乱を受けるため，土壌は多くの所で層分化の貧弱なオーシック・レゴゾル Orthic Regosol，いわゆる未熟土となる。土壌の pH は 6～7 の範囲にある。

塩湿地の植生

プレーリー地域では，多くの所で塩湖が発達する。春の雪解けの時期から初夏にかけて地形のくぼ地などには浅い湖が現れる。そこは流出河川もなく，水は停滞したまま夏から秋にかけて蒸発し湖面は次第に小さくなる。それとともにそこには塩分だけが取り残される。この状況が長い年月続くと，湖水の塩分濃度は次第に高くなる。多くの小さな湖では夏から秋にかけて水は完全に干上がり，そこには塩の結晶が析出して一面雪でも降ったような景観が現れる（口絵写真16）。また高濃度の塩分を含んだ湖水の飛沫が岸辺の枯れ草などに付着して結晶となり，まるで霜が張りついたような光景が現れることもある。このような塩湖の周辺には典型的な塩生植物群落が発達する。カナダの中でも気候が最も乾燥する混生草本プレーリー地域では，塩生植物群落の発達も著しい。塩湖の湖畔にはさまざまな塩生植物群落が見られるが，これらは塩分濃度の濃淡に従って分化し，異なる植生が湖の周縁には同心円状に発達する。塩分濃度の最も高い汀線に沿っては，ふつうアッケシソウの群落が現れる。この種はきわめて耐塩性が高く，実際塩の結晶に囲まれながら生育する。ここに生育できるのは事実上この 1 種だけで，そのため被度は必ずしも高くはないが純群落を形成する。その外側にはアッケシソウと混じりながらウミミドリ，アメリカマツナ，*Sarcobatus vermiculatus* などが生育する。そのさらに外側には *Distichlis stricta*，*Puccinelia nuttalliana*，*Atriplex nuttallii*，エゾツルキンバイ，*Hordeum jubatum*，*Chenopodium rubrum* などの草地が広がる。土壌が湿潤な塩湿地では，ヌマハリイ，シバナ，

ホソバノシバナ, ガマ, ウキヤガラ, *Scolochloa festucacea* などが密生した湿原群落が発達する。

　日本の海浜に生育する塩生植物の中には, カナダの塩性地植生を構成する種と同種あるいは近縁のものも多い。例としてウミミドリ, オカヒジキ, シバナ, ハママツナ, アッケシソウなどが挙げられる。これらは日本では海浜植物と呼ばれている。ところがまったく同じ種が海岸から遠く離れた北米大陸の内陸深くの塩湖周辺にも認められる。これらの塩生植物は, 本来的には内陸塩湿地がその生育の本拠で, 海岸へは飛来する渡り鳥などによって種子が運び込まれ, 耐塩性の高い植物はそこに定着して海浜植物群落を構成するようになったものとみて良いだろう。

　土壌型は基本的にアルカリ・ソロネッツ Alkaline Solonetz になる。この土壌では B 層にナトリウムが集積し柱状構造が顕著に発達する。土壌の pH は 8～9 の範囲にあり, 土壌水の電気伝導度は 5～45 mS/cm, あるいはそれ以上に達する (Shay & Shay, 1986)。

2.2. フェスキューグラス・プレーリーの植生

　フェスキューグラス・プレーリーは, 上述の混生草本プレーリーの北側からロッキー山脈東麓にかけて, 混生草本プレーリーを取り巻くように帯状に分布する。生態的には乾燥の激しい混生草本プレーリーと, プレーリー地域の外側にある森林ステップと間にあって, 両者のやや中間的な性格を示す。地域的にはアルバータ州西部からマニトバ州にかけて認められる。カナディアン・プレーリーにおける3つのタイプのプレーリーの中では, 相対的に湿潤な気候のもとに成立する。年降水量(R)は約 350～500 mm, それに対して年潜在蒸発散量(E)は 500～700 mm 程度となり, R：E 比は 0.5～0.9 で気候的には水不足が生じる。しかし混生草本プレーリーに比べると水分条件がやや良好となるため, ここでは草本植物の植被率が高くなり, 草丈が 1 m 近くに達するイネ科草本のラフフェスキュー *Festuca scabrella* がこのプレーリーを特徴づける(口絵写真14)。ここではキンロバイ, サスカツーンベリー, *Rosa arkansana* などの低木も散生し植生の重要な要素となる。また地形的なくぼ地にはアスペンの高木や *Elaeagnus commutata*, *Symphoricarpos occidentalis*，*Salix* spp. などの低木が優占する樹林も発達する。またこのプレーリーは，しばしばアスペンを優占種とする森林ステップ・バイオームの中にも進出し，そこで重要な植生となることもある。

フェスキューグラス・プレーリーを代表する植生

なだらかな台地の頂部から斜面中腹部にかけて認められる。ラフフェスキューが被度の約50％を占めて優占するが，ミノボロ，*Agropyron dasystachium*, *Agropyron smithii*, *Stipa spartea*, *Helictotrichon hookeri*, *Bouteloua gracilis* など，混生草本プレーリーにも生育するイネ科草本も出現し全体として比較的高い被度を示す。ここでは *Carex stenophylla*, *Carex pennsylvanica* などのスゲ類も比較的高い被度で現れる。ここには単子葉草本ばかりではなく広葉草本の種類も多い。主なものとして，セイヨウノコギリソウ，*Solidago glaberrima*, *Anemone patens*, *Artemisia frigida*, *Potentilla pennsylvanica*, *Phlox hoodii*, *Antennaria campestris*, *Erigeron glabellus*, *Pentstemon procerus*, *Petalostemon purpureum*, *Thermopsis rhombifolia*, *Oxytropis macounii* などが挙げられる。所々にはキンロバイや *Rosa arkansana* などの低木も散生する。土壌は比較的良く発達しており，分厚い黒色のA層を持ったオーシック・ブラック・チェルノーゼム Orthic Black Chernozem が認められる。土壌pHは比較的高く，A層におけるpHは6.5〜7.5程度になる。また塩基飽和度は多くの土壌で100％を超える。局地的に育地がより乾燥すると優占種ラフフェスキューは減少しミノボロ，*Stipa spartea*, *Bouteloua gracilis* など，本来的に混生草本プレーリーを特徴づける種が増加するとともに植被率はやや低下，全体として混生草本プレーリー的な傾向が強くなる。いっぽう育地がやや湿潤に傾くと，ラフフェスキューの被度が増加するとともに広葉草本が増加し，また種数も増加する。

地形のくぼ地の植生

水分条件の比較的良い地形のくぼ地には，高木であるアスペンがやや疎生し，林床には低木がまとまって生育する群落が認められる。こんもりした樹林である。高木はアスペンただ1種であるが，ここには低木がよく繁茂する。

主な低木種としてはサスカツーンベリー，カナダハシバミ，*Elaeagnus commutata*, *Symphoricarpos occidentalis*, *Prunus pennsylvanica* などがある。草本層の発達も良好でラフフェスキューの他，主なものとしてヘアリーワイルドライ，ダントーニア，セイヨウノコギリソウ，クマコケモモ，ヤナギラン，カナダノイチゴ，*Galium boreale*, などが生育し，植被率も高くまた種数も比較的多い。氷河漂礫原など，なだらかな起伏をなす地形においてくぼ地を満たすようにこの種の群落が発達し，景観的な特徴をつくり出している。土壌は，一般にオーシック・ブラック・チェルノーゼム Orthic Black Chernozem あるいはグレイ・ブラウン・ルビゾル Gray Brown Luvisol が認められる。水分条件が良好なことと木本植物が繁茂しているため，プレーリー土壌としてはやや溶脱傾向が見られ，A 層における土壌 pH は 6.0～7.0 程度となる。また B 層にはしばしば粘土の集積が認められる。フェスキューグラス・プレーリーは，その北に分布する森林ステップ・バイオームとともに，環境変動の影響を最も受けやすい植生である。このまま気候温暖化が進めば，おそらく混生草本型プレーリーへ変わるであろうし，また気候的に湿潤になり土壌の有効水分量が増加すれば急速にアスペンの樹林が繁茂し，森林ステップへと変わっていくものと思われる。

2.3. 高茎草本プレーリーの植生

高茎草本プレーリーは，基本的に米国国内にその分布の本体があり，その一部が北に延びてカナダ・プレーリーの東部，すなわちマニトバ州東部にわずかに入り込んでいるものである。上記3タイプのプレーリーの中では，相対的に最も湿潤な気候のもとに成立する。イネ科草本群落に特徴づけられるが，そこでは群落高がしばしば2mにも達し，まさに草丈の高いプレーリー草原である。ふつう *Andropogon scoparium*, *Andropogon gerardii*, *Sorghastrum nutans*, *Sporobolus drummondii* などの高茎イネ科草本が優占するが，*Panicum virgatum*, *Bouteloua curtipendula*, *B. gracilis*, *Stipa comata* などの丈の低いイネ科草本も混生する。もちろん単子葉植物ばかりではなく，各種双子葉植物も混生するが，主なものとして *Achillea*, *Antennaria*, *Artemisia*, *Aster*, *Helianthus*, *Solidago* などのキク科植物，

Amorpha, *Astragalus*, *Glycyrrhiza* などのマメ科植物, *Chenopodium*, *Kochia*, *Salsola*, *Eurotia* などのアカザ科植物などが比較的よく見られる。これら双子葉植物は放牧などによって本来のプレーリー植生が攪乱された箇所で良く出現し優占する傾向がある。

　高茎草本プレーリーとはいっても, 台地上部の乾燥した平坦地では一般に草丈は低くなる。*Andropogon scoparius*, *Andropogon gerardii* など, 本来高茎草本プレーリーの特徴となる植物は減少し, 代わって丈の低いミノボロ, *Bouteloua gracilis*, *Panicum scribnerianum*, *Stipa spartea*, *Sporobolus heterolepis* などのイネ科草本が現れる。イネ科以外の植物では主なものとして *Amorpha canescens*, *Antennaria campestris*, *Psoralea esculenta*, *Psoralea floribunda*, *Erigeron ramosus*, *Helianthus acaberrimus*, *Aster multiflorus*, *Androsace occidentalis* などが挙げられる。ここでは植被率は概して低く60〜70％程度である。土壌は乾燥し, 土壌A層のpHは6〜7, 炭酸塩の集積するC層においては8以上に達する。また深さ15cm付近で測定された夏期(7〜8月)の土壌温度平均は約23℃と報告されている(Steiger, 1930)。土壌型としてはブラウン・チェルノーゼム Brown Chernozem が現れる。

　地形の中腹から下部斜面においては, *Andropogon furcatus*, *Andropogon scoparius*, *Poa pratensis*, *Sorghastrum nutans* などの中型から大型のイネ科草本が優占する植生が発達する。これが本来的な高茎草本プレーリー群落で, 草丈は1〜2mに達する。イネ科以外の草本では主なものとして *Antennaria campestris*, *Solidago glaberrima*, *Psoralea argophylla*, *Cathartolinum sulcatum*, *Erigeron ramosus*, *Drymocallis agrimonioides* などがある。植被率はほぼ100％に達する。土壌は乾燥しているが, 含水量は台地上部に比べるとやや高くなる。土壌A層のpHは6〜7, 炭酸塩の集積するC層においては8以上に達する。また深さ15cm付近で測定された夏期(7〜8月)の土壌温度平均は約21℃と報告されている(Steiger, 1930)。土壌型としては基本的にダークブラウン・チェルノーゼム Dark Brown Chernozem が現れるが, B層において柱状構造 columnar structure が良く発達している。

　地形の斜面下部から浅い谷底部にかけては土壌の湿潤度がやや増すため, しばしば樹木の散生する疎林状の植生が発達する。*Andropogon furcatus*,

Andropogon scoparius, *Elymus striatus*, *Panicum virgatum* などのイネ科草原を基調としながらも，ネグンドカエデ，ヤチミズキ，バーナラ，アメリカニレ, *Padus virginiana*, *Populus sargentii*, *Rhus radicans*, *Sambucus canadensis* などの木本植物が疎林上にあるいは団地状に生育し，独特の景観を形成する。ここにはイネ科以外の草本植物も多く，主なものとしてスギナ，カナダノイチゴ，アメリカノエンドウ, *Ambrosia trifida*, *Apocynum sibiricum*, *Asclepias tuberosa*, *Campanula americana*, *Clematis virginiana*, *Galium aparine*, *Menispermum canadense*, *Senecio integerrimus*, *Silpheum perfoliatum*, *Thalictrum venulosum*, *Urtica dioica*, *Viola rugulosa* などが挙げられる。ここでは出現する植物は多く，きわめて種多様性に富む。土壌は，僅かにグライ化の認められるダークブラウン・チェルノーゼム Dark Brown Chernozem となる。土壌 pH は A 層 B 層ともに 6〜7 程度である。

第7章　東部落葉広葉樹林地域
―― 森と里の美しき秋景

1. 自然環境の特性
2. 東部落葉広葉樹林の一般的特性
3. 東部落葉広葉樹林の区分

秋深くすでに葉を落とした東部落葉広葉樹林

カナダ東部の，五大湖地方からセント・ローレンス川沿いにかけて，さらにその東の大西洋沿岸にわたる一帯には，美しい落葉広葉樹の森が広がっている。多種多様な落葉広葉樹が森林を構成し，秋ともなればいっせいに紅葉・黄葉して，そこには実にあでやかな秋景色が展開する。カエデ類，ブナ類，ナラ類などからなる森林で，北日本の落葉樹林と景観的にも植生的にも似通った所がある。本章では，東部落葉広葉樹林地域について解説する。

カナダ東部の，五大湖地方からセント・ローレンス川沿いにかけて，さらにその東の大西洋沿岸にわたる一帯には，美しい落葉広葉樹の森が広がっている。図案化されカナダの国章ともなっているサトウカエデをはじめ，アメリカブナ，アカナラ，ベニカエデ，ギンカエデ，アメリカシナノキ，アメリカニレ，アメリカトネリコ，シロナラなど，多種多様な落葉広葉樹が森林を構成し，秋ともなればいっせいに紅葉・黄葉して，そこには実にあでやかな秋景色が展開する(口絵写真 19)。

この美しい森林帯が東部落葉広葉樹林地域と呼ばれる。このバイオームの本体はむしろ米国東部にあり，その広がりはノースカロライナ州，サウスカロライナ州，ジョージア州の大西洋岸から西はミシシッピ川左岸近くにまで達している。その一部がアパラチア山脈沿いに北に延びてカナダ国内に入り込み，五大湖からセント・ローレンス低地にまで及んでいる。カナダでは，西はマニトバ州東南端の一角から始まって東に向かい，スペリオル湖の南岸から五大湖を取り巻くようにオンタリオ州南部に達し，ケベック州南部からはセント・ローレンス川に沿ってケベック市付近まで，さらに東に広がってニュー・ブルンスウィック州，ノバ・スコシア州，プリンス・エドワード・アイランド州にかけての一帯に成立している(Grandtner, 1966; Brown, 1981)。

カナダは，このバイオームの北限をなす地域である。そのため巨視的に見れば，カナダの落葉広葉樹林帯は，米国北東部に見られる典型的な落葉広葉樹林からその北に発達する北方性針葉樹林(北方林)への移行帯的性格が強い。実際 Walter ＆ Box (1976) はカナダの落葉広葉樹林を移行帯と見なし，Zonoecotone VI / VIII として扱っている。

このバイオームは一般に Eastern Deciduous Forest と呼ばれる。この他 Lake Forest (Weaver & Clements, 1938)，Deciduous Forest Region および Great Lakes-St. Lawrence Forest Region (Rowe, 1972)，Temperate Mesophytic Forest Region (Daubenmire, 1978)，Cool Temperate Ecoclimatic Province (CCELC, 1989)，Temperate Deciduous Forest (Scott, 1995) などという名称で呼ばれることもある。このバイオームは，Eyre (1980) の Eastern forest cover types の Spruce-Fir types に相当する。しかしこの一帯は，北米における白人入植の歴史の最も古い所で，古くから開拓が進み，本来の自

然は大規模に破壊されて原生状態をとどめた自然はきわめて少ない。

1. 自然環境の特性

1.1. 気候の特性

　東部落葉広葉樹林は北米大陸の東部，大西洋沿岸部に成立しているため気候的には大陸性気候の性格をとどめながらも，海洋の強い影響のもとにある。そのため，気候は概して温暖で降水量が多い。夏期は高温となるが冬期は寒冷で気温は氷点下になる。図 7-1 は，このバイオームを代表するいくつかの地点の気候を示すものである。カナダにおける東部落葉広葉樹林バイオームの気候は次のような特徴を持っている。①年平均気温はおよそ 3〜8°Cであり，最寒月の月平均気温は−16〜−5°C，最暖月のそれはおよそ 17〜23°Cである。②気温の年較差は比較的大きく 28〜35°Cに及ぶ。③年降水量は 800〜1,600 mm で，降水は 1 年を通じてほぼ均等に分布するが，内陸部では夏期に集中する傾向を示す。④年潜在蒸発散量は 500〜700 mm で，ここでは降水量が潜在蒸発散量を上回るため，気候的な水不足は生じない。⑤Conrad の大陸度指数は比較的高く 35〜55 程度となる。また，この気候はケッペンの気候区分では Dfb となるが，標高の高い所では Dfc になる。

1.2. 地勢・地質の特性

　東部落葉広葉樹林は，地形的にはなだらかな丘陵地帯に成立しているが，アパラチア山脈の周辺では標高 1,500〜2,000 m に達するゆるやかな山岳斜面を覆って広がっている。地勢構造的には，セント・ローレンス川をはさんでその右岸(東側)はアパラチア山系のノートルダム山地 Notre Dame Mountains となり，左岸(西側)はカナダ楯状地の一部をなすローレンシア高地 Laurentian Highlands となっている。いずれもなだらかな丘陵からなり標高もほとんどの所で 1,000 m 以下である。地質はアパラチア山系とカナダ盾状地で大きく異なる。アパラチア山系では，地質は古生代カンブリア紀からデボン紀にかけての堆積岩を基盤とし石灰岩を多く産出するのに対して，カナダ楯状地のローレンシア高地では先カンブリア代起源の花崗岩系片麻岩が広

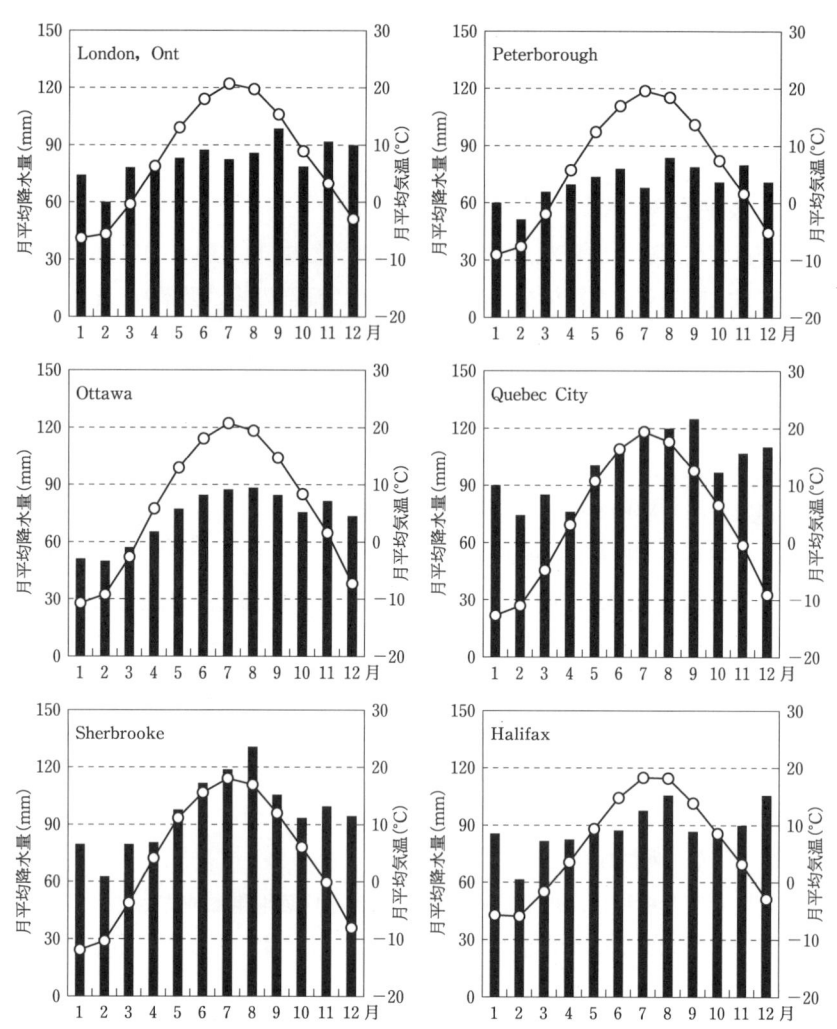

図 7-1 東部落葉広葉樹林バイオームを代表する地点の気候図。各地点の月別平均気温（折れ線グラフ）および月別平均降水量(棒グラフ)を示す。

範囲に現れ，概して石灰分に乏しい。

　この一帯は，ウィスコンシン氷期の間，現在のハドソン湾付近に中心を持つ分厚いローレンタイド氷床 Laurentide Ice Sheet に覆われた。氷床の厚みは最大 4,000 m を超えたという (Sugden, 1977)。そのため，この一帯の地形は氷河，氷床の影響を強く受け，U 字谷，エスカー，ドラムリン，漂礫原，各種堆石など，さまざまな氷河地形が認められる。また氷河堆積物 glacial till が主要な土壌母材となっている。後氷期において，五大湖は後退する氷河から流出する水によって幾度か姿を変えている。そのため，この一帯では湖底堆積物からなる地形も多い。

1.3. 土壌の特性

　この地域では気候が湿潤なために土壌の溶脱が進みやすい。そのため土壌は一般に酸性の強いポドゾルになる。この傾向は，花崗岩性片麻岩が広く現れるカナダ楯状地のローレンシア高地や気候的に夏冷涼湿潤な大西洋沿岸部でとくに顕著となり，ここではヒュモフェリック・ポドゾル Humo-Ferric Podzol が主要な土壌型となる。しかし母材が石灰分を多く含む地域，たとえばアパラチア山脈地域やオンタリオ州南部では，ポドゾルは発達せず，代わってブルニゾル Brunisol あるいはグレイ・ルヴィゾル Gray Luvisol が広く現れる。

2. 東部落葉広葉樹林の一般的特性

　このバイオームの森林は，以下のような特性を持っている。
　①温帯性の落葉広葉樹が森林を構成する。
　森林を構成する樹木は，ナラ属，カエデ属を中心として，ブナ属，クリ属，ニレ属，アサダ属，クマシデ属，エノキ属，クルミ属，ヒッコリ属，サクラ属，シナノキ属，トネリコ属などである。この他，ニッサ，サッサフラス，ユリノキ，プラタナス，ポポーなど，カナダではこの地域の南部，五大湖地域に分布が限られる樹種も多く，樹木相から見てもここは特色ある地域である。

②北東アジアの冷温帯林と類似した森林が広がる。

上に挙げた属の多くは北東アジアの冷温帯林を構成する樹木と共通するものが多い。ナラ属，カエデ属，ブナ属，クリ属，ニレ属，アサダ属，クマシデ属，トネリコ属，サクラ属，シナノキ属，クルミ属，エノキ属，ミズキ属などは，その好例である。低木や草本にも共通する属が多く，そのためこの地域の森林は北日本の夏緑樹林とよく似た景観を示す。

③針広混交林が広く現れる。

落葉広葉樹林を基調としながらも，現実には広く針広混交林が発達する。これは，典型的な落葉広葉樹林の分布の本体が米国東部にあり，カナダはその北限に位置するために，その北に発達する北方林への移行帯的な性格が強いためである。しかしここに生育する針葉樹は，バルサムモミ，カナダツガ，ベニトウヒ，ストローブマツ，ニオイヒバなど，分布がやはり北米東部に限られるものが多い。このバイオームの北部では，クロトウヒ，カナダトウヒ，アメリカカラマツ，バンクスマツなど，本来的に北方林を代表する針葉樹もふつうに生育し混交林を形成する。そのためこのバイオームは上記の落葉広葉樹も含めて，樹木に関してはカナダでも最も多様性に富む地域である。

④林床植生の種多様性が高い。

林床植生も良く発達しており，とくに草本植物の種類が豊富である。それに対して，蘚苔類や地衣類は比較的少ない。

3. 東部落葉広葉樹林の区分

東部落葉広葉樹林と概括される地域であるが，細かく見れば環境の違いを反映して植生も地域による違いが見られる。Rowe(1972)は，この地域の植生を，①アカディア森林地区 Acadian Forest Region，②五大湖-セント・ローレンス森林地区 Great Lakes-St. Lawrence Forest Region，③落葉広葉樹林地区 Deciduous Forest Region の3地域に分けている(図7-2)。CCELC(1989)は，このバイオームに対して，Cool Temperate Ecoclimatic Province と Boreal Ecoclimatic Province (Atlantic High Boreal および Humic High Boreal)を認めている。さらに National Atlas of Canada(1993)では，このバイオームを At-

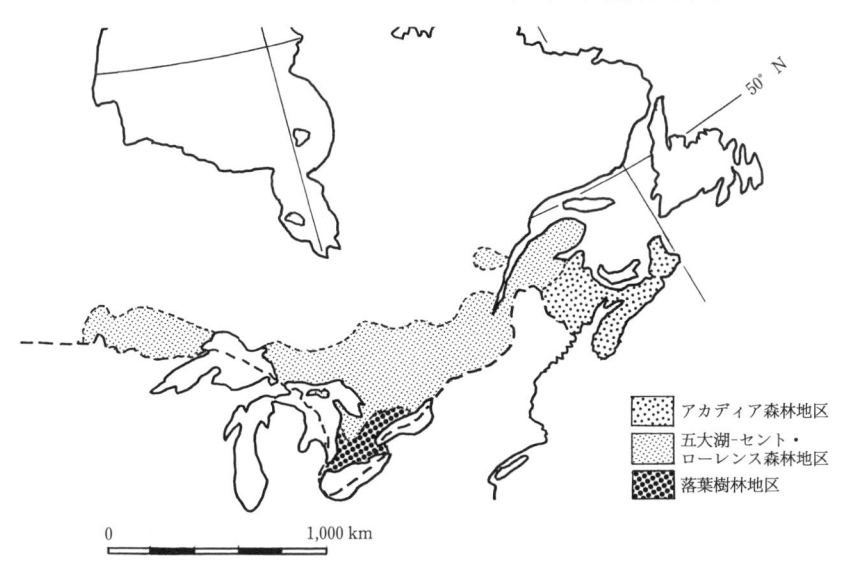

図7-2　東部落葉広葉樹林バイオームのカナダ国内部分における区分(Rowe, 1972)

lantic Maritme Ecoregion と Mixedwood Plain Ecoregion に分けている。本書では，基本的に Rowe(1972)に従って植生を記述する。

3.1. アカディア森林地区の植生

アカディア森林地区は，カナダのほぼ最東端，ニュー・ブルンスウィック州，ノバ・スコシア州およびプリンス・エドワード・アイランド州一帯に成立した森林地域である。ここは直接大西洋に臨む位置にあり，気候は大西洋の影響を強く受けるため1年を通じて比較的寒暖の差が小さい。しかし最暖月の月平均気温は 20°C に達せず，したがって夏期冷涼である。年降水量は 1,000～1,600 mm と比較的多い。Conrad の大陸度指数は 35～45 の範囲にあり，東部落葉広葉樹林地域の中にあっては最も低い。地勢は概してなだらかであるが，アパラチア山脈の北端をなす地域では山岳地となり，やや険しくなる。土壌は多くの場合ポドゾル，とくにヒュモフェリック・ポドゾル Humo-Ferric Podzol であるが，母材が石灰分に富む箇所ではグレイ・ルヴィゾル Gray Luvisol あるいはユートリック・ブルニゾル Eutric Brunisol となる

所もある。

　この地域は，Braun(1950)の区分による The Hemlock-White Pine-Northern Hardwood Region の New England Section に相当する。東部落葉広葉樹林の中でも最も北に位置していることもあって，北方林 Boreal Forest との似通った点が多く，北方林植生に東部落葉広葉樹林が入り込んでいるような様相を示す。たとえば，北方林の主要樹種であるカナダトウヒ，クロトウヒ，アメリカカラマツ，バンクスマツ，バルサムモミ，アメリカシラカンバ Betula papyrifera などがここには広く生育しており，また北方林地域に普遍的に見られる泥炭湿原植生も至る所に発達している。

　この地域を特徴づける樹種としては，ベニトウヒ，バルサムモミ，ストローブマツ，アメリカアカマツ，カナダツガ，キハダカンバ，サトウカエデ，ベニカエデなどが挙げられる。極盛相の森林では，バルサムモミとサトウカエデがともに優勢樹種となって針広混交林を形成するが，この他カナダツガ，アメリカブナ，キハダカンバ，アメリカトネリコ，アメリカシナノキ，ストローブマツなども広く混生する。米国ニューハンプシャー州での研究例では，一般に針葉樹は土壌が浅く乾性かつ瘦悪条件の地に生育するのに対し，広葉樹は土壌が深く湿潤でかつ肥沃な育地に生育することが報告されている(Lead, 1976)。林床植生も良く発達している。低木層には高木稚樹の他，カナダハシバミ，アメリカナナカマド，Acer spicatum，Lonicera canadensis などが繁茂する。草本層も良く発達しており，シラネワラビ，カナダマイヅルソウ，キタツマトリソウ，Smilacina racemosa，キタツバメオモト，ツヤスギカズラ，Coptis groenlandica，Mitchella repens など出現種数も多い。

　森林の生産性は中位程度で，優占木バルサムモミは樹高 15～20 m，胸高直径 40～50 cm 程度，サトウカエデはそれよりもやや小型で，樹高 15～18 m，胸高直径 30～40 cm 程度である。立木材積量は概して小さく 200～300 m³/ha 程度である。

　地形が平坦で排水不良な箇所にはしばしば分厚い有機質土壌を持つ泥炭湿原が発達する。植生は基本的に北方林に広く見られる湿原と同じものとなる。高木層はほとんど発達せず，樹高 3～5 m 程度のクロトウヒが，育地の条件によって疎らにあるいは密に生育する。低木層は比較的良く発達し，ヒメイ

ソツツジ，ガンコウラン，ヒメカンバ，ヒメシャクナゲ，クロマメノキなどが繁茂する。草本層はスゲ類(Carex spp.)，ワタスゲ，ラブラドルシオガマ，ツルコケモモ，ホロムイイチゴなどが特徴的に生育する。コケ層はきわめて顕著に発達，ミズゴケ類が圧倒的に優占する。

3.2. 五大湖-セント・ローレンス森林地区の植生

　五大湖-セント・ローレンス森林地区は，セント・ローレンス川沿いの低地から五大湖の北岸および西岸一帯に見られるもので面積的にも広い範囲を占め，カナダにおける東部落葉広葉樹林バイオームの主体をなすものである。地域的にはケベック州の南部，オンタリオ州の南部，さらにマニトバ州の東南部の一角にこの森林は認められる。

　大陸の内陸部にあるため，気候的には温暖湿潤でとくに夏期比較的高温となる。最暖月の月平均気温は 18～21°C，年降水量は 900～1,200 mm である。Conrad の大陸度指数は 45～52 と高い。地形的には，ゆるやかな丘陵からなるが，セント・ローレンス川に沿っては，河岸段丘やはんらん原が広く認められる。ここでは，氷河堆積物が主要な土壌母材となるが，後氷期の湖底堆積物や河川堆積物も各所に見られる。土壌は概して酸性が強く(pH4～5)，土壌型としてはヒュモフェリック・ポドゾル Humo-Ferric Podzol が良く見られるが，乾燥した箇所や母材が石灰分に富む箇所ではディストリック・ブルニゾル Dystric Brunisol あるいはユートリック・ブルニゾル Eutric Brunisol が現れ，また湖底堆積物が母材となる場合しばしばグレイ・ルヴィゾル Gray Luvisol が形成される。

　この地域は，Braun(1950)の区分による The Hemlock-White Pine-Northern Hardwood Region の Laurentian Section にあたる。ここも巨視的に見れば，北方林から落葉広葉樹林への移行帯としての性格が強く，景観的には針広混交林となる。主な針葉樹としては，バルサムモミ，カナダツガ，ベニトウヒ，カナダトウヒ，ストローブマツ，アメリカアカマツ，ニオイヒバなどがあり，広葉樹としてはサトウカエデ，アメリカブナ，アメリカシナノキ，キハダカンバ，ベニカエデ，ギンカエデ，スジハダカエデ Acer pennsylvanica，チョークチェリー Prunus virginiana，アカナラ，アメリカアサ

ダ Ostrya virginiana, シロナラなどが挙げられる。ここでは広葉樹の樹種が増加し，概して樹木層の種多様性が高い。

適潤地において良く発達した森林では，一般にサトウカエデが優占樹種となるが，アメリカシナノキ，キハダカンバ，ギンカエデ，アメリカブナ，アメリカアサダ，カナダツガ，バルサミモミなどが混生，林冠閉鎖率はきわめて高い。林内にはスジハダカエデ，ミヤマカエデ，アメリカニワトコ，カナダハシバミ，カナダイチイなどの低木が繁茂，また林床にはアメリカユキザサ，ムラサキエンレイソウ，アメリカショウマ，ヤツガタケムグラ，メシダ，ウスゲタデ，コタケシマラン，シンナ，キバナクルマユリ，キタツマトリソウ，オオカタバミ，カナダマイズルソウ，アメリカニンジン，ウサギシダ，ツルイチゴ，マルバチャルメルソウ，ツヤスギカズラなどが生育，きわめて豊かな種類相を示している。良く発達した草本層のため，コケ層の発達は中程度で，シッポゴケ類，ハイゴケ類，アオギヌゴケ類，チョウチンゴケ類，キブリナギゴケ類が散生する(Jean, 1982)(口絵写真20)。

乾燥した育地では，高木層にバンクスマツ，カナダトウヒ，アメリカアカマツ，バーナラ，アカナラ，アメリカシラカンバ，アスペン，ベニカエデなどが現れ，林床にはヤマハハコ，アメリカニンジン，カナダアカモノ，ティーベリー，リンネソウ，トガリバスノキ，メランピラムなどが生育して乾性地の群落を特徴づけている。

いっぽう湿潤な箇所では，クロトネリコ，ニオイヒバ，アメリカドロノキ，キタハンノキなどが樹冠層を形成し，林床には Botrychium multifida, ホソスゲ，シンナ，ホクチオウレン，Dryopteris cristata, フサスギナ，ヤツガタケムグラ，フイリツリフネ，マルバチャルメルソウ，コウヤワラビ，テガタブキ，ウツボグサ，トカチスグリ，カナダゴヨウイチゴ，ウツムキエンレイソウなどが出現して湿性地の群落を特徴づける。ここは林床植物の種数がきわめて多い。しかし湿性地であっても土壌の酸性が強く未分解有機物である泥炭が堆積するような箇所になると，アメリカカラマツやクロトウヒなど北方林と共通する樹種が現れ，しばしば泥炭湿原植生が発達する(Fraser, 1954; Maycock & Curtis, 1960)。

この地域の森林生産性は中位で，優占種サトウカエデは樹高 20～25 m,

胸高直径 50〜60 cm 程度になる。キハダカンバは多くの場合サトウカエデよりも大きくなり，樹高 30 m，胸高直径 70 cm に達することもある。平均的な立木材積量は 300〜400 m³/ha 程度である (Brown, 1981)。

3.3. 落葉広葉樹林地区の植生

落葉広葉樹林地区は，オンタリオ州の最南部に認められるもので，オンタリオ湖，エリー湖の沿岸部およびヒューロン湖南部に臨む一帯に見られる森林地域である。ここは，米国ミシガン州，ニューヨーク州に接しており，カナダで最も南に位置する所である。そのため気候的にカナダで最も温暖な地域で，年平均気温は 5〜10°C，最暖月の月平均気温は 20〜23°C となり，とくに夏期高温となる特徴がある。しかし大きな湖に面しているために気候の大陸性度合いはやや低下し，Conradの大陸度指数は 40〜45 と，北米大陸内陸部にあるにしては低くなっている。年降水量はやや減少し 800〜1,000 mm 程度である。

地勢は基本的に平坦な台地であるが，台地上には氷河堆積物によるなだらかな起伏が認められ，また所々に侵食による急崖をともなう河川流路が発達している。湖に臨む地域では湖岸段丘や隆起汀線などが認められる。地質は，石灰岩からなる古生代の堆積層を基盤とし，その上を氷河堆積物が覆っている。このように，ここでは石灰岩が広く現れること，そのため土壌の酸性がやや弱くなること，植生に占める針葉樹の比率が低下すること，また温暖で落葉の分解が良好であることなどのため土壌は概して肥沃で，ここではポドゾルとならずにグレイ・ブラウン・ルヴィゾル Gray Brown Luvisol が広範囲に発達し，さらには肥沃な黒色 A 層を持つメラニック・ブルニゾル Melanic Brunisol も現れる。

ここは Braun(1950) の The Beech-Maple Forest Region に含まれるが，地理的にはその北限地域にあたる。この地域の森林は，Eyre(1980) の Beech-Sugar Maple Forest Type(Type No. 60) に相当する。森林は基本的に落葉広葉樹から構成される。ここは落葉広葉樹の種類がきわめて多く，カナダにおける落葉広葉樹の宝庫ともいえる地域である。

成熟安定した森林では，一般にアメリカブナとサトウカエデが優占種とな

るが，アメリカアサダ，アメリカシナノキ，アメリカトネリコ，ベニカエデ，アカナラ，シロナラなどが混生する(口絵写真20)。この他，カナダではこの地域に限定される樹種として，ギンカエデ，クログルミ，アレハダヒッコリ，ニガミヒッコリ，プラタナス，ヤチナラ，などが生育し森林を特徴づけている。その他，量的には少ないが，やはりこの地区に限定される樹種としてユリノキ，クロナラ，ピンナラ，クリナラ，ニッサ，ポポー，ケンタッキーコーヒー，サッサフラスなどがある。ミシガン湖西岸におけるアメリカブナの分布は，ウィスコンシン氷期の氷床の分布と重なるとされる(Ward, 1958)。かつてはアメリカクリもふつうに見られたが，20世紀初頭におけるキクイムシの大発生による虫害で激減し，その後の回復が進んでいない(Rowe, 1972; Scott, 1995)。針葉樹は，ここではきわめて少なく，僅かにカナダツガやストローブマツが痩悪地に小さな林分として認められるにすぎない。

一般に林床は良く発達し，低木や草本の種類は豊富である。主な低木としては，アメリカサンショウ，ニオイウルシ，ヤワラカサンザシ，ドルモンドミズキ，*Vaccinium stamineum* などがあり，主な草本としてはキバナクルマバユリ，キタツマトリソウ，アメリカミスミソウ，アメリカニンジン，キタツバメオモト，カナダコメクサ，ヤマレタス，ツヤスギカズラ，マンネンスギ，コウヤザサ，ユキザサ類(*Smilacina racemosa*)などが，この森林には認められる。

3.4. 点在するプレーリー型草原群落

本来的に落葉広葉樹林に代表される地域ではあるが，オンタリオ州南部，オンタリオ湖，エリー湖，ヒューロン湖に囲まれた一角には，局地的にプレーリー草原群落と良く似た草原植生が，局地的な条件に対応して森林の中に班状に発達している所がある(Langendoen & Maycock, 1982; Reznik & Maycock, 1983)。このような草原植生は，カナダの最南部，オンタリオ州と米国ミシガン州の州境付近でとくに顕著に見られるが，エリー湖，オンタリオ湖の湖岸に沿ってトロント付近にまで点状に分布している。

北米の落葉広葉樹林バイオームは，その西において本来的なプレーリー草原バイオームと接している。そのためここは，プレーリーから落葉広葉樹林

への移行帯的な性格を示す所といえよう。この一帯がカナダの落葉広葉樹林の中でも最も温暖な地域であることも，草原植生の発達に都合の良い条件としてはたらいているのであろう。

　ここに現れる草原植生は，基本的に第6章で述べた高茎草本プレーリーにきわめて似た植生構成を示す。すなわちイネ科草本の *Andropogon gerardii*, *Danthonia spicata*, *Panicum virgatum*, *Sorghastrum nutans*, *Sporobolus asper*, *Muhlenbergia frondosa*, *Poa compressa* などが広く繁茂し，その間には *Rhus typhina*, *Cornus racemosa* などの低木が散生し，主な広葉草本としては *Solidago nemoralis*, *Erigeron strigosus*, *Aster azureus*, *Monarda fistulosa*, *Lespedeza capitata*, *Anemone cylindrical* などが生育している。このような群落が，オーク・サバンナ oak savanna と呼ばれるナラ類の疎林に囲まれるように斑状に発達している。これらの草原群落は，土壌が概して砂礫質の湖底堆積物からなる箇所に成立していることが多い。排水良好で土壌が乾燥していることがこの群落の成立の条件になっているようである。土壌は一般に分厚い(20〜25 cm)黒色の A 層が発達しており，pH は 6〜8 を示し弱酸性から弱アルカリ性に及ぶ。このような土壌はメラニック・ブルニゾル Melanic Brunisol に分類されるが，プレーリーに広く発達するチェルノーゼムにきわめて似ており，その点もここにプレーリー草原に似た植生が成立する条件となっているのであろう。

第8章　北方性針葉樹林地域
——広漠たる北の大樹海

1. 自然環境の特性
2. 北方林植生の一般的特性
3. 北方林の区分
4. 北方林の植生
5. カナダの湿原生態系とその分類
6. 北方林と山火事

良く発達した北方性針葉樹林の林相

北米大陸北部には，西はアラスカ中部から東はカナダのニューファンドランドにかけて，大陸を東西に帯状に覆う広大な森林帯が発達している。このバイオームが北方性針葉樹林あるいは北方林と呼ばれる所である。ここはまた亜寒帯林あるいはタイガと呼ばれることもある。寒冷な環境のため森林生産性は高くないが，広大な面積を覆って発達するため森林の総材積量は大きい。泥炭湿原の発達も著しい。本章では地球上最北に位置する森林帯である北方性針葉樹林地域について解説する。

北米大陸北部には，西はアラスカ中部から東はカナダのニューファンドランドにかけて，大陸を東西に帯状に覆う広大な森林帯が発達している（口絵写真21）。その南北の幅は500〜700 km，広い所ではおよそ1,000 kmに及ぶ。成熟安定した森林はカナダトウヒ，クロトウヒ，バンクスマツ，バルサムモミ，アメリカカラマツなどの針葉樹林からなるが，多くの所で遷移の途中段階を示すアスペンやアメリカシラカンバ Betula papyrifera などの広葉樹の森林も広い面積にわたって現れる。また寒冷な気候と水はけの悪い低平な地形を反映して，土壌表層に未分解の有機質が分厚く堆積した泥炭湿原の発達も著しい。このバイオームが boreal forest，すなわち北方性針葉樹林あるいは北方林と呼ばれる所である。ここはまた亜寒帯林あるいはタイガと呼ばれることもある。本章では以下，北方林とする。

　カナダの北方林は，東部のケベック州ではセント・ローレンス川の左岸から北に現れ，緯度にして北緯46〜52度の範囲に発達している。ところが，大陸を西へ向かうにつれて全体として次第に北上し，カナダ中部のマニトバ州では北緯50〜57度の範囲に，西部のブリティッシュ・コロンビア州では北緯55〜62度，西のユーコン準州では北緯62〜65度の範囲に現れる。さらにアラスカ中部では北緯63〜67度と，大西洋沿岸部に比べると太平洋沿岸部では約15度も北に偏っている。

　北方林は，その北においては森林北限線 northern forest line によってサブアークティック森林ツンドラ・バイオーム Subarctic Forest-Tundra Biome（第9章）と接している。南においては，カナダ東部では東部落葉広葉樹林バイオーム（第7章）と，中央部では森林ステップバイオーム（第5章）と接し，さらに西部では北方林に刺さり込むように北に向かって延び出したコーディレラ山岳性針葉樹林バイオーム（第3章）に接している。

　北方林は北米大陸だけでなく，ユーラシア大陸北部にも東西方向に帯状に発達し，世界全体として見ると，北極点を中心とする同心円状に両大陸を取り巻く帯のように分布している。北方林は地球上最北に位置する森林性バイオームであり，また両大陸を合わせると，ひとまとまりの森林としては世界最大規模の森林帯である。北米およびユーラシア大陸を含む北方林の総面積はおよそ1,200万 km^2 に達する（Hare, 1955）。両大陸の北方林では，森林を

構成する主要な樹木の間に，属のレベルで完全な対応関係 vicariant relation が認められ(表8-1)，また低木や草本種でも共通種が多く，景観的にも良く似通っている。またその成立環境から見てもきわめて良く似ており，両大陸の北方林は基本的に同じバイオームと考えられる。

カナダにおける北方林は，面積およそ 320 万 km^2 に達しカナダの森林の約77%を占め，最大規模のバイオームである。このバイオームは一般に Boreal Forest(Weaver & Clements, 1938; Barbour & Billings, 1988; Scott, 1995) とされる他，North American Taiga(La Roy, 1967)，Boreal White and Black Spruce Biogeoclimatic Zone(Krajina, 1969)，Boreal Forest Region(Rowe, 1972)，Subarctic-Subalpine Forest Region / the *Picea glauca* Province (Daubenmire, 1978)，Boreal Ecoclimatic Province(CCELC, 1989)などと呼ばれることもある。

表8-1 北米およびユーラシア大陸の北方林を構成する主要樹種の対応関係および下線で示された分布範囲(Kojima，1994b を基に改変)

	北米大陸			ユーラシア大陸		
	西部	中部	東部	西部	中部	東部
マツ属 *Pinus*	P. contorta	P. banksiana		P. sibirica	P. sylvestris	
トウヒ属 *Picea*		P. glauca	P. mariana	P. abies	P. obovata	
カラマツ属 *Larix*		L. laricina		L. sukaczevii	L. sibirica	L. gmelinii
モミ属 *Abies*	A. lasiocarpa	A. balsamea		A. sibirica		
シラカンバ属 *Betula*		B. papyrifera		B. pubescens	B. platyphylla	
ハコヤナギ属 *Populus*		P. tremuloides			P. tremula	

1. 自然環境の特性

1.1. 気候の特性

このバイオームを成立させている基本的な環境要因は寒冷な大陸性気候である。大西洋に直接臨むニューファンドランド地方を除くと概して大洋から遠く離れた内陸部に位置しており，また緯度が高いこともあって気候はきわめて寒冷かつ少雨となる。Larsen(1980) は，7 月の月平均気温 13～18°C の範囲が北方林の分布範囲にあたるとしている。また Bryson(1966) は，北方林の分布が北極気団 Arctic air mass の影響に強く支配されるとし，北極気団の冬期の張り出し南限が北方林の南限と，また夏期の張り出し南限が北方林の北限とよく一致するとしている。

このバイオームの気候は以下のような特徴を示す。①年平均気温はおよそ -5～5°C，最寒月の月平均気温はおよそ -27～-5°C，最暖月のそれはおよそ 14～18°C。②気温の年較差はきわめて大きく 23～43°C の幅になる。③年降水量は概して少なく大西洋沿岸部を除くと 260～800 mm 程度であるが，沿岸部では 900～1,100 mm 程度と増加する。④Conrad の大陸度指数はおよそ 40～60 と高いが，大西洋沿岸部では 30 程度にまで低下する。⑤このような気候はケッペンの気候区分では Dfc となる。図 8-1 は，このバイオームの代表的な気候を示すものである。

このバイオームは，カナダ国内において東西およそ 5,500 km にわたって広がっているため，同じ北方林バイオームとはいえ，気候的特性にかなりの地域差が認められる。その最も顕著な項目として生態系の水分収支が挙げられる。Thornthwaite(1948) の方法に従ってカナダ北方林の主要地点の水分収支を計算し，その結果を西から東へと並べて見ると，西部では明らかに気候的に水分の不足が起きているが，東部では余剰が生じていることがわかる(表 8-2)。すなわち図 8-2 に示すように，マニトバ州以西では潜在蒸発散量が降水量を上回り水不足が生じるのに対しオンタリオ州以東では降水量が潜在蒸発散量を上回り水の余剰が生じているが，その境はほぼ西経 95 度線にあたり，それは年降水量 600 mm の線によく一致する。この線の西側では

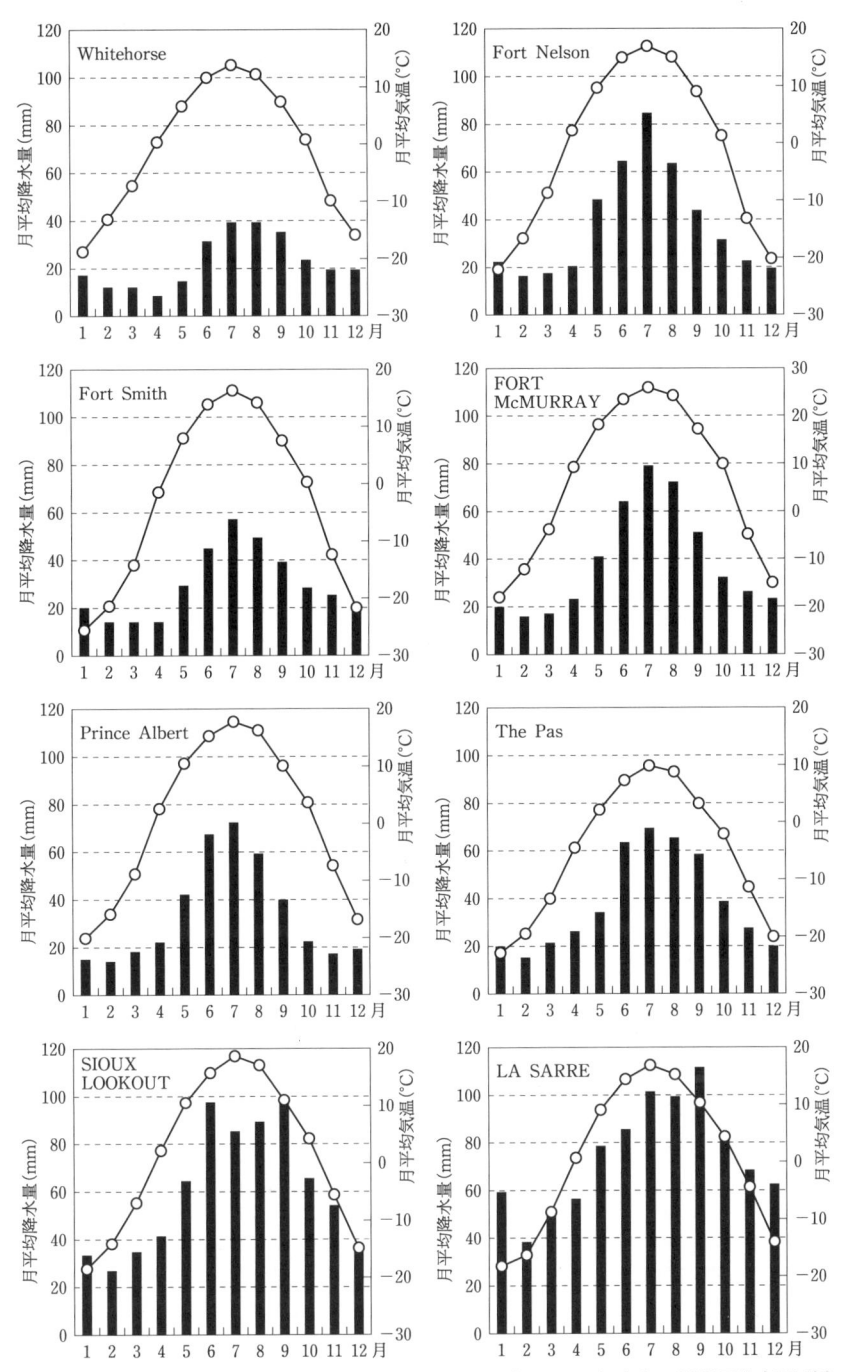

図 8-1　北方性針葉樹林バイオームを代表する地点の気候図。各地点の月別平均気温(折れ線グラフ)および月別平均降水量(棒グラフ)を示す。

表8-2 Thornthwaite(1948)の計算式によるカナダの北方林西部から東部にかけての気候的水分収支の変化状況。それぞれの地点の大陸度指数はConrad(1946)の計算法により算出。

番号	地点名	州	経度(西経)	不足量(mm/年)	余剰量(mm/年)	大陸度指数
1	Dawson	Yukon Territory	139.07	192	30	61
2	Whitehorse	Yukon Territory	135.04	169	0	43
3	Pelly Ranch	Yukon Territory	137.22	116	13	63
4	Watson Lake	Yukon Territory	128.49	104	68	57
5	Fort Nelson	British Columbia	122.35	104	15	55
6	Fort St. John	British Columbia	120.44	74	27	42
7	Dawson Creek	British Columbia	120.10	66	36	42
8	High Level	Alberta	117.09	128	27	55
9	Peace River	Alberta	114.10	117	3	48
10	Fort McMurrey	Alberta	111.13	54	4	52
11	Athabasca	Alberta	113.32	22	9	45
12	Wabasca	Alberta	113.50	45	2	48
13	Hay River	Northwest Territory	115.46	158	26	56
14	Fort Smith	Northwest Territory	111.57	144	32	59
15	Prince Albert	Saskatchwan	105.40	132	0	57
16	La Ronge	Saskatchwan	105.16	54	47	56
17	Meadow Lake	Saskatchwan	108.31	104	0	52
18	Whitesand Dam	Saskatchwan	103.09	34	124	60
19	Island Falls	Saskatchwan	102.21	33	79	62
20	Flin Flon	Manitoba	101.53	75	44	60
21	The Pas	Manitoba	101.06	71	38	59
22	Daupin	Manitoba	100.03	61	20	55
23	Hodgson	Manitoba	97.27	36	106	60
24	Bisset	Manitoba	95.42	44	64	58
25	Red Lake	Ontario	93.47	0	128	59
26	Sioux Lookout	Ontario	91.54	0	186	59
27	Armstrong	Ontario	89.01	0	314	59
28	Manitouwadge	Ontario	85.48	0	351	55
29	Kapuskasing	Ontario	82.28	0	385	56
30	Timmins	Ontario	81.22	0	396	55
31	Remingny	Quebec	79.14	0	406	55
32	Amos	Quebec	78.08	0	430	55
33	Chapais	Quebec	74.51	0	446	54
34	Bonnard	Quebec	71.03	0	486	55
35	La Tuque	Quebec	72.47	0	405	54
36	Goose Bay	Newfoundland	60.25	0	500	50
37	Cartwright	Newfoundland	57.02	0	644	37
38	Corner Brook	Newfoundland	57.57	0	673	34

第 8 章　北方性針葉樹林地域　161

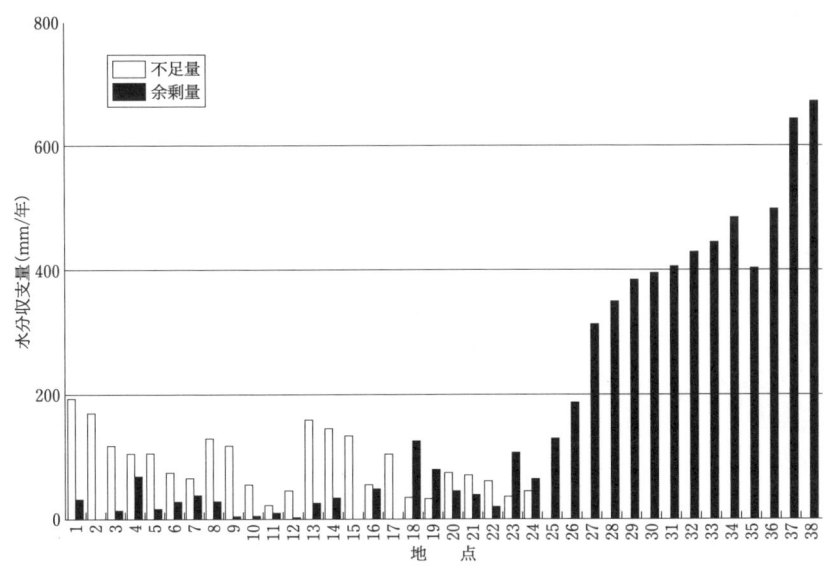

図 8-2 カナダの北方林地域における西(ユーコン準州)から東(ニューファンドランド州)へ経度系列に沿っての水分収支傾向。表 8-2 に掲げられた 38 地点における気象観測データから Thornthwaite (1948) の手法により求められた各地点の気候的水不足および余剰量を示す。北方性針葉樹林地域にあっても，カナダ西部では水不足が，東部では余剰が生じていることがわかる。

年降水量が 600 mm に達せず気候的に水分不足が生じるのに対し，東では 600 mm 以上となり水分収支の余剰が生じている。

1.2. 地勢・地質の特性

北方林地域の地勢は概してなだらかである。本地域の西半分にあたる主としてマニトバ州南西部から，サスカチェワン州南部，アルバータ州，ブリティッシュ・コロンビア州北東部，ユーコン準州東部にかけての一帯は，地勢区分から内陸平原 Interior Plains にあたり基本的に平坦な大地が広がっている。水系はマッケンジー川を経て北極海に注いでいるが，勾配はきわめてゆるやかである。しかしユーコン準州中部から西部では，コーディレラ山地の影響を受けて地勢は急峻かつ複雑になる。地質は，内陸平原一帯では基本的に白亜紀の堆積岩が広範囲に現れるが，その南部では第三紀の陸成層が部

分的に現れる。また北部では古生代デボン紀およびオルドビス紀の堆積岩が部分的に現れる。ところがユーコン準州に入るとコーディレラ山地の影響で地質構造はきわめて複雑となり，先カンブリア代から古生代デボン紀にかけての変成岩が錯綜しながら広範囲に現れる。

　これに対し，北方林地域の東半分の部分，主としてサスカチェワン州北部およびマニトバ州東部から大西洋岸のニューファンドランド州にかけての一帯はカナダ楯状地に区分されている。ここは世界的に見ても地球上最古の地層からなり，長期間にわたる侵食と解析が進んで地勢はなだらかな丘陵地となっている。全体としてハドソン湾に向かってゆるやかに傾斜しており，水系はハドソン湾に注ぐが，東部のニューファンドランドでは大西洋に注いでいる。セント・ローレンス川の左岸一帯にはローレンシア山地があり，ここには海抜700～1,000m程度のなだらかな山地が形成されている。地質的に見ると，カナダ楯状地の一帯では先カンブリア代の花崗岩性片麻岩がきわめて広い範囲に現れ，その間に先カンブリア代の貫入岩や火成岩が各所に出現する。

　新生代第四紀更新世を通じて北方林地域は，ユーコン準州の一部を除き，分厚い氷床に覆われていた(Prest, 1969)。とくに現在のハドソン湾あたりは当時ローレンタイド氷床 Laurentide Ice Sheet の中心地域であり，ここで氷床の厚みは最大4,200mにも達したと考えられている(Sugden, 1977)。ローレンタイド氷床は，東は大西洋岸まで西はロッキー山脈の東麓近くにまで達し，そこでロッキー山脈に源を発するコーディレラ氷床と接していた。そのため，北方林地域のほとんどは更新世を通じて氷に覆われていた。このことがこの地域の局所的な地形に大きな影響を及ぼし，堆石，漂礫原，エスカー，ドラムリン，ケームなど，各種氷河成因地形を広範囲に発達させた。しかしこの時期，ユーコン準州の中部以北においては氷河が発達しなかった。氷河を発達させるだけの十分な降水の供給がなかったからである。そのためユーコン中部では被氷河地域には見られない独特の地形が見られる。たとえば細かく樹枝上に分枝した谷が発達し，谷の断面はV字状を示す，また谷の開削が進んでいるため湖が形成されないなど，ここでは他の地域とは違った地形的特徴が見られる。

1.3. 永久凍土の分布

北方林バイオームは緯度の高い地域に成立しているため，その北半分の地域では，永久凍土が広範囲に認められる。ただし永久凍土といっても，ここは不連続永久凍土地帯 discontinuous permafrost zone であり，局地的な条件によって永久凍土は点在する(Brown, 1970b)。一般に永久凍土は湿原に認められることが多い。湿原では土壌が常に過湿状態にあること，また土壌表層には未分解の分厚い有機物が堆積しており，その上に緻密に生育しているミズゴケのマットが効果的な断熱材としてはたらき，夏期の高温から凍土を保護するためである。夏の活動層の厚さは，これも局地的条件によるが，ふつう30〜50 cm 程度である。永久凍土はまた，しばしば地形の起伏の北斜面にも認められる。ここでは直射日光の影響が少なく地温が上昇しないためである。ただし北斜面であっても，土壌の材質が粗く水はけの良好な箇所では永久凍土は認められない。カナダの北方林地域では，永久凍土の形成されている箇所にふつう森林は成立しない。浅い活動層と根圏の低温が樹木の生育を阻むものと思われる。しかしこのような箇所には矮生林が成立する。矮生林というのは，最大樹高が 5 m に達しない生育貧弱な樹木がやや疎らに生えている植生をいう。これらの樹木はしばしば屈曲した樹形を示すことが多い。このように湿原に成立した独特の矮生林やそのような景観をカナダの現地語ではマスケグ muskeg と呼ぶことがある。土壌はふつう泥炭からなる有機質土壌で酸性が強く，多くの場合永久凍土が認められる。ここに生育できる樹木はふつうクロトウヒであるが，土壌の酸性が弱い箇所ではアメリカカラマツも現れる。

1.4. 土壌の特性

広大な面積を占める北方林の土壌には，未発達の若い未熟土からポドゾル土や有機質土壌までさまざまなものがある。本項では主としてある程度成熟の進んだ土壌について記述する。北方林地域の土壌は，大きく森林土壌と湿原土壌に分けられる。森林土壌は基本的に酸性の強いポドゾルから比較的酸性の弱いルヴィゾル Luvisol にまで及ぶ。広域的な傾向として見ると，マニトバ州とオンタリオ州の州境付近から西ではブルニゾル Brunisol あるいはル

ヴィゾルが優勢となり，東ではポドゾル Podzol が優勢となる。これはそれぞれの地域の気候環境を反映するものである。気候特性で述べたように，オンタリオ州以東では年降水量が 600 mm を超え，降水量が潜在蒸発散量を上回り生態系の水分収支において水の余剰が生じる。そのため溶脱が促されて土壌の酸性は強くなり，かつ土壌表層部から鉄およびアルミニウムが失われ，そこには石英分が残留する。その結果，ポドゾル特有の灰白色の溶脱A層が発達する。いっぽう溶脱した鉄はB層に集積して濃い茶褐色のB層が形成され，こうしてポドゾル土壌特有の層位が成立する。土壌母材とくに地質もまた土壌型の発達に大きな要因としてはたらいている。北方林地域のほぼ東半分強の地域，すなわちサスカチェワン州北部からマニトバ州さらにオンタリオ州全域から大西洋岸にかけては，カナダ楯状地の基盤をなす花崗岩性片麻岩が広く現れる。これは本来的に酸性岩で塩基性金属元素に乏しく，そのため溶脱が進みやすく土壌の酸性は強くなる。このことも東部において広範囲にポドゾル土壌の発達を促す重要な条件となっている。

　これに対してマニトバ州以西では，年降水量は 600 mm に達しない。潜在蒸発散量が降水量を上回り気候的には水の不足が生じる。そのため土壌の溶脱は容易に進行せず酸性化も進まない。その結果，ここではポドゾルの形成が進まない。溶脱が進行しないために土壌中には栄養塩類や粘土分が残り，B層に粘土が，C層には炭酸塩が集積したルヴィゾルが形成される。ユーコン準州を除くマニトバ州以西では，地質は広範囲に中生代の堆積岩からなるが，この地質は概して石灰分に富む。このこともポドゾルの形成を阻むいっぽう，ルヴィゾルの発達を促す結果となる。

　ユーコン準州では，先カンブリア代の地質が広く現れる。これらの多くは頁岩，粘板岩，チャートである。本来的に土壌母材中の塩基性金属元素は少ないが，年降水量も 500 mm 以下と少ないため，土壌はポドゾルにはならず，ポドゾルとルヴィゾルの中間ともいうべきブルニゾルが広範囲に発達する。

　泥炭湿原 bog が広範囲に発達していることは北方林バイオームの特徴である。湿原の発達はハドソン湾に近いケベック州北西部，オンタリオ州北部，マニトバ州北部，サスカチェワン州北部でとくに著しい。この一帯は，カナ

ダ楯状地地域にあたり，本来的に地形が低平で先カンブリア代の基岩が広範囲に現れる．それが氷河に削磨されてなだらかな起伏をつくっている．起伏のくぼ地には水が溜まって浅い湖が形成されるが，そこにはやがて水生植物が生育して湿性遷移が進行し湿原が形成される．しかし気候が寒冷なため，有機物の分解はきわめて緩慢で，分厚く堆積した未分解有機物が泥炭を形成する．このような土壌は，カナダ土壌分類体系では有機質土壌 Organic soil と呼ばれ，分解の程度によって Humisol, Mesisol, Fibrisol に区分されるが，北方林バイオームに広く見られる泥炭土壌は基本的に Fibrisol である．

2. 北方林植生の一般的特性

ユーコン準州からニューファンドランドまで，広大な面積を覆って発達している北方林の植生は，以下のような一般的特性を示す．
①植生組成から見るときわめて単純な森林である．

極盛相の森林は常緑性針葉樹林となるが，構成樹種がきわめて少なくほとんど純林状を示す．ひとつの林分を構成する高木樹種の種数に関し，北米の北方林全体を通しては平均種数 3.5 種(La Roy, 1967)，またカナダ西部のブリティッシュ・コロンビア州では 2.8 種と報告されている(Annas, 1977)．したがって樹種構成から見るときわめて単純な森林であることがわかる．東西に帯状に広がるこのバイオーム全域に分布する針葉樹は，カナダトウヒ，クロトウヒ，アメリカカラマツの 3 種である．基本的にこの 3 種を基調としながら，東部ではバンクスマツやバルサムモミが，西部ではコントルタマツやミヤマモミが混生する．この他，遷移の諸段階においてアスペン，アメリカシラカンバなどの落葉広葉樹が優勢あるいは混生しながら最後まで残存することが多い．また河川あるいは沢に沿った箇所には，しばしばアメリカドロノキが現れる．北方林のほぼ全域に分布する針葉樹 5 種，落葉広葉樹 3 種の生態的特性を Krajina (1969) に基づいて土壌特性との関係で図 8-3 に示す．
②概して一様な植生である．

広大な地域に広がる北方林ではあるが，高木のみならず，低木や草本植物についても出現種数は少ない．それにも関わらず広く北方林全域に分布する

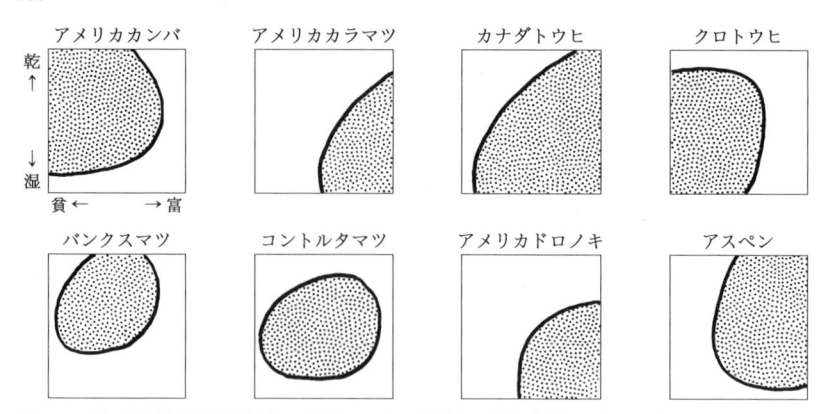

図 8-3 北方性針葉樹林地域に出現する主要樹種の土壌条件に対する生態分布(図の説明については,図 2-2 を参照のこと)。本図は Krajina(1969)の手法に基づき,土壌の乾湿度を縦軸,肥沃度を横軸とする平面上に各種の生育範囲をパターンで示す。

種の割合が高い(Scoggan, 1978)。そのため北方林ではカナダ東部から西部にかけて似たような植物群落が出現し地域差がきわめて小さい。上記の高木の他に,カナダ全体を通して北方林を特徴づける主な植物として以下のものが挙げられる。これらのうちあるものは,カナダのみならず周北要素 circumboreal element としてユーラシア大陸の北方林にも広く分布する。

低木種：*Alnus crispa, Viburnum edule, Rosa acicularis, Ledum groenlandicum, Ribes triste, Betula glandulosa, Rubus idaeus, Vaccinium uliginosum, Vaccinium myrtilloides, Salix glauca*

草本種：*Cornus canadensis, Linnaea borealis, Pyrola secunda, Pyrola asarifolia, Moneses uniflora, Mitella nuda, Trientalis borealis, Aralia nudicaulis, Vaccinium vitis-idaea, Petasites palmatus, Mertensia paniculata, Epilobium angustifolium, Rubus pubescens, Goodyera repens, Maianthemum canadense*

蘚苔・地衣類：*Hylocomium splendens, Pleurozium schreberi, Ptilium crista-castarensis, Dicranum scoparium, Peltigera aphthosa, Nephroma arcticum, Cladonia stellaris, C. sylvaticum, C. mitis, Cetraria cucullata, C. islandica, C. nivalis, Stereocaulon tomentosum*

③北方林は森林火災の多い所である。

カナダの北方林では，およそ100年に一度の間隔で同じ場所が火災に遭うとされる(Payette, 1992)。火災の原因は多くの場合，夏の乾燥時における落雷であるが人間による失火も重要な原因である。カナダ全体では最近の10年間において1年に平均7,600件を超える森林火災が発生しており，消失面積は年平均およそ280万haになるが，そのほとんどは北方林地域で起きている(Natural Resources Canada, 2004)。そのため，北方林地域では絶えず火災による攪乱が起きており，その後の遷移のさまざまな段階の植生が入り混じって景観を複雑にしている。

④広範囲に湿原が発達する。

カナダ西部のコーディレラ地域および東部のローレンシア山地を除くと，北方林地域は地形が概して平坦で水はけ不良であり，また氷河後退後，各所で湖が形成されている。そのため，北方林地域には至る所に広大な湿原植生が発達している。過湿かつ寒冷な環境を反映して，このような湿原では多くの場合，未分解の有機物が分厚く堆積している。このような泥炭堆積上には，ミズゴケ(優占種は多くの場合チャミズゴケ)が緻密なマット状に生育し，そこにはツルコケモモ，ヒメシャクナゲ，ホロムイイチゴ，ヒメイソツツジなど特徴的な植物が生育している。ここには矮生化したクロトウヒが疎らに生育することもある。湿原は，その化学性とそれを指標する植物から，ボグbog，フェンfen，マーシュmarsh，スワンプswampなどに分類されるが，一般に北方林に最も広範囲に見られる湿原はボグbogである。

⑤森林の生産性は概して低い。

高緯度地方にあって寒冷な気候のもとに発達している北方林では，森林の生産性は相対的に低い。Whittaker(1975)は，北方林の純一次生産量を400〜2,000 g/m²/年としているが，Van Cleve & Foote(1983)は，アラスカの北方林の純一次生産量を56〜952 g/m²/年としている。Li et al.(2003)は，炭素循環モデルを用いてカナダ中西部の北方林における純一次生産量を1920年において平均215 gC/m²/年，1995年においては平均290 gC/m²/年と試算している。森林の立木材積量は50〜500 m³/ha程度であるが，はんらん原や河川沿いの育地では700 m³/ha程度にまで増加する。サスカチェワン州

およびマニトバ州で調査された BOREAS (Halliwell & Apps, 1997) の資料では，最大 489 m³/ha となっている。地位指数から見ると，普遍的に生育しているカナダトウヒでは，最も条件の良い育地で 20〜24 m/100 年，クロトウヒでは同じく 12〜15 m/100 年程度，バンクスマツでは 10〜12 m/100 年程度と報告されている (Krajina, 1969)。北方林の北限に近い中部ユーコン地方では，立木材積量は 80〜420 m³/ha，平均的な値では 220 m³/ha であり，カナダトウヒの地位指数は平均 13 m/100 年となっている (Kojima, 1996b)。

⑥景観的には複雑な様相を示す。

　北方林は，植物相から見ると貧弱で単調なバイオームであるが，景観的には針葉樹林，落葉広葉樹林，疎林，低木叢，湿原などが入り混じり，きわめて複雑な様相を示す。ひとつは，山火事が頻発するため，火災後の植生回復のさまざまな段階の植生が複雑に入り混じるためである。火災直後の遷移初期段階の草本と低木からなる植生から，アスペンやアメリカシラカンバなど落葉広葉樹の一斉林からなる中期段階，落葉広葉樹に針葉樹が混じる後期段階，さらにはカナダトウヒやクロトウヒの鬱閉林からなる極相に近い森林などが入り混じる。また火災からの回復過程であっても，育地の条件によって回復の様相が異なる。水はけのよい砂丘などではバンクスマツによる遷移が始まる。しかし土壌表層に酸性の強い腐植層が厚く堆積している箇所では，多くの場合クロトウヒによる遷移が進む。このように回復過程や段階の異なるさまざまな植生が入り混じって複雑な景観を形づくっている。いまひとつは，北方林地域には大小さまざまの池や湖が多いことである。かつて氷河の侵食および堆積作用により起伏の多い地形が形成されている。くぼ地には水が溜って池や湖ができる。またビーバーの活動によってつくられた池も多い。浅い池や湖では，湿性遷移が進みやがて湿原植生が発達し，寒冷な気候を反映して多くの所で泥炭堆積が進む。そこにはクロトウヒやアメリカカラマツが疎林をつくることもある。これらのさまざまな植生が錯綜して複雑なモザイク状の景観をつくっているのである。

3. 北方林の区分

　面積およそ 320 万 km^2 を占めるカナダの北方林 Boreal Forest Region を Rowe(1972)は，大きく3つの亜区 Subregion に区分している。すなわち，①森林亜区 Predominantly Forest，②森林-ツンドラ亜区 Forest and Barren，③森林-草原亜区 Forest and Grassland である。そのうえで Rowe は，北方林全体を 33 の Section に分割している。ここでいう②森林-ツンドラ亜区は，広義にとらえると北方林の北に発達する北極ツンドラ・バイオームと狭義の北方林(①Predominantly Forest)の移行帯にあたる所で，森林亜区に匹敵する広大な面積を占めている。本章ではこれを独自のバイオームと見なし第9章で述べるサブアークティック森林ツンドラ・バイオームの項で扱う。③森林-草原亜区もまた北方林からその南に広がるプレーリー草原バイオームへの移行帯であり，第6章で取り扱っている。したがってここでいう北方林とは，①森林亜区地域に相当する。

　Larsen(1980)は，アラスカを含む北米の北方林を6つの地区 Region に区分している。すなわち①Alaska，②The Cordillera，③Northwestern Mackenzie-Yukon，④Southwestern Mackenzie and Northern Alberta，⑤The Canadian Shield，⑥Eastern Canada である。そのうち6番目の Eastern Canada はさらに Gaspe-Maritime，Cape Breton and Newfoundland，Labrador-Ungava，Northern Central Quebec の4地域に分けられる。この区分は北方林を東西のブロックに分けたもので，生態的区分というよりは地域的区分と見なされる。

　Scott(1995)は，カナダの北方林を景観的に，①Open Lichen Woodland，②Northern Coniferous Forest，③Mixed Forest，④Mixed-Forest Transition to Grassland に区分している。これは基本的に北方林を南北に区分したものである。そのうち②が本来的に狭義の北方林を示すもので，①は北方林からサブアークティック森林ツンドラ・バイオームへの移行帯を，③は東部落葉広葉樹林バイオームへの移行帯を，④はプレーリー草原バイオームへの移行帯を示すものである。

4. 北方林の植生

　北米大陸北部を東西にまたぐように成立した広大なバイオームではあるが，植生は全体を通して地理的変化に乏しく景観的には似たような植生が現れる。しかし樹種別に見ると若干の地域差が認められる。カナダの北方林全域に現れる主たる樹種は，針葉樹ではカナダトウヒ，クロトウヒ，アメリカカラマツの3種，広葉樹ではアスペン，アメリカシラカンバ，アメリカドロノキの3種に限られる。これに対して偏った分布を示すものとして，アルバータ州中部から東に向かい大西洋沿岸部に至る範囲にはバンクスマツとバルサムモミが現れ，アルバータ州中部から西では交替するようにコントルタマツとミヤマモミが現れる。

　カナダの北方林は基本的にこうした樹種の地理分布に従って，アルバータ州東部から中部あたりをおおよその境として森林の樹種構成が東西で変化する。すなわち，この境から東では標準的な森林は基本的にカナダトウヒとバルサムモミがほぼ同じ割合で優占し，それにクロトウヒやアメリカシラカンバ，アスペンなどが混じった樹種構成となる。しかしアスペンはケベック州以東ではほとんど姿を消す。それに対してこの境から西では，カナダトウヒにコントルタマツが混生しアスペンが広く現れる。クロトウヒ林も西部よりは東部で増加する傾向を示す。またクロトウヒ林は東部では適湿地に広く見られるが，西部では泥炭が堆積した湿原や，腐植層の厚く堆積したやや湿潤な箇所に良く発達する。Eyre(1980)は，北米大陸の森林を大きく Eastern Forest と Western Forest に分けている。カナダに関しての検討は不完全かつ不十分であるが，おそらく樹種構成から上記の境をめやすとして，森林を東西に分けているようである。

　景観的な地域特性をとらえると，おおまかな傾向としてカナダ東部では，林床に地衣類が優占するカナダトウヒやクロトウヒの疎林 open lichen woodland が広範囲に現れるのに対し，中部では有機質土壌を持つ泥炭湿原がきわめて広い面積にわたって現れ，西部では疎生林や湿原は比較的少なく全般に鬱閉した森林が発達する。

第8章 北方性針葉樹林地域

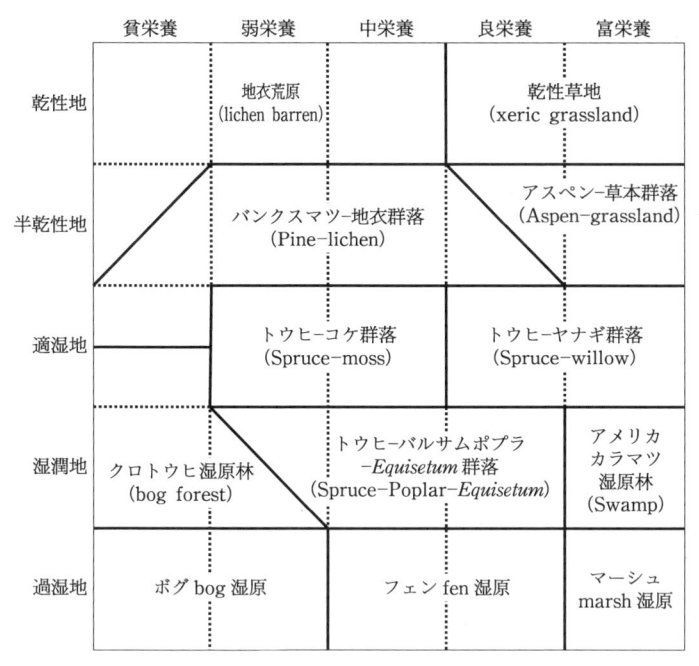

	貧栄養	弱栄養	中栄養	良栄養	富栄養
乾性地		地衣荒原 (lichen barren)		乾性草地 (xeric grassland)	
半乾性地		バンクスマツ-地衣群落 (Pine-lichen)		アスペン-草本群落 (Aspen-grassland)	
適湿地		トウヒ-コケ群落 (Spruce-moss)		トウヒ-ヤナギ群落 (Spruce-willow)	
湿潤地	クロトウヒ湿原林 (bog forest)	トウヒ-バルサムポプラ-*Equisetum*群落 (Spruce-Poplar-*Equisetum*)		アメリカカラマツ湿原林 (Swamp)
過湿地	ボグbog湿原	フェンfen湿原		マーシュmarsh湿原

図8-4 北方性針葉樹林バイオームに見られる主要な群落の立地条件(土壌の湿純度および肥沃度)による分化成立の様子

このような地理的な傾向の他に局地的な立地条件，たとえば乾性地や湿潤地，あるいは土壌の肥沃度などによって，植生は細かく分化する．図8-4は，カナダ中西部の北方林に見られる群落の分化パターンを，土壌の湿潤度と肥沃度との関係で模式的に示したものである．ただしこれらはいずれも，ある程度遷移が進み安定状態にある群落型である．本節では，これらの中から適湿地，乾性地，湿潤地の代表的な植生について記述する．表8-3は北方林の植生を構成する主な種を立地別・階層別に概括的に示したものである．

4.1. 気候的極盛相の植生

北方林において，果たして極盛相の植生が成立するかどうかは議論のある所である．北方林はおよそ100年に一度の頻度で同じ場所が繰り返し山火事に遭うとされ，遷移の途中段階で常に破壊されると考えられるからである．

表 8-3 北方性針葉樹林地域において異なる立地に成立した植生の各階層を代表する主要な種

	乾性地	適潤地	湿性地
高木層	Pinus banksiana* Pinus contorta**	Picea glauca Picea mariana Abies balsamea*	Larix laricina Picea mariana
低木層	Ledum palustre Vaccinium uliginosum Shepherdia canadensis	Rosa acicularis Vaccinium angustifolium Vaccinium myrtilloides Rubus idaeus	Viburnum edule Cornus stolonifera Ribes triste
草本層	Arctostaphylos uva-ursi Empetrum nigrum Vaccinium vitis-idaea Geocaulon lividum	Mertensia paniculata** Cornus canadensis Linnaea borealis Pyrola secunda Epilobium angustifolium Gaultheria hispidula* Maiathemum canadense Oxalis montana* Goodyera repens	Anemone richardsonii Mitella nuda Petasites palmatus Rubus arcticus Rubus pubescens Equisetum pratense Equisetum sylvaticum
蘚苔・地衣層	Cladonia alpestris Cladonia sylvaticum Cladonia mitis Cladonia rangiferina Cetraria nivalis Cetraria islandica Stereocaulon paschale	Hylocomoum splendens Pleurozium schreberi Ptilium crista-castrensis Dicranum fuscescens	Hylocomoum splendens Pleurozium schreberi Drepanocladus uncinatus Mnium nudum Climacium dendroides Sphagnum nemoreum Sphagnum rubellum

* 北方林の東部に分布
** 北方林の西部に分布

事実，ほとんどの森林は遷移の途中段階にある比較的若い森林である。しかし局所的に火災を免れた森林植生や，理論的に考えられる成熟安定した森林植生の状況から，北方林の気候的極盛相の植生としては，次のようなものが考えられる。

気候的極盛相の森林は，ゆるやかな斜面や台地上の適湿地に成立する。高木層はクロトウヒが優占するが，カナダトウヒも混生する。カナダ東部では通常バルサムモミが混入する。西部ではミヤマモミが混じることもある。樹木は密生し林内は暗い。樹木のサイズは比較的小さく，胸高直径 20～30 cm 程度，樹高は 20～25 m 程度。森林の材積量は 200～300 m³/ha 程度である（口絵写真 22）。

林床には，低木としてオオタカネバラ，ラブラドールイソツツジ，エゾイチゴ，カナダカンボク，カナダブルーベリーなどがほぼ全域に現れるが，被度は低い。この他カナダ西部ではバッファロベリーやハイイロヤナギなどが，東部では *Pyrus decora*, *Nemopanthus mucronata*, ホクチスノキなどが生育する。草本層の発達も比較的貧弱で，全域を通して種として，ゴゼンタチバナ，リンネソウ，コケモモ，コイチヤクソウ，イチゲイチヤクソウ，ハリガネカズラ，カナダマイズルソウ，マルバチャルメルソウ，ジオウコウロン，ヒメミヤマウズラなどが認められる。この他西部ではカナダルリソウ，アメリカノイチゴ，ヒメドクサなどが，中部から東部にはキタツマトリソウ，キタツバメオモト，ホクチオウレン，ハリガネカズラ，シラネワラビ，*Oxalis montana* などがよく現れる。地表植物層(コケ層)の発達はきわめて良く，林床には分厚くかつ緻密なカーペット状のコケ層が形成される。主要なコケとしてはイワダレゴケ，タチハイゴケ，シッポゴケ，ダチョウゴケなどであるが，このほか *Peltigera aphthosa* や *Nephroma arcticum* などの地衣類も良く認められる。

　土壌は，モル型腐植が分厚く堆積したL-H層の下に，溶脱の進んだA層が形成され，その下のB層，C層と，層分化が良く進んでいる。概して酸性が強く，A層でのpHは3.5～4.5程度である(Annas, 1977; Krumlik et al., 1979; Gaudreau, 1979)。土壌pHは深さとともに増大する傾向を示す。カナダ西部では深さ約80cm付近のC層では6～7，所によっては8に達する箇所もあるが(Annas, 1977)，東部では多くの所で5～6と1ランク低い(Gaudreau, 1979)。おそらくこれは，土壌母材が西部では堆積岩や変成岩からなり本来的に石灰分に富むのに対し，東部では多くの所でカナダ楯状地の花崗岩性片麻岩からなり本質的に石灰分に乏しいことによるものであろう。また東部では降水量が増加して溶脱が進行しやすいこともその一因になっているものと思われる。その結果，土壌型としては，西部ではルヴィゾルやブルニゾルが多いのに対して，東部では多くの場合ポドゾルになる。

4.2. 乾性地の植生

　乾性地というのは地形の頂部にあって水はけの良い育地や，砂丘などのよ

うに土壌が粗い砂からなり保水力のきわめて低い育地をいう。カナダ北部では，氷河によって削られた岩盤の露頭が各所にあり，そこには土壌の浅い育地が見られる。また氷河後退直後のまだ植被が発達する以前，強風により舞い上げられた土砂が各所にたまり風成砂丘が形成されている。このような箇所には典型的な乾性地の植生が発達している。

乾性地の植生では，高木層は一般にバンクスマツが純林をつくることが多い。しかしカナダ西部，バンクスマツの分布域の外ではコントルタマツがしばしばそれに代わる。アスペンやカナダトウヒが混生するが量的には少ない。またカナダ東部では乾性地にしばしばクロトウヒの疎林が形成される。乾性地では一般に樹木はやや疎らに生育する。樹木のサイズは中位で，代表的な種であるバンクスマツでは胸高直径 20～30 cm，樹高 15～20 m 程度である。森林の材積量は 200～250 m³/ha 程度と小さい。

林床植生は概して発達が貧弱で，低木層では *Alnus crispa*，ラブラドールイソツツジ，カナダブルーベリー，ガンコウランなどが，草本層ではコケモモ，クマコケモモ，カナダマイヅルソウ，ヤナギランなどが散生する。これに対して地表植物層の発達はきわめて良く，とくに地衣類がきわめて高い被度を示す。主な地衣類としては *Cladonia stellaris* (= *C. alpestris*), *C. gracilis*, *C. mitis*, *C. rangiferina*, *Cetraria nivalis*, *Cetraria islandica*, *Peltigera canina*, *Stereocaulon paschale* などがあり，これら地衣類がまるで絨毯を敷き詰めたように密生し，遠目には雪でも降り積もったように地表が白く見える。乾燥が激しいため概してコケ植物は少なく，地面のくぼみや岩かげなどに僅かに生育するにすぎない。

水はけ良好で土壌の溶脱も良く進む。そのため概して酸性が強い。地衣類以外の植物の被度が低いため腐植層の発達も貧弱で，腐植層は地衣類の枯死体からなる。A 層は溶脱が進んでやや灰白色を示す。土壌が砂質の場合，溶脱が顕著に進む。A 層の pH は 3～4 程度である。このような土壌は一般にブルニゾル Dystric Brunisol とされるが，気候的に湿潤な東部ではしばしばポドゾルが現れる。

林床に地衣類が優占した乾性地の植生に関して特記すべき群落として，Open Lichen Woodland (Hare & Taylor, 1956; Larsen, 1980; Scott, 1995) がある。

これは北方林の北部において，サブアークティックの森林ツンドラへ移行するあたりで顕著に見られるものであるが，ケベック州の東北部では，なだらかな地形の高みや小高い丘陵上にも良く発達し独特の景観を形成する。土壌は砂質であることが多い。ふつう林冠層はほとんど発達せず，樹木は単木的に疎らに生育する。樹高は5～10m程度，胸高直径は10～20cm程度である。単木的に生育しているため下枝が低い位置にまで付き，地面を覆うように円錐形の樹形を示す。樹種はクロトウヒとカナダトウヒであるが，土壌の酸性が強くなるとクロトウヒが優勢となる。疎生した樹木の間の空き地にはヒメカンバ，ラブラドールイソツツジ，ホクチスノキ，クロマメノキなどの低木が疎らに生育。草本層の発達も貧弱でゴゼンタチバナ，ガンコウラン，コケモモ，ジオカウロンなどが散生する程度である。それに対し地表植物層はきわめて良く発達し地衣類が圧倒的に優占する。ふつう $Cladonia\ stellaris$ が優占種となるが，その他の主要な地衣類として $Alectoria\ ochroleuca$, $A.\ nitidula$, $Cladonia\ mitis$, $C.\ gracilis$, $C.\ mitis$, $C.\ rangiferina$, $Cetraria\ islandica$, $C.\ nivalis$, $Stereocaulon\ paschale$ などがある。カーペット状に地表面を覆って発達した地衣類群落であるが，よく見るとカーペットの表面に六角形状の亀裂が入っていることがある。これは，おそらく土壌表層部の枯死した地衣体の堆積した層が，夏期の乾燥時に収縮したことにより亀裂が生じたものであろう。

　Kershaw(1977)は，open lichen woodland にはふたつのタイプがあることを挙げている。ひとつは $Cladonia\ stellaris$ が優占種となる群落であり，いまひとつは $Stereocaulon\ paschale$ の優占する群落である。このふたつは地衣類の優占種が異なる以外には基本的な群落組成の違いはない。ただし分布から見ると，前者はカナダ東部のオンタリオ州からケベック州で発達が顕著であるのに対し，後者はカナダ中央部すなわちマニトバ州北部から北西準州にかけてよく見られる。Kershawは比較的降水量が少なく大陸性の高い気候が $Stereocaulon\ paschale$ 型群落の成立に寄与しているのではないかと述べている。

　Open lichen woodland の成立と位置づけについては，さまざまな解釈がある。ひとつは，この群落は山火事後の回復の過程にあるという解釈である。

北方林は本来的に山火事の多い所であるが，強度の火災によって落葉層や腐植層まで焼失すると土壌は過度の乾燥が進み，植生の回復が著しく阻まれる。そのような乾燥した状況に地衣類は良く適応しており，そこで旺盛に繁茂して緻密な地衣群落が形成される。しかしこのようなlichen woodlandは乾性遷移の途上にあり，ふたたび火災で破壊されないかぎり，進行はきわめて緩慢であるが究極的には樹木の密生した本来的な北方林へ移行するというものである。

　いまひとつは，open lichen woodlandをそれなりに安定した極盛相あるいは準極盛相quasi-climaxの植生と見なす解釈である。山火事後にスタートしたという点では同じであるが，地衣類がカーペット状に繁茂した状態ではふつうの植物の種子が持ち込まれたとしても乾燥した地衣類のマット上では発芽定着が困難で，そのため遷移がこれ以上進行せず，この状態で安定していると考えられるのである。ただしこの状態で安定するとしても，本来的に水はけの良い地形的位置と保水力に乏しい土壌条件が，この群落を維持する重要な要因となっていることは確かであろう。これに対し，Larson & Kershaw(1975)は次のような見解を述べている。すなわち，このようなopen lichen woodlandは一般に地形の頂部に発達する。水はけが良いこともひとつの要因であるとしても，このような立地は冬の間強風にさらされて雪が積もらない。あるいは積雪深がきわめて浅く，春になると早い時期に雪は消えて吹きさらしの状態になる。したがってここは冬から早春にかけて雪による植物の庇護がなく，植物にとってはきわめて苛酷な環境となる。このことも一般の森林性植物の定着を阻み，代わって地衣類が独占的に生育し地衣型群落が形成され，これが恒久的な安定した植生となるというものである。

4.3. 湿性地の植生

　ここで湿性地というのは，森林の成立している湿性地を指すもので，本質的に樹木を欠如あるいは矮生化した樹木をともなう湿原については第5節で取り扱う。湿性群落は丘陵の麓や谷あいの低地に発達する。ここは地形の斜面下部にあり，斜面上部からの水が浸透流下するため土壌は常に湿っている。ここには湿潤な土壌を求める植物が集まり特有の群落を形成，概して群落の

種多様性が高い。

　高木層はふつうカナダトウヒが優占する。しかし河川に近い場所や扇状地など土壌の攪乱が起きやすい所では，しばしばアメリカドロノキやアスペンが混生する。土壌が安定し表層部に酸性の強い腐植が分厚く堆積すると，クロトウヒが優占種となる。カナダ東部では，この段階でバルサムモミも混入する。樹木の生長は概して良好である。河川のはんらん原などではとくに生長が良く，林木は樹高 25～30 m，胸高直径 30～50 cm に達する。このような生長の良い樹木が密生している林分では林木材積量は 500～700 m³/ha にもなる。

　林床植生は良く発達している。低木層にはオオタカネバラ，カナダカンボク，トカチスグリ，ヤチミズキなどが普遍的に生育し，また各種のヤナギ類 (*Salix* spp.) も現れる。草本層にはゴゼンタチバナ，*Anemone richardsonii*，マルバチャルメルソウ，ヒメミヤマウズラ，イワノガリヤス，リンネソウ，テガタブキ，ホッキョクイチゴ，カナダゴヨウイチゴ，キョクチハナシノブなどの他，ヤチスギナ，スギナ，フサスギナなどが特徴的に出現する。地表植物層も良く発達しており，*Hylocpmium splendens*，*Pleurozium schreberi* が優占的に現れるが，湿潤な土壌を反映して *Climacium dendroides*，*Mnium nudum*，*Drepanocladus uncinatus* なども生育する。

　斜面下部に立地しているため，ここには斜面上部から流下する浸出水とともに運ばれた各種栄養塩類が常に供給され，土壌は概して肥沃である。事実，ここは北方林の植物群落の中でもおそらく最も肥沃な育地と見なされる。表層に泥炭が堆積していないかぎり土壌 pH も概して高く，A 層においてふつう 5～6 の範囲を示す。土壌型は，河川のはんらん原では多くの場合，未熟土であるが，成熟した土壌ではグライ化の進んだブルニゾル Gleyed Brunisol あるいは土壌が過湿の場合はグライゾル Gleysol になる。

4.4. 北斜面の植生

　北方林地域の北部では，山地や丘陵の北向き斜面には頂部や南向き斜面とはまったく異なる植生が現れることがある。森林というよりは低木林というべきだろう。樹高 5 m 前後，胸高直径 5～10 cm 程度のクロトウヒがやや密

に生育する。クロトウヒに混じってヤナギ類(*Salix* spp.)や,やや倒伏形を示すハンノキ類(*Alnus crispa* または *A. rugosa*)が生育,その下にはラブラドールイソツツジも生育する。草本層は比較的貧弱であるが,イワノガリヤス,ヒメドクサ,テガタブキ,ラブラドールシオガマなどが散生する。地表植物層はきわめて良く発達,コケ植物としては *Tomenthypnum nitens*, *Aulacomnium palustre* が優占,それらに混じって *Hylocomium splendens*, *Pleurozium schreberi* が現れる。所々にミズゴケ類(*Sphagnum* spp.)が斑状にかたまって生育することもある。ここでは地衣類が比較的高い被度を示すが,主なものとして *Cetraria cuculata*, *C. nivalis*, *Cladonia sylvaticum*, *C. rangiferina* などが挙げられる。これら地衣類は本来的に白い色をしているため,遠目には北斜面全体が〝クリーム色〟に見える。いっぽう同じ丘陵の南斜面には黒々とした森林が発達するので,山の斜面の北と南とではきわめて対照的な景観の違いが成立する。

　土壌を観察すると,厚さ 20 cm 前後の有機質層が発達しているが,その下には永久凍土が認められる。したがって鉱質土壌の部分は真夏でも凍結した状態にある。このような土壌はカナダの土壌分類体系ではクライオゾル Organic Cryosol にあたる。植物は事実上,厚さ 20 cm 程度の腐植の堆積からなる活動層に根を張って生活していることになる。樹木が矮生化していることも,実は浅い活動層が樹木の順調な生長を阻むことによるのであろう。この層は基本的に貧栄養的な条件にあるが,永久凍土の表面を流下する土壌水によって養分が供給されるため,必ずしも極度の貧栄養状態とは限らない。

5. カナダの湿原生態系とその分類

　北方林は湿原の多い所である。とくにオンタリオ州北部およびマニトバ州北部のハドソン湾周辺の一帯では湿原が陸域面積の 70% を超え,またアルバータ州北部からブリティッシュ・コロンビア州北東部でも 50% を超えている(National Atlas of Canada, 1974, Scott, 1995)。カナダにおける湿原の総面積はおよそ 127 万 km^2 とされ,それはカナダの国土面積の約 14% を占める (Zoltai, 1988)。その大部分は北方林地域に分布し,一部は北方林の北に位置

するサブアークティック森林ツンドラのバイオームに分布している。したがって湿原は，カナダの北方林においてきわめて重要な生態系である。

　ひと口に湿原といっても実にさまざまなものがある。一面にミズゴケに覆われた湿原，ワタスゲのヤチ坊主が広がる湿原，ヨシやイワノカリヤスなどイネ科草本の生い茂った湿原，ミズバショウ類の咲く湿原，ハンノキ類や針葉樹など樹木をともなった湿原，等々。植物群落の種組成や景観から見ても湿原には実に多様なものがある。それだけに，湿原を表わす言葉にも，bog, fen, marsh, mire, moor, muskeg, peatland, swamp, wet meadow, wetland などさまざまなものがあり，また用語の定義や概念も各人各様で一時期たいへん混乱していた。このような多様な湿原をどうとらえ，どう分類するか。また混乱した用語をどう整理し共通の理解を深めるか。このことが大きな課題となり，カナダでは 1970 年代からさまざまな研究が行われてきた。

　20 世紀初頭，湿原の分類は，たとえば高層湿原 high moor，低層湿原 low moor というように水位と植物遺体の堆積面との関係で区別されていた。しかし 20 世紀中ごろになって，湿原の水の化学性に基づく分類が Du Rietz (1954) や Sjörs (1950, 1969) によって提案された。たとえば Sjörs (1950) は，スウェーデンの湿原の pH を測定し，pH が 3.5〜8.5 に及ぶ fen 湿原を pH 値によって "extremely poor fen" から "extremely rich fen" にわたる 6 つのカテゴリーに分類している。そのころから次第に，水の化学性や栄養塩の供給源を考慮した "ombrotrophic" （雨水供給源型）や "minerotrophic" （土壌供給源型）という用語や概念が用いられるようになった (Tiner, 1999)。

　ここで "ombrotrophic" というのは，高位泥炭地に見られるように泥炭堆積面が水位面より高い位置にあるため，植物は土壌水を利用できず，水および養分の供給を雨水に依存する場合をいう。雨水は分厚く堆積した有機物やその表面に繁茂したミズゴケの貯水組織に蓄えられているため育地は過湿状態にある。しかしこのような水は有機物の分解にともなう有機酸を含むため一般に酸性が強く pH は 3〜4 程度を示す。またここでは，植物が生育に必要とする各種栄養塩類の供給も原則として雨水や空中からの塵埃に依存するため，一般に栄養塩類に乏しく育地は典型的な貧栄養条件のもとにある。

これに対して"minerotrophic"というのは，低位泥炭地あるいは低層湿原に見られるように，植物遺体の堆積面が水位と同等あるいはそれよりも低い位置にある。したがって育地は土壌水によって常に涵養されているため，水分はいうまでもなく，栄養塩類の供給も潤沢で相対的に肥沃な育地となる。土壌水のpHも比較的高く，多くの所で5以上を示す。

Jeglum(1971)は，水の化学性や水位が湿原に生育する植物の局地的な分布を規定する重要な要因と述べ，湿原水のpHを5階級に，また水位段階を9階級に分け，それぞれの階級に最も強い結びつきを示す植物群を提示している(表8-4)。それによると湿原植物の分布は水(有機物堆積層からの水を含む)のpHおよび水位(地表面との相対的位置)の違いに強く影響され，それらの条件の違いが植物群落の種組成の違いをつくり出すとしている。

このように湿原の植物は基質のpHや水位によって分布が規定されることから，北方林地域の多様な湿原を水位，水質とそれを指標する植物群落の特性によって類型化しようという試みが1970年代に入って行われた。その結果はJeglum et al.(1974)の試案にまとめられたが，これは後にカナダ湿原分類体系 The Canadian Wetland Classification System として採用されている(NWWG, 1988)。この分類体系では，湿原を大きくbog, fen, marsh, swampおよびshallow waterの5つのクラスClassに区別している(表8-5)。

ボグbogというのは分解不良の分厚い有機物(泥炭)堆積をともなう貧栄養状態で酸性の強い湿原をいう。泥炭の厚みは40 cm以上，ふつう泥炭堆積面が土壌水位よりも高く盛り上がっているために土壌水が表面にまで届かず，水および栄養塩類の供給を雨水に依存する典型的な"ombrotrophic"型の湿原である。泥炭中に蓄えられた水は酸性が強く栄養塩類は少ない。Zoltai (1988)は，いくつかの分析資料からbogの湿原水のpHは3.0〜4.0程度であり，置換性Ca量は0.2〜3.7 mg/Lとしている。またStanek et al.(1977)は，bogの置換性塩基(K+Ca+Mg)量は乾燥土壌重の0.62%と報告している。Schwintzer(1981)は，ミシガン州の湿原を研究し，bogのpHが3.8〜4.3にわたると報告している。土壌型は基本的に有機質土壌のフィブリゾルFibrisoである。泥炭の表面には通常ミズゴケ類(とくに*Sphagnum fuscum, S. nemoreum, S. rubellum*など)が緻密に生育しており，主な維管束植物としては，

表 8-4 Juglam (1971) に基づくカナダ, サスカチェワン州の泥炭湿原に生育する種の pH と水位に関わる最適育地. それぞれの種は, そのブロックにおいて最適の分布密度を示す. 本表の横方向 (A〜E) が pH 階級, 縦方向 (I〜IX) が水位階級を表す. pH 階級: A: 3.0-3.9, B: 4.0-4.9, C: 5.0-5.9, D: 6.0-6.9, E: 7.0-7.9. 水位階級 (泥炭堆積面から水面までの深さ. マイナスは水面が泥炭堆積面より上にあることを示す): I: 80 cm, II: 79〜60 cm, III: 59〜40 cm, IV: 39〜20 cm, V: 19〜0 cm, VI: 0〜−19 cm, VII: −20〜−39 cm, VIII: −40〜−59 cm, IX: <−60 cm

	A	B	C	D	E
I	Vaccinium myrtilloides	Carex vaginata	Calamagrostis canadensis Equisetum pratense Linnaea borealis	Galium trifloron Stachys palustre	Cornus stolonifera Aster ciliolatus Bromus ciliatus Maianthemum canadense
II	Ledum groenlandicum Carex gynocrates Vaccinium vitis-idaea Hylocomium splendens Sphagnum capillaceum Rubus chamaemorus Polytrichum juniperinum	Equisetum scirpoides Pleurozium schreberi	Equisetum arvense Petasites palmatus Potentilla norvegica Cladonia rangiferina Dicranum rugosum Tomenthypnum nitens	Carex leptaleae	Ribes hudsonianum Viburnum edule Aralia nudicaulis Cornus canadensis Mertensia paniculata Mitella nuda Rubus pubescens Viola palustris
III	Chamaedaphne calyculata Drosera rotundifolia Oxycoccus microcarpa Carex tenuifolia Sphagnum fuscum		Betula glandulifera		Petasites sagitatus
IV	Sphagnum recurvum Sphagnum megellanicum	Andromeda polifolia Aulacomnium palustre	Sphagnum warnstorfii Drepanocladus revolvens	Caltha palustris Chrysanthemum tetrandrum Phalaris arundinacea Poa pratensis Pyrola secunda Rubus acaulis Sonchus arvensis Trientalis borealis Urtica dioica Bryum pseudotriquetrum Climacium dendroides	Cinna latifolia Glyceria striata Rubus idaeus

(つづく)

表 8-4 (つづき)

	A	B	C	D	E
V	Eriophorum gracile	Carex limosa Scheuchzeria palustris Potentilla palustris Epilobium palustre Drepanocladus aduncus	Eriophorum angustifolium	Bidens cernua Aster junciformis Calamagrostis inexpansa Carex aquatilis Cicuta bulbifera Menyanthes trifoliata Ranunculus scleratus Calliergon giganteum Campylium stellatum Hypnum lindbergii Mnium affine	Carex livida Galium trifidum
VI			Scorpidium scorpioides	Carex rostrata Glyceria grandis Lemna trisulca Polygonum amphibium Sagittaria cuneata Sium suave Sparganium eurycarpum	Ricciocarpus natans
VII				Ceratophyllum demersum Rorripa islandica Stellaria crassifolia	Lemna minor Scolochloa festucacea Triglochin maritima Utricularia vulgaris
VIII				Glyceria borealis	Acorus calamus Myriophyllum exalbescens Phragmites communis Potamogeton vaginatus Scirpus acutus Utricularia minor
IX			Equisetum fluviatile	Eleocharis palustris Nupar variagatum Potamogeton gramineus Typha latifolia	Hippuris vulgaris Ranunculus gmelinii Utricularia intermedia

表 8-5 カナダにおける湿原の分類 (Jeglum et al., 1974; NWWG, 1988)

	ボグ bog	フェン fen	マーシュ marsh	スワンプ swamp	シャロー・ウォーター shallow water
栄養供給状態	ombrotrophic	minerotrophic	minerotrophic	minerotrophic	minerotrophic
pHのおおよその範囲	3.0〜4.5	4.0〜6.0	5.0〜8.0	5.0〜8.0	5.0〜7.0
堆積有機物の態様	fibric	fibric, mesic	humic	humic	humic
有機物堆積面の位置	水位面より上	水位面とほぼ同位置	水位面よりやや下、やや湛水状態	水位面より下、湛水状態	水位面より下、湛水状態
代表的な土壌型	Typic Fibrisol	Typic Mesisol, Fibric Mesisol	Typic Humisol, Terric Humisol	Terric Humisol, Orthic Humic Gleysol	Terric Humisol, Orthic Humic Gleysol
主な指標植物	Andromeda polifolia Carex gynocrata Carex tenuifolia Chamaedaphne calyculata Drosera rotundifolia Eriophorum vaginatum Ledum groenlandicum Oxycoccus microcarpos Rubus chamaemorus Vaccinium myrtilloides Vaccinium uliginosum Betula glandulosa Sphagnum capillaceum Sphagnum fuscum Sphagnum magellanicum	Carex disperma Carex lasiocarpa Carex limosa Carex vaginata Equisetum scirpoides Eriophorum angustifolium Habenaria dilatata Juncus balticus Lycopus uniflorus Parnassia fimbriata Petasites palmatus Pinguicula vulgaris Polygonum viviparum Potentilla palustris Scheuchzeria palustris Scirpus caespitosa Aulacomnium palustre Campylium stellatum Scorpidium scorpioides Sphagnum warnstrofii Tomenthypnum nitens	Acorus calamus Aster junciformis Caltha palustris Carex aquatilis Carex rostrata Cicuta bulbifera Distichlis stricta* Eleocharis palustris Glaux maritima* Hippuris vulgaris Mentha arvensis Myriophyllum exalbescens Phalaris arundinacea Phragmites communis Polygonum amphibium Puccinelia nuttalliana* Rorripa islandica Salicornia rubra* Salix bebbiana Salix planifolia Scirpus acutus Suaeda depressa* Triglochin maritima* Typha latifolia Utricularia intermedia Calliergon giganteum Climacium dendroides Drepanocladus revolvens	Alnus rugosa Cornus stolonifera Fraxinus nigra Larix laricina Picea mariana Populus balsamifera Thuja occidentalis Ulmus americana Swampには上記樹種の他、Fen, Marshを指標する植物が低木層、草本層に出現する。	Ceratophyllum demersum Myriophyllum exalbescens Nuphar variegatum Potamogeton pectinatus Utricularia vulgaris

* 塩湿地を指標する種

ツルコケモモ，コケモモ，ワタスゲ，ヤチツツジ，ホロムイイチゴ，ヒメシャクナゲ，カルミア，ラブラドールイソツツジ，*Sarracenia purpurea* など特徴的な植物が生育する。北方林地域北部からサブアークティック地域にかけて，永久凍土が広く形成されている所では，bog 植生の中にワタスゲのヤチ坊主 tussock がかたまって発達することがある。このような湿原をとくに tussock tundra と呼ぶ。また，この湿原にはしばしばクロトウヒが生育する場合がある。樹木は成育が貧弱で矮生化しており，樹高3〜4m，胸高直径5〜10cm程度，ふぞろいで疎生する。多くの場合，樹木は不規則に傾斜あるいは幹が屈曲していることが多い。このような疎林は bog forest あるいは現地では俗に"drunken forest"と呼ばれる。これは土壌下部に永久凍土層があり，その上の活動層の凍結-融解にともなう土壌表層部の動きのために，樹木が無定方向に傾斜してはその後鉛直に伸長するためにできるものである(Zoltai, 1974)。

フェン fen というのは，やはり厚さ40cm以上の泥炭堆積をともなう湿原であるが，泥炭堆積面と水位面はほぼ同じ位置にあり，また土壌水は緩慢ではあるが土壌内を浸透して流れている湿原である。そのため酸素や栄養塩類が水によって運ばれ供給される。その意味では"minerotrophic"湿原である。湿原水のpHは通常4.0〜5.0程度，また置換性Ca量は0.4〜4.8 mg/L程度となる(Zoltai, 1988)。また Stanek et al.(1977)は，fen の置換性塩基(K+Ca+Mg)量は乾燥土壌重の1.55%と報告している。Schwintzer(1981)は，ミシガン州の湿原において fen のpHを5.7〜7.0と報告している。土壌型は有機質土壌でフィブリゾル Fibrisol またはメシゾル Mesisol になるが，有機物の分解が進んでいる場合，ヒューミック・グライゾル Humic Gleysol になる。bog と違って，地表にはミズゴケ類ではなくスゲ類(*Carex aquatrilis, C. lasiocarpa, C. leptalea, C. limosa, C. interior* など)が優占する。その他ナガバノモウセンゴケ，ミツガシワ，イヌスギナ，ミネハリイ，*Juncus albescens, Eriophorum angustifolium* などが現れ，低木としてヤナギ類(*Salix glauca, S. myrtillifolia, S. planifolia*)などの他，チャボカンバ，ヤチヤナギ，キンロバイなどが認められる。主なコケ植物としては，*Aulacomnium palustre, Scorpidium scorpioides, Tomenthypnum nitens* などが挙げられるが，ミズゴケ

類では *Sphagnum warnstorfii* が例外的に現れることがある。フェン湿原にはしばしば樹木が生育することがある。多くはクロトウヒであるが，栄養塩類の供給が豊富で湿原水の pH が 6.0～7.0 にもなるような箇所，Sjörs のいう "rich fen" では，しばしばアメリカカラマツが現れる (Jeglum, 1971; Annas, 1977)。

マーシュ marsh というのは，一般に水位変動が比較的大きく季節によって湛水状態から地表面が露出する状態にまで変化する湿原である。土壌はふつう鉱質土壌で未分解有機物の分厚い堆積は見られない。土壌型として多くはヒューミック・グライゾル Humic Gleysol になる。栄養塩類の供給はきわめて良好で，水の pH は 5.0～7.0 あるいはそれ以上，とくに塩湿地 salt marsh では 8.0 以上になり，また置換性塩基 (K+Ca+Mg) 量は乾燥土壌重の 2.58% ときわめて高い (Stanek et al., 1977)。植生は一般にヨシ，クサヨシ，イワノカリヤスなどのイネ科草本およびスゲ類が優占する。またマーシュには海浜の干潟に成立した塩湿地や，内陸部の乾燥気候のもとに発達した塩湿地 salt marsh も含まれる。このような箇所には，ウミミドリ，アツケシソウ，シバナ，アメリカマツナ，*Puccinellia nuttalliana* などの塩生植物が特有の群落を形成する。

スワンプ swamp というのは，基本的に樹木をともなう湿原である。水位が通常は地表面にあるが乾燥期には地表面から多少低くなる湿原で，土壌は分解良好な泥炭あるいは有機質土壌 Humisol の堆積からなる。湿原水の pH は 6.0～7.0 あるいはそれ以上に達する。swamp は典型的な "minerotrophic" な湿原で栄養塩類の供給はきわめて良く，置換性 Ca 量は 20～50 mg/L ときわめて多い (Zoltai, 1988)。Stanek et al. (1977) は，swamp の置換性塩基 (K+Ca+Mg) 量は乾燥土壌重の 2.62% に達すると報告している。Schwintzer (1981) は，ミシガン州における swamp の pH を 7.0～7.4 と報告している。swamp に生育する主な樹木としてハンノキ類 (*Alnus rugosa*)，アメリカドロノキ，アメリカカラマツ，クロトウヒなど，またカナダ東部ではしばしばニオイヒバなどが挙げられる。低木層も良く発達しており，ヤチミズキやヤナギ類 (*Salix bebbiana, S. planifolia, S. discolor*) などが広く生育する。草本層の発達も良好で，イワノカリヤス，ヨシ，*Glyceria borealis* などのイネ

科草本，スゲ類(*Carex diandra, C. interior, C. rostrata*)，マルバチャルメルソウ，エゾノミズタデ，ヤナギタウコギ，*Galium labradoricum*, *Cirsium arvense*, *Aster junciformis*, *Stachys palustris* など，草本層は多様性に富む。コケ類として主なものには *Bryum pseudotriquetrum*, *Campylium stellatum*, *Hypnum lindbergii*, *Climacium dendroides* などがあるが，ミズゴケ類は少ない。樹木がやや密に生育している場合，林床に落葉が堆積して，土壌そのものは過湿であるが，地表面にはコケモモ，ゴゼンタチバナ，ハリガネカズラなどの森林性植物が生育することもある。

シャロー・ウォーター—shallow water というのは，文字通り開放水面を持つ池沼で，最大水深が 2 m 以下のものをいう。原則として年間を通じて湛水状態にある。水の pH はふつう 6.5〜7.5 程度である。水深が比較的浅い場合には，ガマ，コタヌキモ，*Myriophyllum exalbescens*, *Scirpus validus*, *Nuphar variegatum* などの挺水植物あるいは浮遊植物が生育する。

上に述べた湿原のタイプの他に，カナダで良く使われる言葉にマスケグ muskeg がある。これは，もともとアルゴンキン・インディアンの言葉であるが，北米大陸北部に広く見られるミズゴケに覆われた泥炭湿原，矮生化した樹木の疎生した湿原林 bog forest，あるいはワタスゲのヤチ坊主が発達した湿原 tussock tundra などを総称して指すかなり広い意味で使われる言葉である。Stanek(1977)はマスケグを，45 cm 以上の厚みの泥炭堆積をともなった湿原で，通常ミズゴケが緻密に地表を覆い酸性環境を指標する *Ledum*, *Chamaedaphne*, *Andromeda*, *Oxycoccus* などが生育し，ときとしてクロトウヒの矮生木が疎生する湿原と定義している。

6. 北方林と山火事

植物相から見ると単調な北方林であるが，景観的に北方林を複雑にしている大きな要因のひとつは頻発する山火事である(口絵写真24)。Payette(1992)は，カナダの北方林では同じ場所がおよそ 100 年に一度の割合で火災に遭っているとし，Maikawa & Kershaw(1976)も北西準州の北方林を解析した結果，100 年以上の林分はほとんど見られないことを述べている。Carroll &

Bliss (1982) は，サスカチェワン州北西部およびアルバータ州北東部のバンクスマツ林では平均 38 年間隔で火災が起きていると報告している。またカナダ森林局は，北方林では 50～200 年の間隔で同じ場所で火災が発生するとする。実際，カナダ全体では，1 年に平均 8,000 件を超える森林火災が発生し，年平均にしておよそ 210 万 ha の森林が焼けているが，その大部分は北方林における火災である。しかし火災の件数および焼失面積は年によって大きく変動する。その年の天候や森林のタイプ，あるいは発生場所によって焼け方が大きく異なるからである。2009 年においてカナダ全土では，7,275 回の森林火災が発生し 78 万 3,096 ha の森林が消失した（カナダ森林局ウェブメール）。火災の発生は，夏に乾燥の激しい北方林の西部でとくに著しい。火災の原因は，比較的人間活動の少ない北方林では大半が落雷であるが，人間による失火も増加傾向にある (Natural Resources Canada, 2004)。焼失面積が 200 ha 以上に及ぶ火災を大規模火災としている。件数から見ると大規模火災は全体の約 3％にすぎないが，全焼失面積のおよそ 97％を占めている。

　森林火災は，その態様によって地表火災 surface fire，地中火災 ground fire，林冠火災 crown fire に分類される。地表火災というのは，地表に生えている植物（低木や草本植物，蘚苔地衣類）の地上部は燃えるが地下部は生き残り，また立木もほとんど焼けないか，焼けても 10％以下にとどまる場合である。地中火災は地表の植物だけでなく土壌表面の有機物の堆積までが焼ける場合である。林冠火災というのは，立木のほとんどが焼ける場合であるが，地表植物は焼ける場合と残る場合がある。たとえば風が強く火が林冠を走るように燃え広がる場合，地表植物はほとんど焼けずに残ることが多い。現実の火災では，この 3 つのタイプが入り混じってさまざまな焼け方を示す。植生への影響および火災後の回復という点から見ると，地中火災が最も深刻となる。地表火災の場合，植物は焼け残った地下部あるいは埋土種子等から発芽して直ちに回復が始まるが，地中火災の場合は地下部そのものが被害を受けるため，その後の回復がきわめて困難となる。

　火災後の植生回復は，当然のことながら火災の度合いに左右される。一般に地表火災で低木や草本の地上部が焼けた程度の軽度の火災の場合，そして立木がほとんど焼けていない場合，回復もきわめて早く通常数年にしてほと

んど現状に復帰する。しかし林冠火災が進んで立木がほとんど焼失している場合，回復はきわめて緩慢となる。この場合，地表に堆積した腐植層が焼失しているかどうかが大きな条件になるが，腐植層が焼けずに残っている場合，その中に温存された地下部や埋土種子がいっせいに発芽して，少なくとも翌年には植被は地表全面を覆う。この場合，クロトウヒやカナダトウヒなどの針葉樹は，地表に腐植層が残っている場合，それを発芽床としていっせいに発芽する。したがって針葉樹林へ直接的に復帰する。しかし堆積腐植層が焼失した場合，その後の回復はさまざまな過程をたどる。

Maikawa & Kershaw(1976)は，北西準州の北方林の遷移に関して，適湿地の森林が火災に遭うと，その直後から20年程度の間，そこには *Polytrichum piliferum* の群落が現れるが，その後 *Cladonia stellaris* が優占する群落に代わり，その状態が火災後60年程度続く。しかしその後 *Stereocaulon paschale* 群落に置き換わり，その状態が130年程度まで続くとする。しかしこの段階になるとクロトウヒやカナダトウヒの針葉樹も生長して林冠が閉鎖するため地表は暗くなり，その結果，地衣類は衰退し代わって *Hylocomium splendens* や *Pleurozium shreberi* などのコケ類が繁茂する。もし山火事が繰り返されないならば，コケ型林床を持つクロトウヒやカナダトウヒの針葉樹林が極盛相になるだろうとする。しかし現実にはほぼ100年周期で火災が発生するため，この段階まで到達できず，その前段階の *Stereocaulon paschale* 型林床を持つ open lichen woodland が広く発達，この地域の森林を代表することになるとする。

土壌が湿潤な場合，必ずしも地衣類群落を経ることなく直接コケ群落が発達する。ただし地表の腐植層が焼失せずに残っていることが前提である。湿った腐植上では *Hylocomium splendens*, *Pleurozium shreberi* などのコケ植物が良く生育し，たちまちにしてコケのカーペットが形成される。このようなコケ層は，針葉樹にとっても良好な発芽床で，ここでトウヒ類，バルサムモミなどがいっせいに発芽する。こうして山火事後，広葉樹林の段階を経過せずに針葉樹林が成立，火災後100～150年でトウヒ類，バルサムモミなどからなる極盛相に近い植生へと到達する。

乾性地では，概して火災の強度も高く，多くの場合は腐植層が焼失する。

土壌が乾燥しているためにここではコケの生育は悪く，むしろ地衣が優占する。このような所ではバンクスマツやアスペンあるいはアメリカシラカンバが発芽し，一斉林が形成される。とくにバンクスマツは火災依存種とされ，火災によく適応した樹種である。毬果は，平常は鱗片が堅く閉じて種子を保護しており通常では開かないが，火災に遭うとその熱で鱗片が開いて種子を散布する。そのため，親木が火災に遭うと枝先についていた毬果が開いて種子を落とし，やがて焼け跡には稚樹がいっせいに発芽する。このようにバンクスマツの種子散布には火災が必要条件となっている。ただしこのとき火災の程度が問題で，毬果が火にあぶられている時間は30秒が限度で，それ以上になると種子そのものが焼失する(de Groot et al., 2004)。したがってバンクスマツの繁殖にとっては，短時間で炎が広がり，かつ急速に去っていく様式の林冠火災が望ましいといえよう。これに対しアスペンやアメリカシラカンバは風散布型で，風によって常に大量の種子が運び込まれており，これも山火事跡地でいっせいに発芽する。

　火災の後，しばしばヤナギランが大量に生育し，一大群落を形成することがある。ヤナギランもまた風散布型の種子を持つ植物である。ふだんから大量の種子を散布しているが，林冠の閉鎖した森林では種子が落下しても定着できない。しかし山火事跡地では，地面が裸出していることと他の植物との競争が低いため，ここでは発芽定着し大量に繁茂する。しかし，遷移が進み他の植物とくに樹木が生長すると日陰となり，やがて衰退する。

　土壌が比較的肥沃な場合，アメリカシラカンバというよりはアスペンが優勢となる。アスペンはカナダ東部の北方林では少ないが，気候がより大陸的でかつ土壌が栄養塩類に富むカナダ中西部では火災後の回復時の主要な樹種となる。アスペンは火災に遭うといち早く地下部から不定芽を出し，いっせいに広がる性質がある(Maini, 1968)。そのため火災跡地に成立したアスペンの一斉林は，しばしば栄養繁殖的に成立したクローン樹林であることが多い。アスペンの萌芽がいっせいに芽生えると同時に，その間にはカナダトウヒやクロトウヒなど，針葉樹の種子も入り込む。しかしアスペンは生長が早いため，まずは落葉広葉樹林が成立し，その林内で耐陰性の高い針葉樹はゆっくりと生長する。ある時期になると針葉樹が高木層に到達する。するとこの段

階でアスペンは日当たりが悪くなって衰退消滅し，あらたに火災などによって破壊されないかぎり，針葉樹林が極盛相あるいはそれに近い植生として安定する．

第9章　サブアークティック森林ツンドラ地域——変動する北の自然

1. 自然環境の特性
2. サブアークティック森林ツンドラの植生の一般的特性
3. サブアークティック森林ツンドラの植生
4. ユーコン準州におけるフロラの特異性

樹林とツンドラの入り混じった森林ツンドラ帯の景観

北米大陸北部，北方林の北には，これも大陸を東西に帯状に覆う広大なバイオームが発達している。森林とツンドラが複雑に入り混じる独得の景観に特徴づけられるバイオームである。ここでは永久凍土が広く認められ泥炭湿原の発達も著しい。この一帯がサブアークティック森林ツンドラと呼ばれる。本章ではこのバイオームについて詳述する。

北米大陸北部，北方林の北には，これも大陸を東西に帯状に覆う独特のバイオームが発達している。ワタスゲやミズゴケが一面に生えた泥炭植生や，丈の高さ1m前後のヒメカンバやヤナギ類の繁みなどが広がり，地形の高みや乾性地にはクマコケモモ，ラブラドールイソツツジ，クロマメノキ，コケモモ，ガンコウランなどの矮生低木をともなう地衣群落が発達している。所々に針葉樹の木立が疎らにあるいはやや団地状に生えているが，樹高はまったくふぞろいで高いものでも10mあるかないか。そんな樹木が局地的な条件に従って団地上の樹林をつくったり，単木として生えていたり，あるいは矮生化して低木林をつくったりしている。このような景観が広漠たる大地を覆って目の届くかぎり広がっている。サブアークティック森林ツンドラのバイオーム Subarctic Forest-Tundra Biome である（口絵写真25）。

　サブアークティックというのは，一般に北方林バイオームの北にあり，さらにその北に広がるアークティック Arctic のバイオームとの間にはさまれた地域をいう。南は北方林の森林北限 northern forest line によって，北は樹木生育の分布北限 Arctic tree line によって境される。そのため，このバイオームは貧弱な団地状の樹林や疎生する樹木，あるいは低木叢，その間に発達した泥炭湿原などの錯綜した景観によって特徴づけられる。

　サブアークティック森林ツンドラを独立したバイオームとして認めるかどうかについてはさまざまな見解があり，コンセンサスを得られるには至っていない (Blütgen, 1970; Hustich, 1979)。景観的にはツンドラを基調としながら，局地的条件にしたがって樹林が入り混じる所なので，サブアークティックをアークティックの一部と見なす見解 (Walter, 1973; Bailey, 1995) や，逆に北方林の一部とする見解などがあり (Hämet-Ahti, 1981)，いっぽうでサブアークティックをその南の北方林から北のアークティックへの移行帯と見なす見解もある。Hare (1950, 1955) は，北方林の生態区分の観点から，北方林の北部に広がるこの地域を"Forest-Tundra Ecotone"とし，年潜在蒸発散量が300〜350 mm の範囲がそれにあたるとしている。ちなみに350 mm 以上になると北方林に，300 mm 以下ではツンドラになるとしている。Hustich (1970) や Löve (1970) も，サブアークティックを広い意味での移行帯とし，Walter & Box (1976) もこの地域を Zono-ecotone VIII/IX forest-tundra mosaic としている。

　これに対し，サブアークティック森林ツンドラを独立したバイオームと見なす見解は，すでに Blütgen (1970) に見られるが，この見方は近年次第に定着している。事実，サブアークティックは，北方林ともアークティックとも異なる景観によって特徴づけられる地域であり，また独自の気候条件のもとに発達している。さらに地理的広がりから見ても，北方林に匹敵する広大な面積を占めており，これを単なる移行帯と見なすのは非現実的と考えられるのである。

　サブアークティック森林ツンドラも北方林同様，北米大陸およびユーラシア大陸の北部を，北極点を中心とした同心円状に取り巻くバイオームである。北米大陸においては，西はアラスカ北部のブルックス山脈山麓一帯から東に向かってユーコン準州の中部から北部，北西準州北部，ヌナブット準州西南部，さらにハドソン湾の南岸一帯，ケベック州およびニューファンドランド州の北部にかけて，東西を帯状に覆って認められる。カナダ西部では北緯65～68度の範囲にあるが東に向かって南下し，大西洋沿岸のニューファンドランド州では北緯52～58度の範囲に現れる。南北の幅は狭い所では約250 km，広い所では約700 km に及ぶ。カナダにおけるその総面積はおよそ210万 km^2 に達する。

　このバイオームはさまざまな名称で呼ばれてきた。Merriam (1898) はこの一帯を Hudsonian Life Zone と呼んでいる。上述のように，このバイオームは移行帯と見なされ，"Forest-tundra ecotone" と呼ばれることも多いが，その他に Sylvotundra (Maini, 1966)，Spruce-Willow-Birch Biogeoclimatic Zone (Krajina, 1969)，Boreal Forest Region / Forest-Barren (Rowe, 1972) などと呼ばれる。また CCELC (1989) はこの一帯を Subarctic Ecoclimatic Province としている。

1. 自然環境の特性

1.1. 気候の特性

　サブアークティックのバイオームを成立させている基本的な環境要因は寒

冷な気候である。このバイオームの気候は次のような特性を示す。①年平均気温はおよそ－10～－3°C，最暖月(7月)の月平均気温はおよそ 10～17°C，最寒月(1月)のそれはおよそ－31～－20°Cの範囲にある。②植物の生育可能な期間(月平均気温が5°C以上の月数)は 3～4 か月，吉良の暖かさの指数は 15～30 になる。③気温の年較差は大きく，35～45°Cに達する。④年降水量は比較的少なく 250～500 mm 程度であるが，大西洋岸では 1,000 mm 近くになる。⑤Conrad の大陸度指数は 50～60 程度である。⑥この気候はケッペンの気候区分では Dfc 型になるが，Dfc の中でも寒冷な部分にあたる。図 9-1 に，このバイオームを代表する地点の気候を示す。

1.2. 地勢・地質の特性

　サブアークティック地域の地勢は，西から東に向かって大きくコーディレラ地域 Cordilleran，内陸平原 Interior Plains，カナダ楯状地 Canadian Shield の 3 地域に区分される(National Atlas of Canada, 1974)。

　コーディレラ地域というのは，北米大陸西部の山岳地域をなすもので本バイオームはその北端にあり，主としてユーコン準州のリチャードソン山地 Richardson Mountains, ポーキュパイン高原 Porcupine Plateau, イーグル平原 Eagle Plains などからなり，山地と準平原状の高原や丘陵から構成される。この一帯は，更新世の間，例外的に氷河が形成されなかった所で，そのため地形の侵食と解析が進んで地勢は一般になだらかである。地質構造はきわめて複雑で，中生代白亜紀の堆積岩を基盤としながら古生代(オルドビス紀，デボン紀，二畳紀)の地質が各所に現れる。岩石的には砂岩，泥岩，頁岩，チャートなどが中心となり，概して石灰分に富む。

　内陸平原は，北米大陸の中央部をメキシコ湾から北極海に貫く巨大な平原で，サブアークティック地域はそのほぼ北端に位置している。中生代末期まで海底だった所がそのまま隆起したため，地勢は見渡すかぎりの平坦地である。しかしここは更新世の間，氷河に覆われていたため，さまざまな氷河地形が形成され，それが局地的な地形の起伏をつくっている。地質は古生代(デボン紀)の堆積岩を基盤として，その上に中生代ジュラ紀から白亜紀の地層が広く現れる。岩石としては砂岩，泥岩，頁岩などで，石灰分に富む。

第 9 章　サブアークティック森林ツンドラ地域　　195

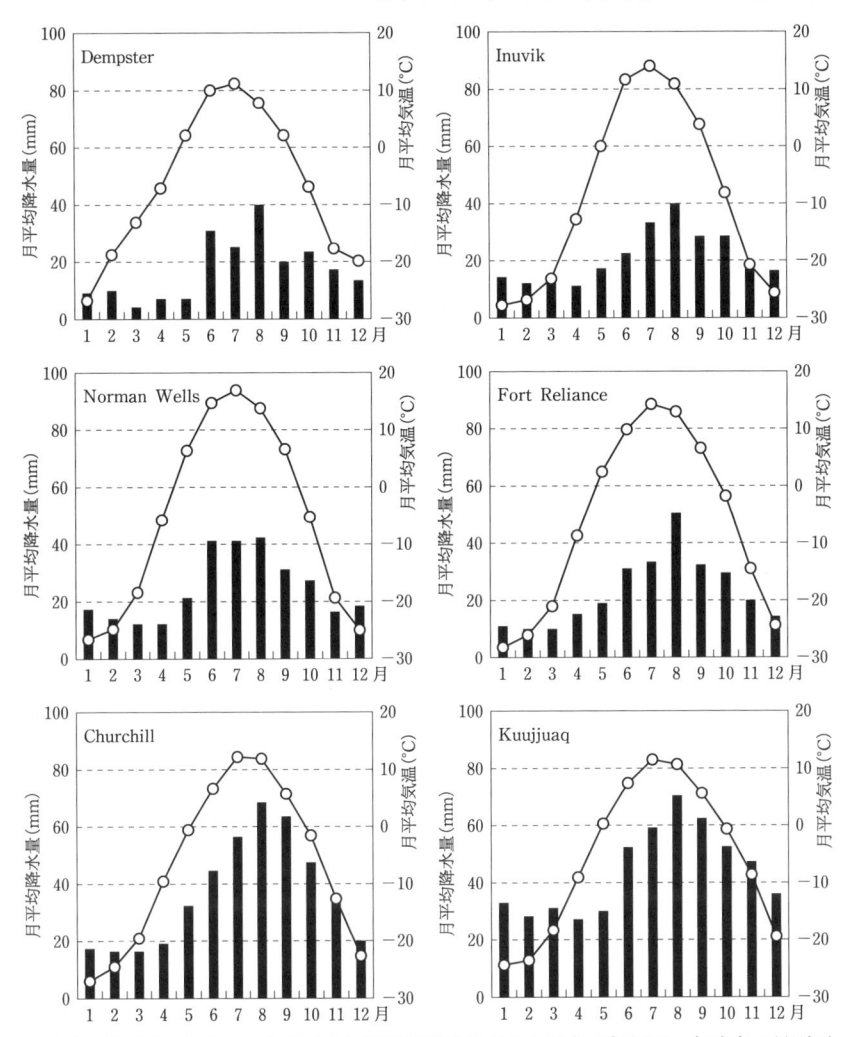

図 9-1　サブアークティック森林ツンドラ地域を代表する地点の気候図。各地点の月別平均気温(折れ線グラフ)および月別平均降水量(棒グラフ)を示す。

カナダ楯状地は，サブアークティック・バイオームのほぼ東半分を広く覆うもので，地勢は概して平坦あるいはなだらかな山地や丘陵であるが，氷河の影響によって局地的な地形の起伏が生じている。地質的には，地球上でも最古の地質が認められる地域で，先カンブリア代の変成岩が広範囲に現れるが，ハドソン湾の南西岸には古生代(オルドビス紀，シルリア紀，デボン紀)の堆積岩が現れる。岩石的には，ほとんどの地域が花崗岩あるいは花崗岩性片麻岩であるが，大西洋に近い一帯では部分的に斑レイ岩が現れる。この地域の地質は石灰分に乏しい。

1.3. 永久凍土

サブアークティック森林ツンドラでは広範囲に永久凍土が認められる。カナダにおける永久凍土の分布は，年平均気温が－7.8°Cの等温線が連続永久凍土地帯の南限と，また年平均気温－1.1°Cの等温線が不連続永久凍土地帯の南限とよく一致する(Brown, 1970a)。したがってここは不連続永久凍土帯に入るが，その中でもとくに高密不連続永久凍土帯 widespread permafrost zone に属し，永久凍土は泥炭が堆積した平坦地や低湿地，丘陵の北斜面など広範囲に分布する。しかし比較的傾斜の急な斜面頂部，南斜面，水はけの良い礫質地，河川のはんらん原や扇状地上など，限られた箇所では認められない。永久凍土の有無はその上の植生に影響を及ぼす。カナダでは，一般に永久凍土の形成されている箇所では樹木が生育せず，したがって樹林は成立しない。このことも景観のモザイク性をつくり出すひとつの要因になっている。永久凍土が広く発達することから，ここではピンゴ pingo，パルサ palsa，多角形土 polygon，円形土 circle，フロストボイル frost boil，線状礫群 stone stripe，ソリフラクション solifluction などといった周氷河構造が各所に認められる。

1.4. 土壌の特性

土壌特性から見た場合，東西5,000 km にもわたって広がるバイオームではあるが，サブアークティック森林ツンドラでは土壌の地域的な差はあまり認められない。これは，全体を通して寒冷な気候のもとにあって土壌の発達

がきわめて緩慢であること，また土壌の凍結-融解にともなう攪拌 cryoturbation が激しく，土壌を特徴づける層分化が進みにくいことなどによるものであろう。そのため多くの所で土壌は未熟土 Regosol となる。層分化の進んだ土壌としては，ブルニゾルあるいはポドゾルが比較的水はけが良く活動層の深い箇所に認められる程度である。サブアークティックでは概して降水量は少ないが，気候が寒冷であるため蒸発散量も少なく，ふつう気候的な水不足は生じない。しかも永久凍土が広範囲に形成されているため，ほとんどの所で土壌は過湿状態にある。一般に永久凍土をともなう平坦地では広く泥炭堆積が認められ，そこにはふつうオルガニック・クライオゾル Organic Cryosol が形成される。土壌は概して酸性が強く，A 層の pH は 4〜5 程度である。構造土の発達も顕著で，多角形土，フロストボイル，ソリフラクションなどが各所に認められる。サブアークティック地域の土壌に見られる特異的な現象は，しばしば流動化土 rheotropic soil が現れることである。これは土壌下部に永久凍土面が認められる場合，その上の鉱質土壌(C層あるいは B層)は過湿状態にある。土壌が粘土分に富む場合，水が微細な粘土粒子の間に捕らえられていて静的状態では土壌全体がゲル状で安定している。しかしここになんらかの物理的刺激が与えられると，ゲルがゾルに変わり急速に流動化するものである(Yong & Warkentin, 1975)。この現象はサブアークティック地域における土木工事や作業に大きな問題となる。

2. サブアークティック森林ツンドラの植生の一般的特性

一般的特性として以下のことが挙げられる。
① 樹木の生育可能な最北限のバイオームである。

サブアークティック森林ツンドラは，樹木北限線 northern tree line をもってその北限とされるため，このバイオームは樹木の生育可能な最北のバイオームとなる。ここで樹木というのは，潜在的に樹高5m以上になり主幹が直立する木本植物をいうが，現実にサブアークティックに生育する樹木は，苛酷な環境のために生育は貧弱で矮生化したものが多い。樹木種としては，針葉樹としてカナダトウヒ，クロトウヒ，広葉樹としてはアスペン，アメリ

カドロノキ，アメリカシラカンバの他，数種のヤナギ類(*Salix* spp.)が挙げられる。北米大陸で最も北にまで出現する針葉樹種はカナダトウヒである。

②植物相は多くの周極要素を含む。

植物相は単純であるが，多くの周極要素を含む。事実，本バイオームに出現する維管束植物の20%は周極分布を示す種である(Scoggan, 1978)。そのいくつかの例として以下の種が挙げられる。*Calamagrostis neglecta*, *Eriophorum angustifolium*, *E. scheuchzeri*, *E. vaginatum*, *Carex capitata*, *C. disperma*, *Potentilla norvegica*, *P. palustris*, *Pyrola grandiflora*, *Empetrum nigrum*, *Ledum palustre*, *Andromeda polifolia*, *Arctostaphylos uva-ursi*, *Vaccinium uliginosum*, *Oxycoccus microcarpus*, *Pedicularis labradorica*

③概して一様な植生で地域差が小さい。

東西およそ5,000 kmにわたって北米大陸北部を覆うバイオームであるが，植生は全体を通して地域的な違いはきわめて小さい。ひとつは植物相が一様で地域差が比較的小さいこと，環境から見ても，気候的には寒冷な気候が全域を支配していて，気候環境による違いが少ないことなどによるものであろう。

④ツンドラ植生が広範囲に現れる。

このバイオームの特徴のひとつは，"森林ツンドラ"と呼ばれるように，ツンドラ植生が広く現れることである。ここでツンドラとは，寒冷な気候のもとに成立した植生で，通常，永久凍土上に成立し，樹木や丈の高い低木を欠き，丈の高さ1mに満たない矮生低木 frutescent chamaephyte (Mueller-Dombois & Ellenberg, 1974)，草本植物，蘚苔類，地衣類などからなる植物群落をいう。最もふつうに見られるツンドラ植生は，ワタスゲ-ミズゴケ泥炭湿原植生 peat bog である。もっとも，ここで"湿原"という語は厳密にはあたらない。というのはこの植生は通常，厚さ30～40 cmの泥炭堆積をともなう永久凍土上に発達するが，必ずしも過湿状態にあるわけではないこと，またこのような bog 植生は平坦地ばかりではなく丘陵斜面にも広く現れることなどから，一般的な意味での湿原には該当しない。この植生は寒冷な気候と永久凍土上に成立しており樹木や低木をまったく欠くことから，これをツ

ンドラ植生と見なして良いだろう。

⑤景観的には多様なモザイク性を示す。

　全域を通じて植生の地域差は少ないが，局地的に見ると，ツンドラ，湿原，低木叢，樹林などがその場の条件に応じて複雑に入り混じり合い，複雑なモザイク状の景観を呈する。樹林というのは樹高2m以上の樹木がある程度かたまって生育している群落をいう。概して樹木は永久凍土が成立していない育地あるいは活動層が十分深い育地に出現する。低木叢というのは，丈の高さ50 cm以上2 m以下の木本植物が優占する群落であるが，その代表的な植物としてヒメカンバや各種のヤナギ類がある。これらの景観単位がさまざまに入り混じっていることがサブアークティックの特徴である。

3. サブアークティック森林ツンドラの植生

3.1. 地形的位置と群落分化パターン

　図9-2は，サブアークティック森林ツンドラ・バイオームにおける代表的群落の分化パターンを地形との関係で模式的に示したものである。図に示されたⅠ～Ⅴの群落型は，ゆるやかな丘陵斜面と河川沿いの育地に成立しているものであるが，このような群落分化は，このバイオームの西部，主として北西準州からユーコン準州において，とくによく見られるパターンであり，いずれもサブアークティックの環境下において安定した群落と見なされる。これらの群落について以下に記述する。

図9-2　サブアークティック森林ツンドラ地域における地形的位置と群落分化の様子。群落Ⅲの湛水地の中央にある小丘はパルサを示す。

群落I. ヒメカンバ群落 Betula glandulosa-Artemisia arctica-Pleurozium schreberi

　この群落はゆるやかな丘陵の南向き斜面に広く認められるもので，サブアークティックの適湿地の代表的な群落である。一般に高木層を欠くが，まれにカナダトウヒやクロトウヒが単木的に生えることもある。これに対し低木層は良く発達し，丈の高さ1m程度のヒメカンバが独占的に優占する。土壌がやや湿潤な箇所では，Salix pulchra, S. planifolia などのヤナギが混生することもある。草本層の発達も良好で，サマニヨモギ, Carex lugens, Gentiana glauca, Stellaria laeta, ガンコウラン，カンチブキ，ホッキョクイチゴツナギ，コケモモなどが高い頻度で現れる。地表植物層は圧倒的にコケが繁茂する。ふつう Pleurozium schreberi が優占するが，Hylocomium splendens, Dicranum elongatum なども良く現れる。土壌の乾燥した所では，コケ植物に代わって Cladonia stellaris, C. mitis, Cetraria cucullata, C. nivalis, Stereocaulon paschale などの地衣類が優占する。土壌は，層分化は貧弱であるが，地表面に厚さ20〜30cmほどの腐植層が堆積し，その下に薄いA層が現れる。B層C層の分化は不明瞭である。土壌は酸性が強く，腐植層の直下にあるA層のpH 4〜5の範囲にある。また鉱質土壌は粘土分に富む。通常，深さ80cm程度のあたりまでは永久凍土は見られないが，7月中旬において深さ30〜50cm付近において土壌は凍結している。この群落型は，低木ツンドラ shrub tundra とも呼ばれ，このバイオームの南部および西部でとくに顕著に現れ，サブアークティック・バイオームを代表する群落のひとつである。

群落II. アメリカドロノキ群落 Populus balsamifera / Picea glauca-Salix pulchra-Calamagrostis canadensis

　この群落は，河川沿いの沖積地や礫の堆積した扇状地上に発達する。ここは土壌が礫質で水はけが良いこと，また河川の流水によって土壌凍結が溶かされやすいことから活動層がきわめて深く，盛夏において1m程度の深さまで永久凍土は認められない。高木層が発達していることが特徴で，サブアークティックにおける樹林を代表する群落である。高木層はふつうアメリ

カドロノキやカナダトウヒからなる．樹木はやや疎らに生育，高さ10〜15 m程度，胸高直径は20〜30 cm程度になる．低木層は比較的良く発達，*Salix pulchra* やアラスカヤナギなどのヤナギ類の他，ヒメカンバが良く生育し，カナダトウヒ(稚樹)も散生する．草本層も良く発達，イワノガリヤスが優占し，ヒメキイチゴ，ホッキョクイチゴツナギ，スギナ，キョクチハナシノブ，*Aconitum delphinifolium*, *Valeriana capitata* などが見られる．地表植物層の発達は貧弱で，*Hylocomium splendens*, *Dicranum scoparium*, *Drepanocladus uncinatus*, *Mnium* spp. が斑状に散生する．土壌は粗い礫からなり，水はけは良好である．層分化はほとんど見られず基本的に未熟土Regosolであるが，地表には5〜10 cm程度の腐植層の堆積が見られる．土壌のpHは比較的高く，腐植層の直下で5〜6程度である．

群落III．ミズスゲ群落 *Carex aquatilis-Arctophila fulva-Drepanocladus revolvens*
　この群落は湛水池の植生を現すもので河川の後背湿地あるいは低平地など排水不良で水の停滞する育地に認められる．高木層は欠如，低木層もまれにヤナギ類(主に *Salix pulchra*)が生育する以外に事実上欠如する．草本層は良好で，ふつうミズスゲが優占し，ヒロハノエビモ，*Arctophila fulva*，ヤチスゲ，*C. saxatilis*，*Eriophorum angustifolium* などの単子葉植物が主たる植物として生育する他，*Ranunculus confervoides*，キタタネツケバナ，ミツガシワなどの双子葉植物も認められる．蘚苔類としては *Drepanocladus revolvens*，*Campyrium stellatum* などが現れる．ここは湛水池であるが湿原のタイプとしては，生育している植物から見てfenに近い．池底の深部には永久凍土が認められる．このような湿地では，その中心にピンゴpingoやパルサpalsaが形成されていることがある．ともに永久凍土面の上に巨大なレンズ状の氷のコアが形成され，それが生長するとともに地表面を持ち上げて隆起し小丘となる．比較的規模の大きなものをピンゴ，小さなものをパルサと呼ぶ．

群落IV．オニイワヒゲ群落 *Cassiope tetragona-Cladonia / Cetraria*
　この群落は，北向き斜面上に発達する．北斜面では極度に水はけの良い箇

所を除くと広範囲に永久凍土が形成されており，活動層の厚みは30～40 cm と浅い。育地は凍土の表面を流下する水で常に湿っており，かつ低温状態にある。そのため腐植の分解が悪く有機物が厚く堆積する。樹木はまったく生育せず，また低木もヒメカンバ，クロマメノキ，*Salix pulchra* などが矮生化した形で疎生する程度にすぎない。草本層の発達も貧弱で，オニイワヒゲ，ガンコウラン，フサガヤ，タカネコウボウ，イブキトラノオ，*Carex lugens* などが認められるが被度は低い。しかし地表植物層の発達はきわめて良く，地衣類が圧倒的に優占する。主な地衣類として *Cetraria cucullata, C. islandica, C. nivalis, Cladonia gracilis, C. stellaris, C. rangiferina, C. sylvatica, Dactylina arctica, Peltigera aphthosa* などがある。蘚苔類の被度は低いが，主な種としては，*Aulacomnium palustre, Pleurozium schreberi* などがあり，これらは微地形的なくぼ地にかたまって生育する。この群落は，地衣類が地表を一面に覆っているため，遠くから見ると地表がクリーム色に見え，独特の色調を示す。土壌は，永久凍土面の上に厚さ30～40 cm の泥炭が堆積しており，鉱質土壌は事実上凍土を形成している。したがって根圏は完全に有機質土壌からなる。この土壌はカナダの土壌分類ではクライオゾル Terric Fibric Organic Cryosol になる。土壌は酸性が強く，活動層を構成する泥炭の pH は 3.5～4.5 程度である。

群落V．ワタスゲ群落 *Eriophorum vaginatum-Sphagnum fuscum*

この群落は，サブアークティック・バイオームを最も良く代表する群落で，全域を通じてきわめて広い範囲に現れる。地形的には平坦地や低地だけでなく段丘や台地あるいは広大な高原上にも発達しており，しばしばなだらかな丘陵斜面をも広く覆って認められる(Churchill, 1955; Mark et al., 1985; Bliss & Matveyeva, 1992)。これは典型的な〝サブアークティック・ツンドラ″の植生である。サブアークティック地域では永久凍土が広範囲に発達している。低温と過湿状態のため永久凍土上にはふつう泥炭が堆積するが，そのような育地にこの群落は発達する。この群落の特徴はワタスゲが株状に生育して〝ヤチ坊主″tussock を形成していることである。ユーコン準州中部の例では，ヤチ坊主は通常直径 30 cm 程度，周囲からの高さは 20 cm 前後で，それが

1 m² あたり約 5 個の密度で分布している(Kojima, 1996a)。ヤチ坊主が形成されていることがこの群落の特徴なので，この群落はしばしば "*Eriophorum* tussock tundra" とも呼ばれる。高木層および低木層はまったく欠如する。ヤチ坊主の間を *Sphagnum fuscum* がマット上に満たしているが，そこには矮生化したヒメカンバ，ラブラドールイソツツジ，クロマメノキ，*Salix pulchra* などの低木，ホロムイイチゴ，コケモモ，アカミノウラシマツツジ，*Carex lugens* などの草本や矮生低木が生育している。草本層の発達は良い。地表植物層は，*Sphagnum fuscum* が圧倒的に優占するが，*Sphagnum nemoreum*，*S. rubellum* などのミズゴケ類，*Cetraria cucullata*，*Cladonia amaurocraea*，*Dactylina arctica* などの地衣類が地表を覆う。土壌は，永久凍土上に泥炭の堆積したクライオゾル Terric Fibric Organic Cryosol である。泥炭の厚さは 30～40 cm 程度，活動層の厚さは盛夏において 40 cm 程度であるが，それはその上の植生によって変化する。ミズゴケ叢の下では活動層は比較的浅いが，ワタスゲのヤチ坊主の下ではミズゴケ下におけるよりも 10～20 cm ほど深くなる(Kojima, 1978, 1996a)。おそらくこれは大気および太陽輻射熱の断熱効率が材質によって異なることによるものであろう。したがって永久凍土面は決して平坦なものではなく，きわめて凹凸に富んだ形を示すものと思われる。土壌は酸性が強く，泥炭堆積層における pH は 3～4 である。

3.2. 立地条件と植生の分化パターン

3.1 節の記述に加えて，サブアークティック森林ツンドラ・バイオームの植生分化の様相をさらに一般化し，Krajina(1969)の立地区分方式を簡略化した座標 edatopic grid matrix 上において模式的に示すと図 9-3 のようになる。この図において，縦軸方向は立地の湿潤度を，横軸は肥沃度を示すものである。代表的な群落型を 10 個取り上げたが，以下にその群落組成を簡潔に記述する。

地衣荒原 lichen barren
地形の頂部や水はけの良い急斜面などに認められる群落で，貧弱な植生構

	貧栄養	弱栄養	中栄養	良栄養	富栄養
乾性地		地衣荒原 (lichen barren)			
半乾性地		地衣ツンドラ (lichen tundra)			乾性草地 (grassy meadow)
適湿地	ワタスゲ・ツンドラ (*Eriophorum* tussoch tundra)		ヒメカンバ低木叢 (*Betula glandulosa* thicket)		針広混生林 (*Populus-Picea* forest)
湿潤地	クロトウヒ湿原林 (bog forest)		ヤナギ低木叢 (*Salix* thicket)		
過湿地	ミズゴケ湿原 (*Sphagnum* bog)		フェン湿原 (*Arctophila-Carex* fen)		

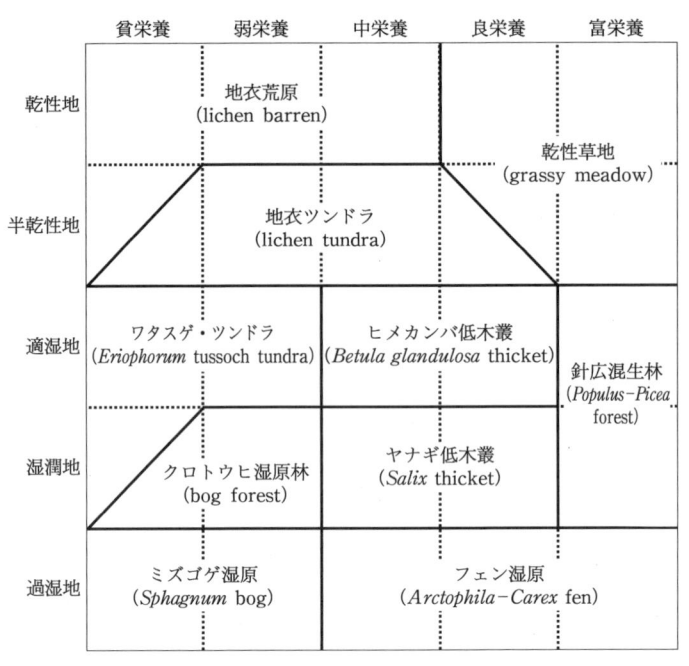

図 9-3 サブアークティック森林ツンドラ・バイオームに見られる主要な群落の立地条件（土壌湿潤度および肥沃度）による分化成立の様子

成と地表を優占的に覆う地衣類によって特徴づけられる群落である。高木層および低木層は欠如するが，矮生化したラブラドールイソツツジ，ガンコウラン，ウラシマツツジ，クロマメノキなどが，タカネコウボウ，ラブラドールシオガマ，リンネソウ，*Saxifraga tricuspidata* など草本植物に混じって生育する。地衣類の発達が顕著で，主な地衣類として，*Alectoria ochroleuca*, *Cetraria islandica*, *C. rangiferina*, *Cladonia mitis*, *C. coccifera*, *Cornicularia divergens*, *Dactylina arctica* などがある。地表面はほぼ100％，これらの地衣類に覆われる。この群落は，土壌母材が酸性岩からなる箇所では発達がとくに著しい。

乾性草地 grassy meadow
地形の頂部や水はけの良い急斜面などに認められる群落である点では上記

地衣荒原と同じであるが，土壌が肥沃である場合，地衣群落ではなく草地が発達する。原則として高木層は発達しないが，斜面が南に面している場合，カナダトウヒが疎らに生えることもある。低木層にヒメカンバ，ハイイロヤナギ，リシリビャクシン，キンロバイなどが散生する。草本層は良く発達し，ザラツキスゲ，クマコケモモ，アカミノウラシマツツジ，*Hedysarum mackenzii*，ヒメカラマツ，ロッキーカマス，ムカゴトラノオなど，ここには出現種数も多い。地表植物層の発達も比較的良く *Rhytidium rugosum*, *Cetraria islandica*, *C. nivalis* などが優占する。この群落は，土壌が肥沃な育地に発達するもので，土壌母材が石灰分に富むような箇所でよく見られる。その点で，このバイオームの西部においてよく認められるが，東部ではほとんど見られない。

地衣ツンドラ Ledum-lichen tundra

上記地衣荒原に似た群落であるが，育地の水分条件が良くなった状態で発達する。その点から，北斜面上では広くこの群落が発達する。3.1節で述べた群落Ⅳが，これに相当する。

ワタスゲ・ツンドラ Eriophorum tussock tundra

この群落は適湿地〜湿潤地に広く認められ，サブアークティックのバイオームを代表する群落である。前節で述べた群落Ⅴに相当する。

ヒメカンバ低木叢 Betula glandulosa thicket

この群落も適湿地に広く発達するものであるがワタスゲ・ツンドラと異なる点は，活動層の比較的深い育地に発達する点である。これは前節の群落Ⅰに相当し，その詳細については前節において述べた通りである。

クロトウヒ湿原林 bog forest

このバイオームの南部，北方林との境付近でよく見られる群落である。植生構成から見ると，上記のワタスゲ・ツンドラ群落に似ているが，樹木が生育している点で区別できる。一般に地形の谷底部の過湿地に認められるもの

で，生育の貧弱なクロトウヒが泥炭湿原の中に現れる。樹木のサイズは樹高3〜5 m 程度，胸高直径は 3〜8 cm 程度である。これらのクロトウヒは下枝が地表を這うように横に延びて，そこから無性的に発芽更新(伏条更新)する性質を持っている。低木層にはヒメカンバ，クロマメノキ，ラブラドールイソツツジ，*Salix pulchra* などが疎らに生え，草本層にはワタスゲ，ホロムイイチゴ，ツルコケモモ，*Carex lugens*，ラブラドールシオガマなどがやや散生する。ここではヤチ坊主の形成はさほど顕著ではない。土壌は泥炭が分厚く堆積し，pH は 3〜4 と，きわめて酸性が強い。永久凍土は地表から 50〜60 cm の所に認められる。

針広混生林 Populus-Picea forest

この群落は，川原のはんらん原や河岸段丘上，あるいは扇状地上などに見られるもので，このバイオームに見られる唯一の森林群落である。土壌が礫からなり，水はけが良いため永久凍土が形成されにくい育地に成立する。前節の群落 II に相当するもので，その詳細については前節で述べた通りである。

ヤナギ低木叢 Salix thicket

この群落は，斜面下部や小さな沢の流路沿いに発達する。土壌は過湿であるが，概して泥炭堆積は認められない。高木層は通常欠如するが，まれにカナダトウヒやアメリカドロノキが単木的に生育することがある。低木層は良く発達し，ヤナギ類(*Salix alaxensis, S. pulchra, S. barrattiana, S. lanata*)が優占する。草本層の発達も良好で，*Artemisia tilesii, Astragalus alpinus*, キョクチイチゴツナギ，ホッキョクイチゴ，イワノガリヤス，キョクチハナシノブ，*Pyrola grandiflora* など，出現種数も多い。地表層の発達はやや貧弱であるが，*Drepanocladus uncinatus, Aulacomnium palustre* などが生育する。土壌は概して未熟であるが，pH は 6〜7 と高い値を示す。

ミズゴケ湿原 Sphagnum bog

この群落は谷底部の比較的水の溜りやすい過湿地に認められる。上記のクロトウヒ湿原林 bog forest から樹木が脱落した場合である。樹木を欠如する

以外の点では，クロトウヒ湿原林とまったく同様である．

フェン湿原 Arctophila-Carex fen

谷底や河川の後背湿地などの湛水状態の育地にしばしばこの群落が発達する．基本的に単子葉草本が過湿地に密生するもので，水位は地表面と同じレベルあるいは地表面の上にある場合が多い．前節の群落IIIがこれに相当する．その詳細については，前節において述べた通りである．

4. ユーコン準州におけるフロラの特異性

今からおよそ7万年前に始まり約1万年前に終わったウィスコンシン氷期は最終氷期ともいわれ，その時期，北米大陸北部は一面の氷床に覆われていた．氷床の南限は，北米西部では北緯48度付近，東部では北緯40度付近に達していた．しかしその時期，米国アラスカ州およびカナダのユーコン準州では，山岳地を除くと大部分の地域で氷床は発達しなかった(図9-4)．氷床に覆われなかったこの一帯では，ユーコン高原 Yukon Plateau やポーキュパイン高原 Porcupine Plateau に見られるように長期間にわたる地形の侵食と解析が進んだ結果，準平原状のなだらかな台地が広がっている．

氷期の間，世界的に海水準位が低下していたため，現在のベーリング海峡のあたりはベーリング地橋 Bering Land Bridge と呼ばれる陸地となっていて，北米大陸とユーラシア大陸とは陸続きになっていた(Hopkins, 1967)．いっぽう，当時アラスカ・ユーコン地方は，北米大陸南部とは巨大な氷床で隔絶されていたため，北米大陸との間の生物の交流は事実上行われていなかったと考えられる．そのためアラスカ・ユーコン地方は，そのころ北米というよりはむしろユーラシア大陸の一部と見なされる状況にあったものと思われる．その結果，アラスカおよびユーコン地方には，植物地理学でベーリンギア要素 Beringian element と呼ばれ，ベーリング海峡をはさんで両大陸の向かい合った地域に分布が限られる植物(表9-1)や，アラスカ-ユーコン要素と呼ばれアラスカ・ユーコン地方に限定的に現れる植物(表9-2)も多い．このように，この地域のフロラ(植物相)は，概して地域的変化に乏しいサブアーク

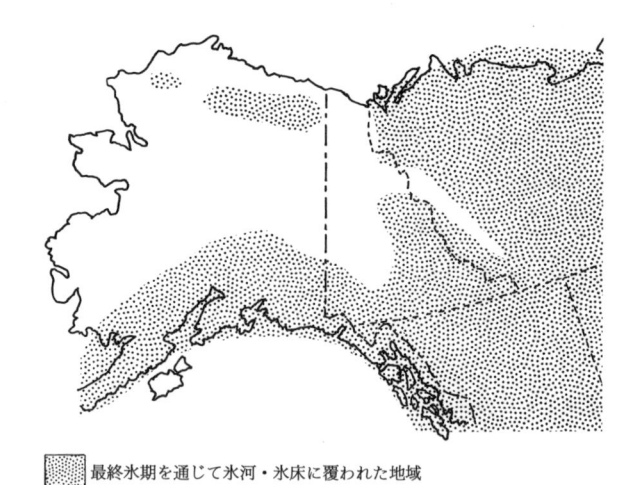

図 9-4　最終氷期における氷河・氷床の範囲(Prest, 1969)。ウィスコンシン氷期を通じて米国アラスカ州およびユーコン準州の大部分は氷河に覆われなかった。

ティックのフロラの中にあって，かなり特異な性格を示しているといえる
(Hultén, 1967; Kojima, 1978; Brooke & Kojima, 1985; Kojima & Brooke, 1985)。

表9-1 ベーリンギア要素の植物(Hultén, 1968)

種 名	科 名
Agropyron macrourum	Gramineae
Poa malacantha	Gramineae
Carex lugens	Cyperaceae
Carex nesophila	Cyperaceae
Salix chamissonis	Salicaceae
Salix phlebophylla	Salicaceae
Claytonia acutifolia	Portulacaceae
Claytonia tuberosa	Portulacaceae
Wilhelmsia physodes	Caryophyllaceae
Aconitum delphinifolium	Ranunculaceae
Cardamine microphylla	Cruciferae
Draba borealis	Cruciferae
Draba caesia	Cruciferae
Draba eschscholtzii	Cruciferae
Draba pseudopilosa	Cruciferae
Draba stenopetala	Cruciferae
Saxifraga unalaschensis	Saxifragaceae
Spiraea beauverdiana	Rosaceae
Geranium erianthum	Geraniaceae
Primula tschuktschorum	Primulaceae
Lagotis glauca ssp. *minor*	Scrophulariaceae
Castilleja caudata	Scrophulariaceae
Artemisia globularia	Compositae
Aretemisia sejavienensis	Compositae
Saussurea viscida	Compositae

表 9-2 分布がアラスカ・ユーコン地方に限られる植物
(Hultén, 1968; Brooke & Kojima, 1985; Kojima & Brooke, 1985)

種 名	科 名
Arctagrostis poaeoides	Gramineae
Carex microchaeta	Cyperaceae
Carex petricosa	Cyperaceae
Salix niphoclada	Salicaceae
Polygonum alaskanum	Polygonaceae
Melandrium macrospermum	Caryophyllaceae
Ranunculus turneri	Ranunculaceae
Papaver macounii	Papaveraceae
Braya bartlettiana	Cruciferae
Braya henriyae	Cruciferae
Cardamine purpurea	Cruciferae
Draba longipes	Cruciferae
Darba ogilviensis	Cruciferae
Erysimum angustatum	Cruciferae
Boykinia richardsonii	Saxifragaceae
Saxifraga reflexa	Saxifragaceae
Oxytropis acammaniana	Leguminosae
Podistera yukonensis	Umbelliferae
Douglasia arctica	Primulaceae
Douglasia gormanii	Primulaceae
Phacelia mollis	Hydrophyllaceae
Eritrichium splendens	Boraginaceae
Castilleja yukonis	Scrophulariaceae
Syntheris borealis	Scrophulariaceae
Artemisia alaskana	Compositae
Erigeron hyperborea	Compositae
Erigeron purpuratus	Compositae
Haplopappus macleanii	Compositae
Senecio sheldonensis	Compositae
Senecio yukonis	Compositae
Taraxacum carneocoloratum	Compositae

第10章　北極ツンドラ地域
——極北の大地に生きる植物

1. 自然環境の特性
2. 北極ツンドラ・バイオームの区分
3. 北極ツンドラ植生の一般的特性
4. 北極ツンドラの植生

地球上最北の極地ツンドラ。極地砂漠ともいわれる景観

地球上で最も北に成立したバイオームである北極ツンドラ地域について詳述する。極度に寒冷な気候のため樹木はまったく生育せず，矮生低木，草本植物，地衣類，コケ類が植生を構成し，荒涼たる景観が広がる。しかし季節ともなれば，ラップヒナゲシ，ムラサキクモマグサ，コケマンテマなど小さな植物が可憐な花をつけている。日本の高山との共通種も多い。永久凍土が全域に認められる。

サブアークティック森林ツンドラ(第9章)の北には，樹林はもちろん，低木の繁みすら見当たらない荒涼かつ広漠とした景観が果てしなく広がっている。極度に寒冷な気候のため樹木はまったく生育せず，植生は地衣類，コケ類に加えて，地を這うように生育する矮生低木や草本植物から構成される。植被率は概して低く，砂漠にも似た裸地が広がる。盛夏の時期でも気温は10℃前後，吹く風は冷たく山あいには氷河・氷床が発達し，海辺には海氷が押し寄せている。これが地球上最北のバイオーム，北極ツンドラ Arctic tundra 地域である。

　北極ツンドラ地域は北米大陸およびユーラシア大陸の北部一帯に成立するバイオームで，北極点を中心とした同心円状に広がり，典型的な周極分布を示す形で認められる(Bliss & Matveyeva, 1992)。カナダにおける北極ツンドラは，北米大陸の北極海沿岸部からハドソン湾沿岸一帯，さらにはバンクス島，ビクトリア島，バフィン島などを含む北極島嶼群 Arctic Archipelago 全域に広く認められる。カナダにおけるその南限は，西部のマッケンジー川河口部付近では北緯68度のあたりにあるが，東に向かって南下し，ハドソン湾付近では北緯60度のあたりにまで及び，そこから東に延びてニューファンドランド州北部に至っている。その総面積はおよそ240万km^2，カナダの陸域の約27％にあたり，面積的には世界最大の規模である。

　このバイオームを北極ツンドラ Arctic tundra と呼ぶことについては多くの見解が一致しており，異論のないところである。北極ツンドラの定義は，北半球の高緯度地方にあって極度に寒冷な気候のため樹木はもちろん丈の高さが2m以上に達する高低木も生育できず，地衣類，蘚苔類，草本植物および矮生低木(ふつう丈の高さ50cm以下)から構成される植生によって代表されるバイオームとされる。したがってその南限は樹木生育の北限線によって境されると見なして良い。Nordenskjöld & Mecking(1928)は，実際の樹木の北限と気温との関係を調べ，W=9−0.1C を満足する線が樹木の分布北限線 northern tree line とほぼ一致することを見出し，この式を樹木北限の近似式とした。ここでWは最暖月の月平均気温，Cは最寒月の月平均気温である。この線は，Nordenskjöld Line と呼ばれ，この式において W<9−0.1C なる条件のもとに北極ツンドラは成立する。北極ツンドラ地域の中でも緯度の

高い一帯では，植被率が極度に低下し見渡すかぎり裸地が広がる。このような景観は，しばしば極地砂漠 polar desert とも呼ばれる。CCELC(1989)は北極ツンドラ・バイオームについて，Arctic Ecoclimatic Province としている。

1. 自然環境の特性

1.1. 気候の特性

このバイオームを成立させている基本的な環境は，きわめて寒冷な気候であるが，以下のような特徴を持っている。

①年平均気温は－20～－10℃の範囲にあり，最暖月(7月)の月平均気温は0～12℃，最寒月(1月)のそれは－38～－25℃になる。②気温の年較差は大きく35～40℃にわたる。③植物の生育可能(月平均気温が5℃以上)な月数は0～2か月，吉良の暖かさの指数は0～13程度である。④年降水量は概して少なく，多くの所で300 mm 以下であるが，大西洋沿岸部では500 mm 程度にまで増加する。⑤Conrad の大陸度指数は概して高く40～60 になる。⑥この気候はケッペンの気候区分では ET 型になる。⑦夏期は昼間の時間が長く，多くの所で終日日照が得られるため，気温の日較差は比較的小さく，気温はむしろその時の天候によって大きく変動する。事実，エルズミア島 Ellesmere Island で夏期における測定では，気温の日較差は2～5℃の範囲にあった。図10-1 は，このバイオームを代表する気候を示す。

1.2. 生育期間

高緯度地方の寒冷な気候のため，北極ツンドラ地域では植物が生育可能な期間は日数的には最大2か月程度ときわめて短いが，それを補う要因として昼間の日の長さが挙げられる。北緯66度33分の北極圏 Arctic Circle 以北では少なくとも日の沈まない時期が1日以上ある。北極点に近づくほどその期間は長くなり，北緯90度の北極点では，春分の日から秋分の日までの6か月間は日が沈まない。したがって生育期間は短いとしても，光合成が可能な時間は必ずしも短いわけではない。とはいえ，高緯度地方では太陽の高度が

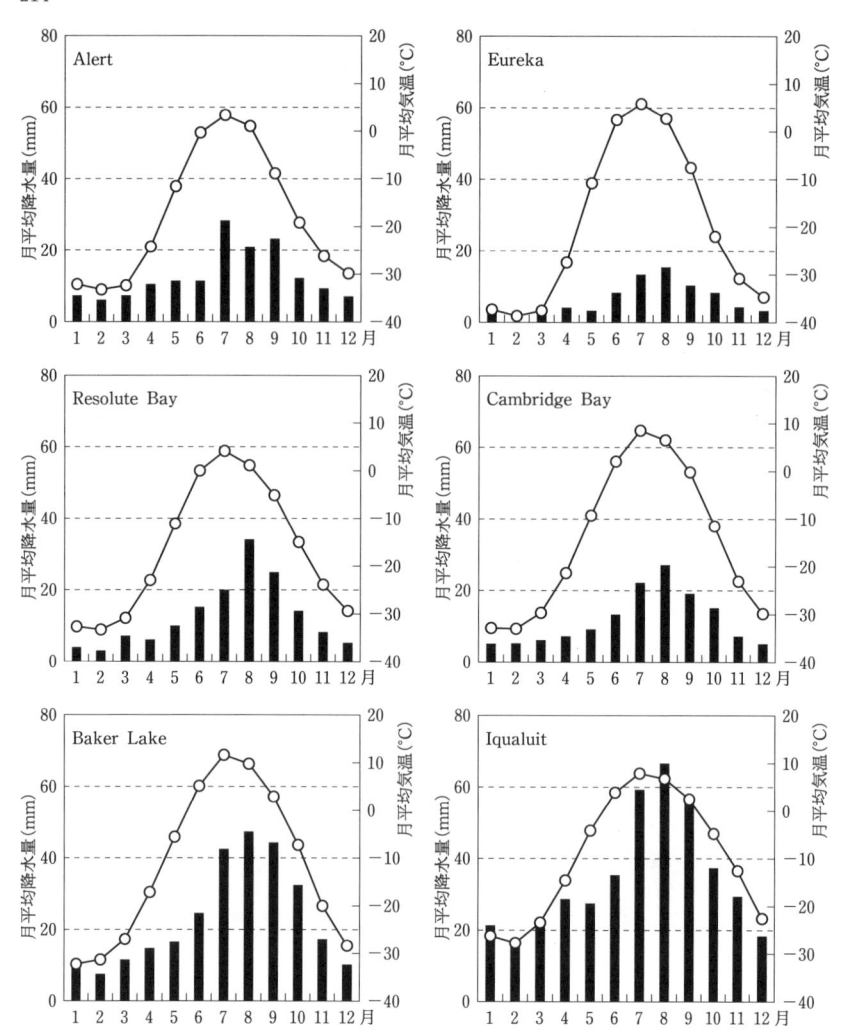

図10-1 北極ツンドラ地域を代表する地点の気候図。各地点の月別平均気温(折れ線グラフ)および月別平均降水量(棒グラフ)を示す。

低い。たとえば，北緯 75 度の地点では，夏至の日の太陽の南中高度は 38.5 度ときわめて低い。そのため太陽からの輻射効率は低下する。

1.3. 地勢・地質の特性

　北極ツンドラ地域は，大きく大陸部と北極島嶼部に分けられる。大陸部は北米大陸の北縁にあたり北極海に臨む一帯であるが，北に突出するブーチア半島 Boothia Peninsula やメルビル半島 Melville Peninsula をもって北極島嶼部と連なっており，またハドソン湾に沿って大きく南に湾入している。いっぽう，北極島嶼部は大小さまざまな島の集まりからなり，その総面積は約 100 万 km² に及ぶ。最大の島はバフィン島 Baffin Island で面積 47 万 6,100 km²，ビクトリア島 Victoria Island (面積 21 万 7,291 km²)，エルズミア島 Ellesmere Island (面積 19 万 6,236 km²) がこれに次ぐ。北極ツンドラ地域の地勢は全体を通して概して低平で，なだらかな丘陵あるいは平原状を示しているが，この地域の北東部すなわちバフィン島，デボン島 Devon Island およびエルズミア島の東部の一帯は山岳地となっており，高度 1,500〜2,000 m の山々が連なっている。これらの山岳は分厚い氷床に覆われており，氷床の最高地点は海抜高度 2,348 m に達する。

　概括的に見ると，このバイオームの南部から北部にかけて古い地層が次第に新しいものへと移り変わる。具体的には，大陸部とくにハドソン湾を囲む一帯からニューファンドランドにかけてはカナダ楯状地を構成する先カンブリア代の片麻岩が広く現れるが，北極島嶼部では南から北に向かって古生代オルドビス紀，シルリア紀，デボン紀と次第に新しい時代の堆積岩に覆われる。それがさらに北に向かいクイーンエリザベス諸島 Queen Elizabeth Islands からエルズミア島になると，中生代白亜紀から新生代第三紀の地層が広く現れ，地質的にはきわめて新しいものとなる。岩石的には南部ではカナダ楯状地の影響で花崗岩性片麻岩が優勢で，概して塩基性金属イオンが乏しいのに対し，北部では石灰岩やドロマイトが主体となり塩基性金属イオンに富む傾向が認められる。しかし島嶼部であっても局所的であるが花崗岩の貫入があちこちに認められる。

　このバイオームも，更新世の間，広く氷河氷床に覆われていた。それらの

氷床の多くは、グリーンランドはもとより、カナダの島嶼部の山岳地に現在も残っている。氷床の縁辺部からは数多くの谷氷河が流下しているが、これら氷河は現在、後退縮小を続けている。そのため北極ツンドラ地域北部、とくにバフィン島からエルズミア島の東部一帯では、さまざまな氷河地形と氷河後退後の遷移諸段階の植生が認められる。

1.4. 永久凍土

北極ツンドラ地域では、年平均気温が−10度以下になることから、全域が連続永久凍土地帯となる。したがって原則どこであっても永久凍土が発達している。盛夏における活動層の厚みは、湿性地では20〜40 cm程度であるが、水はけの良い乾性地や礫質地では凍土面はより深い所にある。極度に寒冷な気候と永久凍土のため周氷河構造土の発達も顕著で、さまざまな構造土が認められる。

1.5. 土壌の特性

永久凍土が全域に認められるため、土壌は基本的にクライオゾル Cryosol である。土壌の凍結-溶解にともなう攪拌作用が激しいため、土壌はきわめて不安定でふつう層分化が進まない。したがって土壌型としては、多くの所でターピック・クライオゾル Turbic Cryosol となる。寒冷な気候のため土壌母材の化学的風化はきわめて緩慢であり、また1年を通じてほとんどの期間、凍結しているために土壌の溶脱もほとんど進まない。加えてこのバイオームの北部では、石灰分に富んだ地質が広く現れるため土壌は石灰分に富み、pHはふつう7以上ときわめて高く、所によっては8を超える所も少なくない。極度に寒冷な気候のため生態系の純生産量はきわめて低く、最大4 t/ha/年程度である。そのため土壌への有機物の供給も少なく、比較的植被率の高い箇所であっても、土壌表面に植物の枯死体からなる薄い落葉層が堆積する程度にすぎない。

2. 北極ツンドラ・バイオームの区分

　北極ツンドラの区分に関してはいくつかの方式が提案されている(表10-1)。Polunin(1951)は Nordenskjöld Line の北を北極ツンドラとし，フロラの特性および植被率によって北極ツンドラ地域を南から北へ，低緯度北極帯 Low Arctic，中緯度北極帯 Mid Arctic，高緯度北極帯 High Arctic の3地域に区分した。

　この区分によると，低緯度北極帯は相対的に種多様性が高くまた多くの所で植被率が100%に達する地域である。ここではカバノキ属やヤナギ属などの低木叢が比較的広範囲に見られることや，スノキ属，イソツツジ属，ガンコウラン属などからなるヒース植生 heath の発達が特徴的である。また，スゲ属やワタスゲ属などからなる湿原植生も各所に認められるが，このような湿原ではふつう 20〜30 cm の厚さで未分解の有機物が表層に堆積していることが多い。

　中緯度北極帯は低緯度北極帯の北に成立する。ここではまだ植被率は多くの所で100%に達するが，*Betula* や *Salix* の低木叢はきわめて少なくなり，*Arctagrostis*，*Carex*，*Dupontia*，*Eriophorum* などの湿原が広範囲に認められる。いっぽうでチョウノスケソウ属，ユキノシタ属，ケシ属，ホッキョクヤナギなどによって特徴づけられる乾性ツンドラが水はけの良い台地上などに広く発達する。

　高緯度北極帯は中緯度北極帯のさらに北にあり，地球上で最も北に位置する地域である。この地域は，極地砂漠 polar desert とも呼ばれ，極度に植被率の低い景観によって特徴づけられる所である。地表はほとんどの所で植被を欠き，大小さまざまな礫の堆積に覆われているが，土壌がやや安定しかつ礫が少ない所には疎らではあるが *Salix arctica*，*Saxifraga*，*Papaver*，*Dryas*，*Cassiope*，*Cerastium* などの植物が生育する。ここでは湿原の発達も限られており，河川の後背湿地や地形のくぼ地などに，*Arctagrostis*，*Carex*，*Dupontia*，*Eriophorum*，イグサ属などからなる湿原植生が認められる。

表 10-1 北極域の区分に関する試案

Polunin (1951)	Bliss (1977)	Zoltai (1977)	CCELC (1989)	CAVM (2003)
High Arctic (Arctic)	High Arctic: Polar Desert / Polar semi-desert / complexes of sedge meadows and polar desert (Arctic)	High Arctic (Arctic)	High Arctic / Oceanic High Arctic (Arctic)	Subzone A
Mid Arctic			Mid Arctic	Subzone B
		Mid Arctic		Subzone C
Low Arctic	Low Arctic	Low Arctic	Low Arctic / Moist Low Arctic	Subzone D
				Subzone E
Subarctic	Subarctic	Subarctic	Subarctic	

カナダ北極域の区分試案を提案した Zoltai(1977) は，Polunin の区分をそのまま踏襲して，北極ツンドラを低緯度北極帯，中緯度北極帯，高緯度北極帯に分けている。これに対して Bliss(1977) は，中緯度北極帯と高緯度北極帯を統合して北極ツンドラを低緯度北極帯と高緯度北極帯のふたつに区分したが，そのとき高緯度北極帯を北から極地砂漠 Polar Desert，極地準砂漠 Polar semi-desert，極地砂漠・スゲ湿原混成地域 complexes of sedge meadows and polar desert と 3 つの区域に細分化している。

Edlund(1983) および Edlund & Alt(1989) は，主として高緯度北極帯を対象として，維管束植物の種数，植生の種組成および維管束植物の生活形の構成から高緯度北極帯に 4 つの地域 (Bioclimatic zones 1〜4) を認め，その地理的分布について暫定的な地図を提示している。Zone 1 は最も苛酷な環境のもとに成立した地域で，維管束植物の出現種数は 35 種以下，木本種(矮生低木)はまったく存在せず，ほとんどの箇所で維管束植物の植被率は 5% に満たない。Zone 2 においては，維管束植物の出現種数が 35〜60 種とやや増加し 1〜2 種の木本植物ホッキョクヤナギ，マキバチョウノスケソウが認められ，植被率も 10% 程度にまで増加する地域である。Zone 3 においては，維管束植物の出現種数は 60〜100 種と増加し，2〜3 種の木本植物すなわちホッキョクヤナギ，マキバチョウノスケソウ，オニイワヒゲが認められる。植被率は 25% 程度にまで増加する。Zone 4 は，相対的に最も好適な環境のもとに成立したもので，維管束植物の出現種数は 100 種以上になり，木本植物の種数も 5 種，ホッキョクヤナギ，キョクチヤナギ，マキバチョウノスケソウ，オニイワヒゲ，クロマメノキに及ぶ。多くの所で植被率は 50% 以上 100% に達する。

1989 年に発行された CCELC(1989) の区分では，基本的に Polunin および Zoltai の区分方式をそのまま採用して，カナダの北極ツンドラ域を大きく低緯度北極帯，中緯度北極帯，高緯度北極帯に分けているが，この方式では北極島嶼群の東部，バフィン湾 Baffin Bay をはさんでグリーンランドに向かい合う一帯の山岳地に海洋性高緯度北極帯 Oceanic High Arctic と湿潤性低緯度北極帯 Moist Low Arctic という区分を導入している(図 10-2)。

CAVM Team(2003) は，全北極域の生態区分地図を作成し発表した。この

図 10-2 北極ツンドラ地域の範囲およびその区分(CCELC, 1989)。LA: Low Arctic, LAm: Moist Low Arctic, MA: Mid Arctic, HA: High Arctic, HAo: Oceanic High Arctic

方式は，7月(最暖月)の平均気温，温量指数(0℃以上の月)，植生の構造，維管束植物の種多様性，植物の現存量，生態系の純生産量などの基準によって全北極域 Arctic Zone を5つの subzones(A〜E)に分けている。カナダの北極域には A〜E すべての subzone が認められる。Subzone A は，Polunin(1951)や CCELC(1989)の示す従来の高緯度北極帯にあたるもので，カナダでは主としてクイーンエリザベス諸島の北西部一帯およびエルズミア島の北西沿岸部に認められる。北極ツンドラの中でも最も寒冷な環境のもとに成立しているもので，7月の平均気温は 0〜3℃，極地砂漠が景観を構成し，維管束植物の植被率はふつう 5% に満たない。木本植物は生育しない。生態系の純生産量は 0.3 t/ha/年以下である。Subzone B は，区分から見ると従来の中緯度

北極帯の北半分に相当するものとされるが，地理的には北極島嶼群の中西部一帯とエルズミア島の沿岸部に認められ，むしろ従来の高緯度北極帯に含まれると考えられる．7月の平均気温は3〜5°Cの範囲にあり，基本的に極地砂漠が景観を構成するが，維管束植物の植被率はやや増加し25%程度になる．ホッキョクヤナギ，マキバチョウノスケソウなどの矮生低木斑が広く認められる．純生産量は0.2〜1.9 t/ha/年程度になる．Subzone C は，従来の中緯度北極帯にエルズミア島の大部分を加えた地域に認められる．7月の平均気温は5〜7°Cの範囲にあり，景観的には *Dryas*，*Salix*，*Papaver* などが疎生する極地砂漠，ホッキョクヤナギの密生するメドウ植生 meadow，*Carex*，*Eriophorum*，*Alopecurus* などからなる湿性植生などが錯綜する．維管束植物の植被率は平均するとほぼ50%程度にまで増加する．純生産量は1.7〜2.9 t/ha/年程度になる．Subzone D は，従来の低緯度北極帯の北半分にあたるもので，北極島嶼群の南部および大陸縁辺部に広く認められる．7月の平均気温は7〜9°Cの範囲にあり，維管束植物の植被率は多くの所で100%に達する．*Carex*，*Eriophorum*，*Alopecurus*，*Dupontia* などの湿原が増加し，またクロマメノキ，オニイワヒゲなどのヒース植生 heath も発達する．純生産量は2.7〜3.9 t/ha/年程度になる．Subzone E は，従来の低緯度北極帯の南部にあたるもので，主に大陸部に発達している．7月の平均気温は9〜12°Cになる．ここは植物が密生し，植被率は基本的に100%になる．ここでは *Betula*，*Salix* などの低木が広く生育し各所に低木叢を形成する．また *Eriophorum* や *Carex* などのヤチ坊主 tussock の発達も顕著で，いわゆる tussock　tundra が広く発達する．ここでは純生産量は3.3〜4.3 t/ha/年程度になる．

3．北極ツンドラ植生の一般的特性

北極ツンドラ植生の一般特性として以下のことが挙げられる．
①植生は完全にツンドラからなる．
北極ツンドラ地域では，もはや樹木や丈の高い低木は生育しないため，見渡すかぎりツンドラ景観が展開する．高緯度北極帯では，植被率のきわめて

低い極地砂漠が広範囲に現れる。ここでは植物は疎らに，しかも地を這うように生育し，裸地が広範囲に現れる。これに対し低緯度北極帯では，植被率はふつう100%に達する。また *Betula*, *Salix* など，丈の高さが50 cmを超える低木が生育し，しばしば低木ツンドラ shrub tundra と呼ばれる植生を構成する。中緯度北極帯は，両者の中間的な性格を有し，植被率の極度に低い極地砂漠や比較的高いツンドラ植生などが局地的な条件に応じて入り混じる。

②周極要素がフロラに大きな割合を占める。

周極要素というのは，北米およびユーラシア大陸の高緯度地方にあって，北極点を中心とした同心円状に分布する植物をいう。カナダの高緯度北極帯に生育する144種の維管束植物のうち74%(106種)が周極分布を示す。Hultén(1968)に拠り，その典型例を挙げると以下の種がある。*Dupontia fischeri*, *Puccinellia angustata*, *Carex ursina*, *Carex stans*, *Carex misandra*, *Juncus biglumis*, *Luzula arctica*, *Luzula confusa*, *Salix arctica*, *Ranunculus hyperboreus*, *Papaver radicatum*, *Eutrema edwardsii*, *Braya purpurascens*, *Potentilla pulchella*, *Cassiope tetragona*。

③維管束植物から見ると単調な地域である。

出現する維管束植物の種数がきわめて少ないこともあり，植生を構成する種数もきわめて少ない。1辺5 mの方形区に出現する維管束植物の平均種数は，コーンウォリス島 Cornwallis Island では8.9種(Kojima, 1991)，エルズミア島では7.3種(Kojima, 1999)である。これを種多様度指数(d)(Whittaker, 1975)で表すと，コーンウォリス島では d=6.4，エルズミア島では d=5.2 となった。これを他地域の植生における種多様度指数と比較すると，カナダの北方林では7程度，同じく西海岸の温帯性針葉樹林群落ではおよそ9，北海道の針葉樹林群落では10程度，本州中部の冷温帯性落葉広葉樹林では約15と，北極ツンドラでは明らかに種多様性が低い。

④地衣類，蘚苔類が植生の重要な構成要素となる。

維管束植物に関しては，北極ツンドラ地域では明らかに出現種数も少ないし，また植被率もきわめて低い。その点で景観的に荒涼とした地域であるが，維管束植物が少ない分だけ地衣類・蘚苔類の繁茂するニッチェが用意されていることにもなる。したがって維管束植物だけでなく地衣類蘚苔類の被度を

加味すると全体の植被率は,極端な乾性地や植物の定着できない不安定地を除くと,極地砂漠といわれる所でも75%に達し,ほとんどの所で100%になる(Edlund, 1983)。したがって北極ツンドラ地域にあっては,地衣類蘚苔類は植生のきわめて重要な構成要素となっている。

⑤常緑性あるいは半常緑性植物が意外に多い。

きわめて寒冷な気候のもとに成立している北極ツンドラであるが,そこに生育する維管束植物の中には意外に常緑性あるいは半常緑性の植物が多い。その例として, *Saxifraga oppositifolia*, *Saxifraga tricuspidata*, *Ledum decumbens*, *Loiseleuria procumbens*, *Diapensia lapponica*, *Cassiope tetragona* などが挙げられる。また単子葉植物の中にも葉の基部は常緑性を保つものが多い。北極ツンドラ地域では,植物が生育可能な期間は最大2か月と極端に短い。その短い夏を生きるためには,暖候期の到来とともに直ちに光合成が開始できれば,それだけ生存に有利な条件となる。冬芽を開かせそこから葉を展開するためにはそれなりの時間を要するが,このとき常緑性を保っていれば,気温の上昇とともに植物は直ちに光合成を開始でき,短い夏に効率よく物質生産が可能になる。問題は常緑性を維持しながらいかに厳冬期に耐えるかであるが,*Cassiope tetragona* のように雪の溜りやすい地形を利用して生存をはかるものもある。

⑥一年生植物はきわめて少ない。

北極ツンドラ地域の維管束植物フロラの中に,種類数から見て一年生植物は極端に少ない。おそらくこのバイオームの北部にまで分布する一年草はタデ科の *Koenigia islandica* ただ一種といって良い。極端に生育期間の短い北極ツンドラでは,一年草の種子が持ち込まれても,発芽してやがて本葉が数枚展開したあたりで夏は終わりとなる。すると植物は,花をつけ結実するまでに至らず次世代を残すことなく終わってしまう。多年生植物であれば,初年度は本葉を数枚つけた段階で終わったとしても翌年さらには翌々年にわたって持続的に生長し,数年かかってやっと開花結実して寒冷な環境に定着できる。また多年生植物であれば,毎年開花結実しなくても,数年に一度,温暖な年に結実し子孫を残し分布域を広げることができる。このような点から見て,北極ツンドラ地域で一年生植物が生き残ることはきわめて難しいと

いえよう。

⑦無性芽をつける植物が目立つ。

上記⑥と同じ状況のもとで，維管束植物の中には種子もつけるが，むしろ無性芽(ムカゴ)をつけて繁殖するものも多い。その典型例として *Polygonun viviparum* や *Saxifraga cernua* が良く知られているが，単子葉植物でも *Poa* や *Festuca* などでは無性芽を恒常的に着け，それにより繁殖するものがある。

⑧植物の多くは特異な生育形を示す。

苛酷な環境に対する適応形態として，北極ツンドラ地域には特異な生育形を示す植物が多い。きわめて寒冷な北極ツンドラ地域であるが，太陽直射下における地表面の温度は必ずしも常に寒冷であるとはかぎらない。エルズミア島のスベルドラップ・パス Sverdrup Pass において測定された資料では，7月下旬から8月中旬において，平均気温は5.1℃，日最高気温の平均は7.0℃であった。このとき地表温度の平均は6.3℃であり，日最高地表温の平均は11.7℃であった。その期間中，地表温度の最高値は15.4℃に達していた。また観測した16日間のうち地表温度が10℃を超えたのは12日であった。このように気温は低くても地表は多くの場合10℃以上に達しており，地表付近においては植物の生育可能な微環境が整えられていることになる。植物は，この環境条件を利用することで苛酷な環境下に生きているが，そのために以下のようにさまざまな形態的な適応形を発達させている。

ⓐロゼット植物 rosette plant

極地に生きる植物は基本的に丈が低く，地面にへばりつくように生えているが，これは地表面の熱を有効に利用するためである。その結果，多くの植物では茎を延ばさず根生葉を中心から放射状に並べて地表面に広げるような形態を示す。このような形をロゼットと呼ぶが，これは典型的な寒地適応である。その好例として，*Papaver radicatum*, *Erysimum pallasii*, *Saxifraga nivalis*, *Draba alpina*, *Oxyria digyna*, *Cardamine bellidifolia* などがある。

ⓑマット植物 mat-forming plant

ロゼット植物と基本的に似た形であるが，ロゼット植物では各個体が単独で生育するのに対して，マット植物は個体がくっつきあう，あるいは親

個体から延びた枝が緻密にからみ合いながら地表面に円盤状のマットを形成するものである。その例として *Salix arctica*, *S. reticulata*, *Oxytropis arctobia*, *Sibbaldia procumbens* などが挙げられる。

ⓒクッション植物 cushion plant

　マット植物がさらにかたく緻密にくっつきあってかたまりになると，その中心がやや盛り上がってまんじゅう形になる。かたまりの直径はふつう10〜30 cm 程度で，中心の盛り上がりは5〜10 cm 程度のことが多い。このような形の植物をクッション植物と呼ぶ。例として *Dryas integrifolia*, *Saxifraga oppositifolia*, *Silene acaulis*, *Diapensia lapponica* などがある。ところが興味深いことに，*Saxifraga oppositifolia* は環境条件によってはクッションとならず枝が長く延びて匍匐形 prostrate form となることもある。Kume et al.(1999) は，極度に寒冷かつ乾燥した育地や冬期雪の積もりにくい苛酷な育地においてこの植物はクッション形をとるが，湿った育地や雪田周辺では多くの場合匍匐形になることを述べている。

⑨植物群落の種組成が植生遷移の初期から極相期にかけてほとんど変化しない。

　一般に温帯域のような低緯度地方では，植生遷移の初期段階に現れた先駆種は遷移の進行とともに後継種に置き換えられ，群落の種組成は時間とともに変化するのがふつうである。ところが北極地方にあっては，遷移の初期段階に現れた種が最後まで残り，遷移が進行しても種組成には大きな変化が見られないことが多い(Churchill & Hanson, 1958)。たとえば氷河後退後の水はけの良い新生地には，一早くホッキョクヤナギ，ムラサキクモマグサ，ラップヒナゲシ，*Draba* 類などが先駆種として現れる。遷移が進行すると，これら以外の種も入り込んではくるが，これら先駆種は途中で他種に置き換えられることなく，遷移の進んだ段階においても生き残っている。したがって理論的には初期段階の種が極相期にまで残るため，ここでは遷移の進行にともなう種組成の大きな変化が生じない。この現象は "不変化遷移 non-directional and species non-replacement succession" (Bliss & Peterson, 1992) と呼ばれ，この傾向はとくに高緯度極地域において顕著に認められる。その理由として高緯度地方においては，植物の種類数が少ないこと，また一般に植物の

丈が低く先駆種を被圧するような種がほとんど存在しないため先駆種が侵入種と共存しながら最後まで生き残れることなどが挙げられる。またここでは土壌の生成発達がきわめて緩慢で，遷移初期から後期にかけて土壌の理化学性がほとんど変化しないことなども理由のひとつと考えられる。すなわち極度の低温のため土壌の化学変化速度がきわめて遅いこと，降水量が少ないため土壌の溶脱が進行し難いこと，植物による土壌への有機物の供給・堆積が少ないこと，凍結-融解にともなう攪拌作用が激しく層分化が発達し難いことなどにより，遷移の初期から後期にかけて土壌がほとんど変化しないことも，先駆種が生き残りやすい条件となっているものであろう。

4. 北極ツンドラの植生

第2節で述べたように，北極ツンドラ地域は低緯度北極帯，中緯度北極帯，高緯度北極帯に分けられるが，中緯度北極帯は両者の中間的性格を持ち，植生的には両者の植生が入り混じる所なので，本節では低緯度北極帯，高緯度北極帯について概説する。

4.1. 低緯度北極帯の植生

　低緯度北極帯は，北極ツンドラ地域の中でも最も南に位置する所である。そのため気候的には相対的に温和である。高緯度北極帯に比べると，ここは種多様性も高く，また植被率も多くの所で100%に達するなど概して高い。この地域では，*Ledum decumbens*, *Vaccinium uliginosum*, *Arctostaphylos rubra* などツツジ科の矮生低木がとくに植生の重要な要素として現れ，しばしばヒース植生 heath を構成するが，これらの低木は高緯度北極帯には出現しない。また丈の高さ50 cm 以上になる低木性の *Betula* や *Salix* なども低緯度北極帯にのみ現れる。低緯度北極帯における主要な植生型として，以下のものが認められる(Zoltai et al., 1980; Bliss, 1988)。

矮生低木ツンドラ群落 dwarf shrub tundra
　矮生低木というのは，丈の高さが最大50 cm に達しない木本植物をいう。

この群落は比較的水はけの良い乾性地に見られるものであるが，ふつう *Cladonia stellaris*, *C. rangiferina*, *C. mitis*, *Cetraria cucullata*, *C. nivalis*, *Thamnolia vermicularis* などの地衣が地表に優占し，それと入り混じるように矮生低木が斑状にあるいは局地的に密生してヒース植生を構成し植生を特徴づける。矮生低木としては，*Ledum decumbens*, *Cassiope tetragona*, *Vaccinium uliginosum*, *Empetrum nigrum* などがある。その他の維管束植物として *Dryas integrifolia*, *Vaccinium vitis-idaea*, *Arctostaphylos rubra*, *Saxifraga tricuspidata*, *S. oppositifolia*, *Stellaria longipes*, *Pedicularis lanata*, *Calamagrostis purpurascens*, *Poa arctica* などが生育する。土壌が砂礫質になり乾燥が進むと裸地が増加し，そこには *Hedysarum mackenzii*, *Oxytropis maydelliana*, *Astragalus alpinus* などのマメ科植物が特徴的に現れる。いっぽう，局地的に土壌の湿った箇所には地衣に代わって *Tomenthypnum nitens*, *Hylocomium splendens* などのコケ類が優勢となることが多い。この群落の種構成の特性は土壌母材の化学性に影響されることが多い。母材が酸性岩の場合，土壌のpHは5～6になり，そこでは一般にツツジ科の矮生低木が優占するが，地質が石灰岩性になると土壌pHは6～7と高くなりツツジ科植物は減少して *Dryas integrifolia* が優勢となる。土壌は通常ターービック・クライオソル Turbic Cryosol である。

低木ツンドラ群落 shrub tundra

ここで低木というのは，丈の高さが通常50cm以上2m以下の木本植物をいう。低緯度北極帯の南部一帯，主として大陸部の北極海に臨むあたりは，相対的に温和で生育環境に恵まれていることもあって，条件の良い所には *Betula*, *Salix*, *Alnus* などの低木が生育し植生景観を特徴づける。これら低木は密生するというよりは，ここかしこに斑状のかたまりになって生育することが多い。この群落は通常，適潤地からやや湿潤地に成立する。地表は通常，*Calamagrostis purpurascens*, *Arctagrostis latifolia*, *Carex saxatilis*, *C. capillaris*, *Eriophorum vaginatum*, *E. angustifolium* などの単子葉植物が優占するが，*Equisetum arvense*, *E. variegatum*, *Dryas integrifolia*, *Cassiope tetragona*, *Empetrum nigrum*, *Rubus chamaemorus* なども混生

する。地表植物層は *Hylocomium splendens*, *Aulacomnium turgidum*, *Tomenthypnum nitens*, *Polytrichum juniperinum*, *Sphagnum* spp., *Cetraria cucullata*, *Cetraria islandica*, *Cetraria nivalis*, *Cladonia stellaris* などが主な構成種となる。土壌型としてはターピック・クライオソル Turbic Cryosol, オルガニック・クライオソル Organic Cryosol などになる。活動層の厚みは30〜50 cm 程度。土壌の pH は 5〜6 の範囲にある。

ハドソン湾北東沿岸部，ケベック州アンガバ半島の先端部一帯は，本来的に低木ツンドラ植生の発達する地域であるが，そこには部分的に樹高5 mを越すヤナギ類が樹叢をつくっている所がある(Maycock & Mathews, 1966)。ここは樹木の北限線よりは約 500 km も北に位置し，本来的にそこに樹木は生育しないはずである。ところがこの一帯だけは，*Salix alaxensis* と *S. planifolia* が入り混じりながら立派なヤナギ林を形成しており，生育形も低木というよりは高木形に近い。林床にも種構成から見て本来的なツンドラとはまったく異なる植生が成立しているのである。ヤナギ林が発達している所は浅い U 字谷の底部で，谷の上部にはなだらかに起伏した段丘状の地形が広がっている。ヤナギ林は谷底の比較的粗い礫の堆積した水はけの良い育地に成立している。土壌は砂質で，土壌 pH は 6 前後，比較的カルシウムに富むが有機物は少ない。ヤナギ林を成立させている決定的要因は，活動層の深い比較的暖かな土壌条件と考えられる。本来，この地域では広範囲に永久凍土が成立し，夏期における活動層も地表に泥炭堆積層が形成されるなど，通常は 20〜30 cm ときわめて浅い。そのため根系の深い樹木は生育を阻まれるが，ここでは谷底の水はけの良い土壌が，夏期において比較的深い活動層を成立させ，それが樹木の生育を可能にしたものとされる。しかし，いまひとつ重要な要因は地史的要因である。過去のヒプシサーマル期 Holocene climate optimum における温暖な時期に，このあたりではヤナギ林が広く発達していたのであろうが，その後の寒冷期に入っても先述したような土壌条件の箇所だけには樹木が生存し続け，現在の局所的なヤナギ林を維持できたものであろう。

スゲ類群落 Sedge meadow communities

地形のくぼ地や水はけの悪い低平な箇所には，スゲ類の優占する群落が発達する。多くの場合，ミズスゲが優占種となり *Carex membranacea*, *C. saxatilis*, *C. capillaris* などが混生する。停滞水をともなう所では *Eriophorum angustifolium*, *Arctophila fulva*, *Dupontia fisheri* なども現れる。地表面には通常 *Drepanocladus revolvens*, *Aulacomnium palustre*, *Meesia triquetra*, *Tomenthypnum nitens* などのコケ類が優占するが，所によっては *Sphagnum* spp. が斑状のかたまりをつくり，そこには *Rubus chamaemorus*, *Andromeda polifolia*, *Oxycoccus microcarpos* などが生育する。土壌は多くの場合，泥炭堆積をともなうオルガニック・クライオソル Organic Cryosol になる。土壌 pH は 4〜5 程度と低い。

4.2. 高緯度北極帯の植生

高緯度北極帯の特徴は，極地砂漠 polar desert と呼ばれる極度に植被率の低い景観が広範囲に発達していることである。ここでは樹木はまったく生育せず矮生低木も疎生し，見渡すかぎり裸地と岩山が広がっている（口絵写真 27）。なだらかな山地の上部は氷床に覆われ，そこから幾条もの氷河が谷に沿って流れ下っている。灰褐色の大地であるが，ゆるやかに広がる谷底にだけ緑濃い植生が斑状に認められる場合もある。植被を欠くように見える高緯度北極帯ではあるが，よく見ると生育環境の違いに応じて植物群落が分化しており，代表的なものとして以下に述べる群落が認められる（Barrett, 1972; Sheard & Geale, 1983; Bliss, 1988; Bergeron & Svoboda, 1989; Kojima, 1991, 1999, 2006; Batten & Svoboda, 1994; Muc et al., 1994）。図 10-3 は，高緯度北極帯における主な植物群落の分布を地形的条件との関係で模式的に示したものである。

群落Ⅰ．ミツマタクモマグサ群落 *Saxifraga tricuspidata* Community

この群落は，乾燥した岩礫地に成立するもので，維管束植物の植被率はきわめて低い。巨礫の堆積した間隙の多少とも細土の堆積した所にミツマタクモマグサが群がって生育するが，出現種数は少なく，*Poa arctica*, *Saxifraga caespitosa*, *Stellaria longipes*, *Festuca baffinensis* などが疎生するに

群落 I
Saxifraga tricuspidata
Festuca baffinensis
Saxifraga caespitosa
Stellaria longipes

群落 II
Papaver radicatum
Poa arctica
Saxifraga oppositifolia
Saxifraga caespitosa
Carex rupestris
Cerastium arcticum

群落 III
Salix arctica
Dryas integrifolia
Carex misandra
Saxifraga oppositifolia
Pedicularis hirsuta
Polygonum viviparum

群落 IV
Cassiope tetragona
Carex misandra
Oxyria digyna
Carex nardina
Silene acaulis

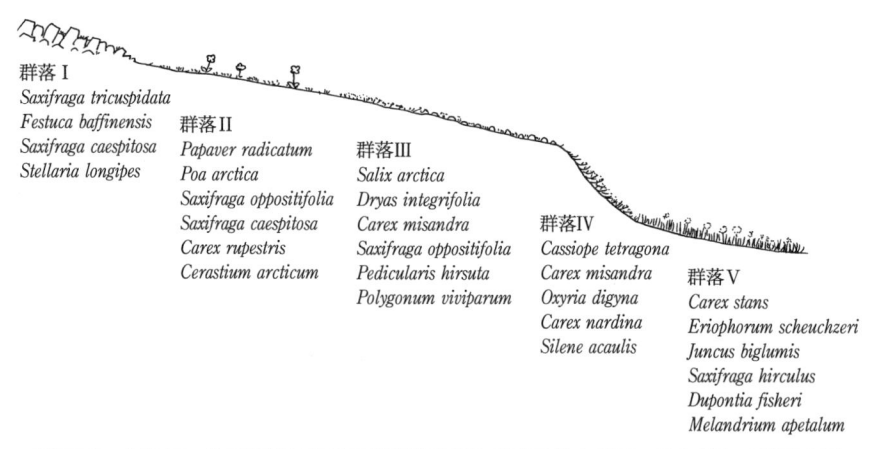

群落 V
Carex stans
Eriophorum scheuchzeri
Juncus biglumis
Saxifraga hirculus
Dupontia fisheri
Melandrium apetalum

図10-3 北極ツンドラ地域における地形的位置と群落分化の様子。それぞれの群落を構成する主な種を示す。

すぎない。岩礫上には *Umbilicaria*, *Rhizocarpon* などの固着性地衣類が認められる。

群落II. ホッキョクヒナゲシ群落 *Papaver radicatum* Community

この群落は極地砂漠を代表するといっても良いもので，維管束植物の植被率は5％程度と極度に低く，また出現種数も少ない。植物はごく疎らに生育し，*Papaver radicatum* (*P. lapponicum* を含む), *Saxifraga caespitosa*, *Poa arctica*, *Cerastium arcticum*, *Festuca baffinensis*, *Minuartia rossii* などがこの群落を特徴づける。ここでは蘚苔類よりは地衣類が優占し，地表には *Thamnolia subuliformis*, *Alectoria ochroleuca*, *Cornicularia divergens* などの地衣類が生育している。この群落は大小さまざまな礫の堆積した不安定な育地に成立するもので，植物は礫と礫の間の細土の集まった箇所に生育する。多角形構造土が発達，土壌は水はけ良好で乾燥しており，土壌pHは6～8になる。カナダの北極圏では地質として広範囲に石灰岩が現れるが，このこともこの群落の成立を促す要因と考えられる。

群落Ⅲ. マキバチョウノスケソウ-ホッキョクヤナギ群落 Dryas integrifolia-Salix arctica Community

　この群落も極地砂漠を代表するものであるが，上記の群落に比べると維管束植物による植被率が高く，多くの所で50%を超え，所によっては100%に達する。この群落は，Dryas integrifolia, Salix arctica, Saxifraga oppositifolia, Carex misandra, Carex rupestris, Pedicularis hirsuta などによって特徴づけられる。ここでは地衣類よりも蘚苔類が多くなり，主なものとして Campylium arcticum, Distichium cappillaceum, Ditrichum flexicaule, Hypnum bambergeri, Orthothecium chryseum などがある。この群落は，高緯度北極帯における適湿地に成立するもので，この地域において最も普遍的に認められる。この群落は，しばしば構造土の一種であるアースハンモック earth hummock 上に発達するが(Kojima, 1994a)，そこでは Salix arctica が100%近い被度でアースハンモックを覆う(口絵写真28)。土壌は比較的礫が少なく砂質壌土あるいはシルト質壌土からなり，土壌 pH は7〜8程度になる。図10-4は，このようなアースハンモックの断面と，その中での温度分布を示すものである。アースハンモックの表面を覆っている植物のほとんどは Salix arctica である。温度測定は7月27日13時40分，快晴時に行われたが，このとき地上1.5mにおける気温は9.6°Cであった。アースハンモック内の温度は，ことに南面部で明らかに気温よりは高く，植物の生育に好適な条件を提供するものであった。

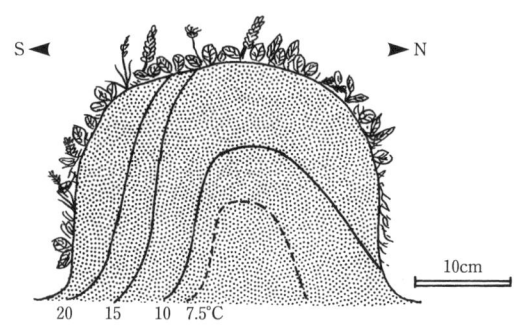

図10-4　高緯度北極域に見られたアースハンモックの断面と内部の温度分布
　(Kojima, 1994a)

群落Ⅳ. オニイワヒゲ群落 Cassiope tetragona Community

この群落は，カナダの高緯度北極帯では分布が局限されている。植被率は概して高くふつう100%に達する。*Cassiope tetragona* の他，*Carex misandra*, *C. nardina*, *Poa arctica*, *Silene acaulis*, *Cerastium arcticum*, *Oxyria digyna* などによって特徴づけられる。主な蘚苔類としては *Aulacomnium acuminatum*, *Campylium arcticum*, *Orthothecium chryseum* などがある。この群落は一般に適湿地からやや湿潤な育地に認められる。また酸性岩性の地質が卓越する地域でこの群落の発達が顕著であることが報告されている (Woo & Zoltai, 1977; Nams & Freedman, 1994; Kojima, 1999)。酸性岩性母材では塩基性イオンに乏しく，それが土壌のpHを低下させるが，この状況が *Cassiope tetragona* の繁茂を促すからである。事実，この群落にともなう土壌のpHは5～6と，カナダの高緯度北極帯に成立する群落の中では最も低い。この群落はまた局地的に雪の溜まる所によく認められる (Nams & Freedman, 1994)が，これも多量の積雪が土壌の溶脱を促し土壌を酸性にさせるためであろう。このため，この群落はカナダの北極圏の中でも東部，すなわちエルズミア島からデボン島，さらにはバフィン島の東部に良く認められる。

群落Ⅴ. スゲ類群落 Sedge Meadow Community

この群落は地形のくぼ地や河川の流路沿い，あるいははんらん原など土壌が過湿状態の所に発達する。植被率は高く，ふつう100%に達する。そのため植被率の低い高緯度北極帯にあってそこだけ植物が密に繁茂しており，景観的にも目立つ群落である。通常，ヒメミズスゲが優占種となるが，*Dupontia fisheri*, *Eriophorum triste*, *E. scheuchzeri*, *E. angustifolium*, *Juncus biglumis*, *Alopecurus alpinus* などの単子葉植物が優占し相観を特徴づける。その他 *Polygonum viviparum*, *Saxifraga cernua*, *S. hirculus*, *Melandrium apetalum* なども生育する。主な蘚苔類としては，*Orthothecium chryseum*, *Drerpanocladus revolvens*, *Cinclidium arcticum*, *Distichium capillaseum*, *Scorpidium turgescens*, *Philonotis fontana*, *Catoscopium nigritum* などが認められる。土壌は過湿状態にあり，地表面には

5〜10 cm 程度の浅い泥炭堆積が認められる。土壌の pH は 6〜7 の範囲にある。活動層の厚さは 30 cm 程度である。

本来的に植被率が低く極地砂漠と呼ばれる荒涼とした景観の広がる高緯度北極帯の中にあっても，ときとして局地的な条件からスゲ類群落を中心として植被率の高い群落が広い面積にわたって発達していることがある。見渡すかぎり灰色の極地砂漠の広がる中で，そこだけ青々と緑豊かな大地が広がっているので，このような所はしばしば極地オアシス polar oasis と呼ばれる (Freedman et al., 1994)。そこは，局地的に温和な気候が成立していたり，水分供給が潤沢で土壌が中性から弱酸性であったり，窒素やリンの供給が豊富であるなど，植物の生育に好適な条件が整っているためである。この他，小面積ではあるが，海鳥の営巣地の周辺や動物の巣穴のまわり，あるいは人間の集落の近くや，集落からの生活排水の流れ出る流路沿いなどにも植物が旺盛に繁茂して緑豊かな植生が発達することがある。このことから，極地砂漠と呼ばれる荒涼とした景観の成立に関しては，寒冷な気候もさることながら，水分や窒素，リンなどの養分の供給が不足していることもその要因になっているものと思われる。また高緯度北極帯では石灰岩やドロマイトなど塩基性イオンに富む地質が広範囲に現れ，しかも溶脱が進まないため土壌はアルカリ性を示すことが多い。このような土壌条件も植物の生育を阻み植被率の低下を引き起こす原因になっているものと考えられる。

4.3. 高緯度北極帯植生の植物社会学的体系

カナダの高緯度北極帯植生の植物社会学的研究は比較的新しい。その端緒は Barrett (1972) によるデボン島 Devon Island の研究に始まる。Barrett はデボン島の低地の植生を分類し，7つのオーダー Order, 7つの群団 Alliance, 9つの群集 Association を認めた。その後，カナダの高緯度極地域の植生研究としては，Sheard & Geale (1983), Bergeron & Svoboda (1989), Kojima (1991, 1999), Batten & Svoboda (1994) などがある。

Kojima (2006) はこれらの報告に基づいて，カナダ高緯度極地域植生について高位の植物社会学的体系化を試みた。その結果，同地域に1つのオーダー Salicetea arcticae, 2つのクラス (I. Saxifragetalia oppositifoliae, II. Caricetalia

表 10-2 カナダ高緯度北極域植生の植物社会学的高位体系（Kojima, 2006）。分類単位とそれらを標徴する主要な植物を示す。

Salicetea arcticae
ホッキョクヤナギ・クラス
極度に寒冷な気候環境
（ケッペンの区分による ET 型）
Salix arctica
Draba alpine / oblongata
Stellaria longipes
Luzula arctica
Alopecurus alpinus

― I. Saxifragetalia oppositifoliae
　ムラサキユキノシタ・オーダー
　乾性～適潤地条件の基に成立　　　　　　　　　　　　　　　　　　　Saxifraga oppositifolia

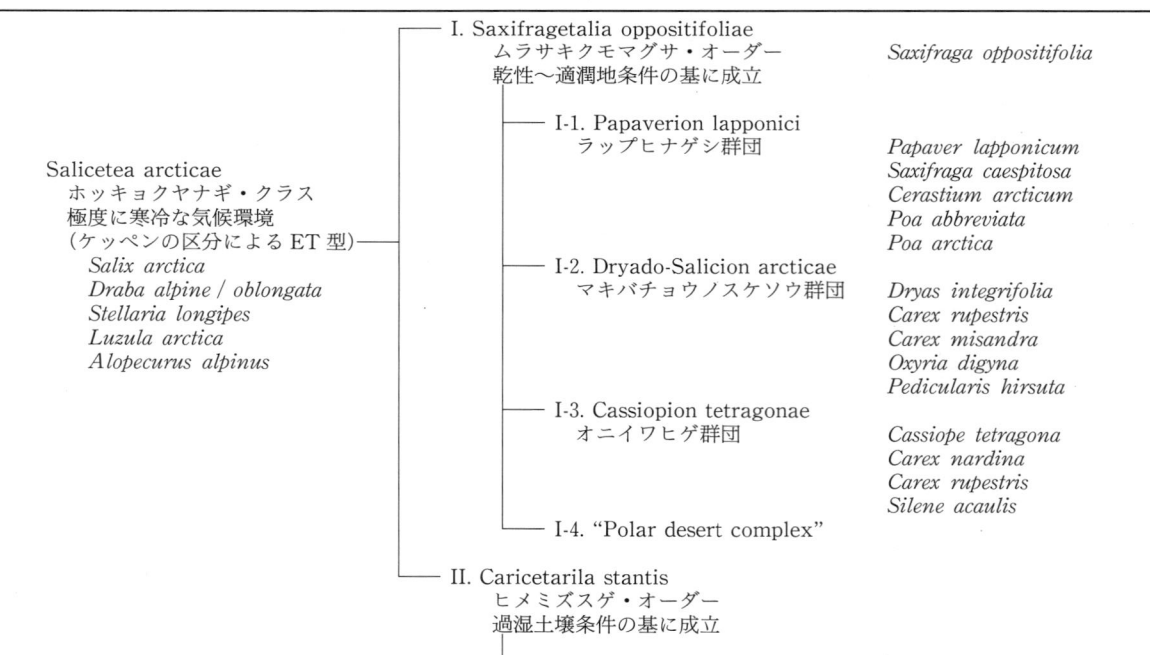

　　├── I-1. Papaverion lapponici　　　　　　　Papaver lapponicum
　　│　　　ラップヒナゲシ群団　　　　　　　　Saxifraga caespitosa
　　│　　　　　　　　　　　　　　　　　　　　Cerastium arcticum
　　│　　　　　　　　　　　　　　　　　　　　Poa abbreviata
　　│　　　　　　　　　　　　　　　　　　　　Poa arctica

　　├── I-2. Dryado-Salicion arcticae　　　　　Dryas integrifolia
　　│　　　マキバチョウノスケソウ群団　　　　Carex rupestris
　　│　　　　　　　　　　　　　　　　　　　　Carex misandra
　　│　　　　　　　　　　　　　　　　　　　　Oxyria digyna
　　│　　　　　　　　　　　　　　　　　　　　Pedicularis hirsuta

　　├── I-3. Cassiopion tetragonae　　　　　　 Cassiope tetragona
　　│　　　オニイワヒゲ群団　　　　　　　　　 Carex nardina
　　│　　　　　　　　　　　　　　　　　　　　 Carex rupestris
　　│　　　　　　　　　　　　　　　　　　　　 Silene acaulis

　　└── I-4. "Polar desert complex"

― II. Caricetarila stantis
　　ヒメミススゲ・オーダー
　　過湿土壌条件の基に成立

　　└── II-1. Caricion stantis　　　　　　　　 Carex stans
　　　　　ヒメミススゲ群団　　　　　　　　　　Juncus biglumis
　　　　　　　　　　　　　　　　　　　　　　　Eriophorum scheuchzeri
　　　　　　　　　　　　　　　　　　　　　　　Saxifraga cernua
　　　　　　　　　　　　　　　　　　　　　　　Polygonum viviparum

stantis），4つの群団(I-1. Papaverion lapponici, I-2. Dryado-Salicion arcticae, I-3. Cassiopion tetragonae, II-1. Caricion stantis)を認めた(表10-2)。ただし群団レベルにおいて上記の他，特別の識別種を有せず植被率がきわめて低く，また維管束植物の出現種数も極度に少ない仮の単位"Polar desert complex"が認められた。

　高緯度北極帯では，乾性地や過湿地といった立地条件あるいは遷移のいかなる段階にも関わらず，ホッキョクヤナギが最も広範囲かつ普遍的に生育している。したがってこの種は高緯度北極帯の植生を最もよく代表できる種と考え，この種を標徴種として最高位の単位 Saliceteа arcticae（ホッキョクヤナギ・クラス）が認定された。このクラスを特徴づける種は *Salix arctica* の他，*Stellaria longipes*，*Draba alpina*，*Luzula arctica*，*Alopecurus alpinus* などがある。このクラスはその下位単位としてI. Saxifragetalia oppositifoliae（ムラサキクモマグサ・オーダー）およびII. Caricetalia stantis（ヒメミズスゲ・オーダー）に分けられた。前者は *Saxifraga oppositifolia* に標徴され一般に水はけ良好な乾性地から適潤地の植生を代表するものであり，後者は *Carex stans*，*Juncus biglumis*，*Eriophorum scheuchzeri* などに標徴され過湿地の植生を表すものである。

　I. Saxifragetalia oppositifoliae は，立地条件および標徴的な種組成から下記の3つの群団 Alliance に分けられた。すなわち，I-1. Papaverion lapponici, I-2. Dryado-Salicion arcticae, I-3. Cassiopion tetragonae である。I-1. Papaverion lapponici は乾性地に成立した植生を代表するものである。土壌は一般に粗大な礫質であるが，礫の多くは凍結-融解作用により長径方向に直立する傾向を見せる。地質は広範囲に石灰岩やドロマイトが現れ，そのため土壌は強いアルカリ性を示す。土壌の層分化は発達しない。植生は，*Papaver lapponicum*（*P. radicatum* を含む）の他，*Saxifraga caespitosa*，*Cerastium arcticum*，*Poa abbreviata*，*P. arctica*，*Minuartia rubella* などに特徴づけられるが，概して植被率は低い。I-2. Dryado-Salicion arcticae は，なだらかな地形の適潤地に成立した植生を代表するものである。土壌は，礫はやや少なく粘土分が増加するが，層分化は認められず概してアリカリ性を示す。植生は *Dryas integrifolia*，*Carex misandra*，*C. rupestris*，

Pedicularis hirsuta, *Oxyria digyna* などに特徴づけられる。植被率は比較的高くほぼ100％に達する。この群団は高緯度北極帯の植生の気候的極相 zonal phytogeocoenosis を表すものと考えられる。I-3. Cassiopion tetragonae はやや湿った立地に成立した植生を表す。地形的にはなだらかな丘陵斜面の比較的積雪の多い箇所などに認められる。土壌はやや粘土質が強く概して酸性である。降水量の少ない高緯度北極地域にあって，局地的に雪の溜りやすい立地条件のためにここは土壌の溶脱が進行しやすく結果的に土壌の酸性化が進むのであろう。地質が酸性岩からなる地域では，この群団の発達は顕著となる。植生は標徴種 *Cassiope tetragona* の他，*Silene acaulis*, *Carex misandra*, *Carex nardina*, *Oxyria digyna* などにより特徴づけられる。

II. Caricetalia stantis は，ただひとつの群団 II-1. Caricion stantis を有する。この群団は，地形的には山麓部や谷底部の低平地やくぼ地の過湿条件の立地に成立する。土壌は常に水で過飽和の状態にあり，土壌表面には未分解の植物遺体が堆積している。そのため土壌は弱酸性を示す。植生は *Carex stans* に標徴されるが，その他ここには *Juncus biglumis*, *Dupontia fisheri*, *Saxifraga cernua*, *S. hirculus*, *Eriophorum scheuchzeri*, *E. triste* などが特徴的に出現する。

以上の他，群団レベルで仮称 "Polar desert complex" が認められた。これはまさに典型的な極地砂漠景観 polar desert landscape を表すもので，ここには僅かに *Salix arctica*, *Draba* spp., *Stellaria longipes*, *Luzula arctica* などが散生しているにすぎない。植被率は通常5％以下と極度に低く，維管束植物はほとんど出現せず，また地衣類やコケ類の被度も低く，事実上ただ裸地が広がっているにすぎない所である。また種組成から見てもこの景観を特徴づける種は見あたらない。これは，遷移のごく初期の段階あるいは極度に不安定な立地で，植物が未定着あるいは定着困難な状況を表すものであろう。

維管束植物 和名-学名対照表

和　名	学　名
アイダホフェスキュー	Festuca idahoensis
アイラ	Aira praecox
アカスグリ	Ribes sanguineum
アカナラ	Quercus rubra
アカバナウツボ	Castilleja raupii
アカハンノキ	Alnus rubra
アカミノウラシマツツジ	Arctostaphylos rubra
アカヤチダモ	Fraxinus pensylvanica
アスペン	Populus tremuloides
アボリジンゲンゲ	Astragalus aboriginum
アマビリスモミ	Abies amabilis
アメリカアカマツ	Pinus resinosa
アメリカアカモノ	Gaultheria humifusa
アメリカアサダ	Ostrya virginiana
アメリカエンレイソウ	Trillium grandiflorum
アメリカカラマツ	Larix laricina
アメリカカンアオイ	Asarum caudatum
アメリカカンバ	Betula papyrifera
アメリカサンショウ	Xanthoxylum americanum
アメリカシナノキ	Tilia americana
アメリカショウマ	Actaea rubra
アメリカシラカンバ	Betula papyrifera
アメリカツガ	Tsuga heterophylla
アメリカトネリコ	Fraxinus americana
アメリカドロノキ	Populus balsamea
アメリカナナカマド	Sorbus americana
アメリカニレ	Ulmus americana
アメリカニワトコ	Sambucus racemosa
アメリカニンジン	Aralia nudicaulis
アメリカネズコ	Thuja plicata
アメリカノイチゴ	Fragaria virginiana
アメリカノエンドウ	Lathyrus ochroleucus
アメリカノネギ	Allium cernuum
アメリカノブキ	Adenocaulon bicolor
アメリカハリブキ	Oplopanax horridus
アメリカブナ	Fagus grandifolia
アメリカマツナ	Suaeda depressa
アメリカミズバショウ	Lysichitum americanum
アメリカミスミソウ	Hepatica acutiloba
アメリカミヤマハンノキ	Alnus crispa

和　名	学　名
アメリカヤマナラシ	*Populus tremuloides*
アメリカユキザサ	*Smilacina racemosa*
アラスカスノキ	*Vaccinium alaskaense*
アラスカデンダ	*Polypodium glycyrrhiza*
アラスカヒノキ	*Chamaecyparis nootkatensis*
アラスカヤナギ	*Salix alaxensis*
アレハダヒッコリ	*Carya ovata*
イチゲキンバイ	*Potentilla uniflora*
イチゲツバメオモト	*Clintonia uniflora*
インディアングラス	*Sorghastrum nutans*
ウスゲタデ	*Polygonum pubescens*
ウツクシロコソウ	*Oxytropis splendens*
ウッドラッシュ	*Luzula parviflora*
ウツムキエンレイソウ	*Trillium cernuum*
ウマミノスノキ	*Vaccinium deliciosum*
エシュショルツキンポウゲ	*Ranunculus eschscholtzii*
エゾノキツネアザミモドキ	*Cirsium arvense*
エフデグサ	*Castilleja miniata*
エンゲルマントウヒ	*Picea engelmannii*
オオイワヒゲ	*Cassiope mertensiana*
オオカタバミ	*Oxalis montana*
オオバイチヤクソウ	*Pyrola asarifolia*
オオバカエデ	*Acer macrophyllum*
オオミヤマウズラ	*Goodyera oblongifolia*
オオモミ	*Abies grandis*
オシクラスギカズラ	*Selaginella densa*
オスマロニア	*Osmaronia cerasiformis*
オニイワヒゲ	*Cassiope tetragona*
オレゴンカタクリ	*Erythronium oregonum*
オレゴングレープ	*Mahonia nervosa*
カナダアカモノ	*Epigaea repens*
カナダアマ	*Linum lewsii*
カナダイチイ	*Taxus canadensis*
カナダウメガサソウ	*Chimaphila umbellata*
カナダカンボク	*Viburnum edule*
カナダキンバイ	*Potentilla diversifolia*
カナダクロユリ	*Fritillaria lanceolata*
カナダコウホネ	*Nuphar variegatum*
カナダコメクサ	*Oryzopsis canadensis*
カナダゴヨウイチゴ	*Rubus pubescens*
カナダコヨウラク	*Menziesia ferruginea*
カナダスノキ	*Vaccinium membranaceum*
カナダツガ	*Tsuga canadensis*

和　名	学　名
カナダツガザクラ	*Phyllodoce empetriformis*
カナダトウヒ	*Picea glauca*
カナダドジョウツナギ	*Puccinellia nuttaliana*
カナダナルコユリ	*Polygonatum pubescens*
カナダノイチゴ	*Fragaria virginiana*
カナダバイケイソウ	*Veratrum eschscholtzii*
カナダハシバミ	*Corylus cornuta*
カナダフサモ	*Myriophyllum exalbescens*
カナダブルーベリー	*Vaccinium myrtilloides*
カナダマイズルソウ	*Maianthemum canadense*
カナダミズキ	*Cornus stolonifera*
カナダルリソウ	*Mertensia paniculata*
カマシア	*Camassia quamash*
ガミースグリ	*Ribes sanguineum*
ガリーナラ	*Quercus garryana*
カルミア	*Kalmia angustifolia*
カロライナカンボク	*Viburnum alnifolia*
カロリンモミジカラマツ	*Trautvetteria caroliniensis*
カンチエンゴサク	*Corydalis pauciflora*
カンチブキ	*Petasites frigidus*
キタスズソウ	*Dodecatheon frigidum*
キタダイコンソウ	*Geum rossii*
キタタネツケバナ	*Cardamine pratensis*
キタツバメオモト	*Clintonia borealis*
キタツマトリソウ	*Trientalis borealis*
キタドジョウツナギ	*Glyceria borealis*
キタトリカブト	*Aconitum delphinifolium*
キタハンノキ	*Alnus rugosa*
キタホタルイ	*Scirpus validus*
キタムグラ	*Galium boreale*
キタヨモギ	*Artemisia tilesii*
キハダカンバ	*Betula lutea*
キバナエフデグサ	*Castilleja occidentalis*
キバナクルマユリ	*Medeola virginiana*
キバナチョウノスケソウ	*Dryas drummondii*
キバナユキノシタ	*Saxifraga hirculus*
キマルバスミレ	*Viola orbiculata*
キョクチダイコンソウ	*Geum rossii*
キョクチノボリフジ	*Lupinus arctica*
キョクチハナシノブ	*Polemonium acutiflorum*
キョクチヤナギ	*Salix polaris*
キレハズダヤクシュ	*Tiarella laciniata*
キンイロユキノシタ	*Saxifraga aizoides*

和　名	学　名
ギンカエデ	Acer saccharinum
キンスゲ	Carex pyrenaica
クーレーイヌゴマ	Stachys cooleyae
クマコケモモ	Arctostaphyros uva-ursi
クモノスユキノシタ	Saxifraga flagellaris
グラウスベリー	Vaccinium scoparium
クラドタムヌス	Cladothamnus pyrolaeflorus
クリナラ	Quercus prinus
グリンランドオウレン	Coptis groenlandica
グリンランドシオガマ	Pedicularis groenlandicum
クログルミ	Juglans nigra
クロゲンゲ	Oxytropis nigrescens
クロトウヒ	Picea mariana
クロトネリコ	Fraxinus nigra
クロナラ	Quercus velutina
クロバナダイコンソウ	Geum rivale
クロヒョウタンボク	Lonicera involucrata
クロホタカネスゲ	Carex nigricans
クロヤチダモ	Fraxinus nigra
ケンタッキーコーヒー	Gymnocladus dioicus
コケマンテマ	Silene acaulis
コタケシマラン	Streptopus roseus
コバナイチゲ	Anemone parviflora
コントルタマツ	Pinus contorta
サギスゲ	Eriophorum angustifolium
サスカツーンベリー	Amelanchier alnifolia
サッサフラス	Sassafras albidum
サトウカエデ	Acer saccharum
サラセニア	Sarracenia purpurea
ザラツキスゲ	Carex scirpoidea
サラル	Gaultheria shallon
サンカクサワギク	Senecio triangularis
ジオカウロン	Geocaulon lividum
シシリンチウム	Sisyrinchium douglasii
シトカノコソウ	Valeriana sitchensis
シトカスギカズラ	Lycopodium sitchense
シトカトウヒ	Picea sitchensis
シトカナナカマド	Sorbus sitchensis
シベリアフロックス	Phlox sibirica
シベリアモンティア	Montia sibirica
シロナラ	Quercus alba
シロハダマツ	Pinus albicaulis
シロバナアツモリソウ	Cypripedium calceolus

維管束植物 和名-学名対照表

和　名	学　名
シロバナオキナグサ	*Pulsatilla occidentalis*
シロバナキンバイ	*Trollius albiflorus*
シロバナツツジ	*Rhododendron albiflorum*
シロバナリュウキンカ	*Caltha leptosepala*
シントリス	*Synthris borealis*
シンナ	*Cinna latifolia*
シンブルベリー	*Rubus parviflorus*
スジハダカエデ	*Acer pensylvanicum*
ストローブマツ	*Pinus strobus*
スノーベリー	*Symphoricarpos albus*
セイジヨモギ	*Artemisia tridentata*
セイタカオレゴングレープ	*Mahonia aquifolia*
セイブイチイ	*Taxus brevifolia*
セイブエンレイソウ	*Trillium ovatum*
セイブカラマツ	*Larix occidentalis*
セイブゴヨウ	*Pinus monticola*
セイブフェスキュー	*Festuca occidentalis*
タカネイヌナズナ	*Draba alpina*
タカネウサギギク	*Arnica alpina*
タカネカラマツ	*Larix lyallii*
タカネキリンソウ	*Solidago multiradiata*
タカネゲンゲ	*Astragalus alpinus*
タカネシオガマ	*Pedicularis bracteosa*
タカネミミナグサ	*Cerastium arvense*
タカネヤナギ	*Salix nivalis*
タカネワスレナグサ	*Myosotis alpestris*
ダグラスカエデ	*Acer glabrum*
ダグラスモミ(沿岸型)	*Pseudotsuga menziesii* var. *menziesii*
ダグラスモミ(内陸型)	*Pseudotsuga menziesii* var. *glauca*
ダントーニア	*Danthonia intermedia*
チャボウズラ	*Goodyera repens*
チャボカンバ	*Betula pumila*
チャボスノキ	*Vaccinium caespitosum*
チャボタカネニガナ	*Crepis nana*
チャボヒイラギナンテン	*Mahonia repens*
チャボフロックス	*Phlox diffusa*
チョークチェリー	*Prunus virginiana*
チリメンヤナギ	*Salix reticulata*
ツヤスギカズラ	*Lycopidium lucidum*
ツルイチゴ	*Rubus pubescens*
ツルギバシダ	*Polystichum munitum*
ティーベリー	*Gaultheria procumbens*
テガタブキ	*Petasites palmatus*

和　名	学　名
トガリバスノキ	*Vaccinium angustifolium*
ドーソンシシウド	*Angelica dawsonii*
ドデカテオン	*Dodecatheon hendersonii*
ドルモンドイ	*Juncus drummondii*
ドルモンドミズキ	*Cornus drummondii*
ナルディナスゲ	*Carex nardina*
ニオイウルシ	*Rhus aromatica*
ニオイヒバ	*Thuja occidentalis*
ニガミヒッコリ	*Carya cordiformis*
ニセツゲ	*Pachystima myrsinites*
ニッサ	*Nyssa sylvatica*
ヌマイヌゴマ	*Stachys palustris*
ヌマハリイ	*Eleocharis palustris*
ネグンドカエデ	*Acer negundo*
ネバリツガザクラ	*Phyllodoce glanduliflora*
ノハラアネモネ	*Anemone multifida*
ハイイロヒエンソウ	*Delphinium glaucum*
ハイイロヤナギ	*Salix glauca*
パイングラス	*Calamagrostis rubens*
バークレイヤナギ	*Salix barclayi*
パシフィックゼリ	*Oenanthe sarmentosa*
ハックルベリー	*Vaccinium parvifolium*
バッファロベリー	*Shepherdia canadensis*
バラトヤナギ	*Salix barrattiana*
バーナラ	*Quercus macrocarpa*
パリヤ	*Parrya nudicaulis*
バルサムヒマワリ	*Balsamorhiza sagittata*
バルサムポプラ	*Populus balsamea*
バルサムモミ	*Abies balsamea*
バンクスマツ	*Pinus banksiana*
ビゲロウスゲ	*Carex bigelowii*
ヒトツバズダヤクシュ	*Tiarella unifoliata*
ヒメミズスゲ	*Carex stans*
ヒメカラマツ	*Thalictrum alpinum*
ヒメカンバ	*Betula glandulosa*
ヒメキイチゴ	*Rubus acaulis*
ヒメスノーベリー	*Symphoricarpos mollis*
ヒメドクサ	*Equisetum scirpoides*
ヒメリンドウ	*Gentiana propinqua*
ビロードスノキ	*Vaccinium myrtilloides*
ヒロハウサギギク	*Arnica latifolia*
ヒロハノエビモ	*Potamogeton perfoliatus*
ヒロハヤナギラン	*Epilobium latifolium*

和　名	学　名
ヒロハヤマハハコ	*Antennaria lanata*
ピンチェリー	*Prunus pensylvanica*
ピンナラ	*Quercus palustris*
フィゾカルプス	*Physocarpus malvacea*
フイリツリフネ	*Impatiens capensis*
フウセンゲンゲ	*Oxytropis podocarpa*
フーカーチゴユリ	*Disporum hookeri*
フサガヤ	*Arctoagrostis latifolia*
プラタナス	*Platanus occidentalis*
ブラヤ	*Braya purpurea*
フリースチチコグサ	*Antennaria friesiana*
ブルーバンチ	*Agropyron spicatum*
ブルエリスゲ	*Carex breweri*
プレクトリテイス	*Plectritis congesta*
プンペリキツネガヤ	*Bromus pumpellianus*
ベアグラス	*Xerophyllum tenax*
ヘアリーワイルドライ	*Elymus innovatus*
ベニカエデ	*Acer rubrum*
ベニトウヒ	*Picea rubens*
ペンツテモン	*Pentstemon fruticosus*
ホークウイード	*Hieracium gracile*
ホクチオウレン	*Coptis groenlandica*
ホクチスノキ	*Vaccinium angustifolium*
ホソスゲ	*Carex disperma*
ホソバコンギク	*Aster junciformis*
ホッキョクイチゴ	*Rubus arcticus*
ホッキョクイチゴツナギ	*Poa arctica*
ホッキョクヒナゲシ	*Papaver radicatum*
ホッキョクヤナギ	*Salix arctica*
ポポー	*Asimina triloba*
ホロディスクス	*Holodiscus discolor*
ポンデローサマツ	*Pinus ponderosa*
マキバチョウノスケソウ	*Dryas integrifolia*
マドローナ	*Arbutus menziesii*
ミズスゲ	*Carex aquatilis*
ミツバズダヤクシュ	*Tiarella trifoliata*
ミツマタクモマグサ	*Saxifraga tricuspidata*
ミヤマカエデ	*Acer spicatum*
ミヤマクロスゲ	*Carex spectabilis*
ミヤマツガ	*Tsuga mertensiana*
ミヤマノガリヤス	*Calamagrostis purpurascens*
ミヤマヒナギク	*Erigeron peregrinus*
ミヤマモミ	*Abies lasiocarpa*

和　名	学　名
ムラサキエンレイソウ	*Trillium erectum*
ムラサキクモマグサ	*Saxifraga oppositifolia*
メランピラム	*Melampyrum lineare*
モンテイア	*Montia sibirica*
ヤチカルミア	*Kalmia angustifolia*
ヤチナラ	*Quercus bicolor*
ヤチミズキ	*Cornus stolonifera*
ヤマシモツケ	*Spiraea betulifolia*
ヤマヒイラギ	*Nemopanthus mucronatus*
ヤマレタス	*Prenanthes altissima*
ヤワラカサンザシ	*Crataegus mollis*
ユーコンイヌナズナ	*Draba ogilviensis*
ユーコンエフデグサ	*Castilleja yukonis*
ユーコンスゲ	*Carex microchaeta*
ユキワリキンポウゲ	*Ranunculus nivalis*
ユタヒョウタンボク	*Lonicera utahensis*
ユリノキ	*Liriodendron tulipifera*
ラップヒナゲシ	*Papaver lapponicum*
ラフフェスキュー	*Festuca scabrella*
ラブラドールイソツツジ	*Ledum groenlandicum*
ラブラドールシオガマ	*Pedicularis labradorica*
ラブラドルムグラ	*Galium labradorica*
リチャードソンイチゲ	*Anemone richardsonii*
リチャードソンハネガヤ	*Agropyron richardsonii*
リュートケア	*Luetkea pecctinata*
リンバーマツ	*Pinus flexilis*
ロッキーウサギギク	*Arnica cordifolia*
ロッキーカマス	*Zygadenus elegans*
ロッキートチナイソウ	*Androsace septentrionalis*
ロッキーノコンギク	*Aster conspicuus*
ロマチウム	*Lomatium dissectum*
ワイルドライ	*Elymus glaucus*

引用文献

Annas, R. M., 1977. Boreal ecosystems of the Fort Nelson area of northeastern British Columbia. Ph. D. Thesis. Dept. Botany, Univ. British Columbia, Vancouver. 409 pp.

Archibald, O. W., 1995. Ecology of world vegetation. Chapman & Hall, London. 510 pp.

Archibald, O. W. and Wilson, M. R., 1980. The natural vegetation of Saskatchewan prior to agricultural settlement. Can. J. Bot. 58: 2031-2042.

Bailey, R. G., 1995. Ecosystem geography. Springer-Verlag, New York. 204 p. + 2 maps.

Barbour, M. G. and Billings, W. D. (ed.), 1988. North American terrestrial vegetation. Cambridge Univ. Press, Cambridge. 434 pp.

Barrett, P. E., 1972. Phytogeocoenoses of coastal lowland ecosystems, Devon Island, N. W. T. Ph. D. thesis. Univ. British Columbia, Vancouver. 292 pp.

Barry, R. G. and Van Wie, C. C., 1974. Topo-and microclimatology in alpine areas. In: Ives, J. D. and Barry, R. G., 1974. Arctic and alpine environments. Methuen & Co., London. 73-83.

Batten, D. S. and Svoboda, J., 1994. Plant communities on the uplands in the vicinity of the Alexandra Fiord Lowland. In: Svoboda, J. & Freedman, B. (eds.): Ecology of a polar oasis. Captus Univ. Publ., Toronto. 97-110.

Bergeron, J-F. and Svoboda, J., 1989. Plant communities of Sverdrup Pass, Ellesmere Island, N. W. T. Muskox, 37: 76-85.

Biondini, M. E., Steuter, A. A., and Grygiel, C. E., 1989. Seasonal fire effects on the diversity patterns, spatial distribution and community structure of forbs in the Northern Mixed Prairie, USA. Vegetatio 85: 21-31.

Bliss, L. C. (ed.), 1977. Truelove Lowland, Devon Island, Canada: a High Arctic ecosystem. Univ. Alberta Press, Edmonton. 714 pp. + 1 map.

Bliss, L. C., 1988. Arctic tundra and polar desert biome. In Barbour, M. G. & Billings, W. D. (ed.), North American terrestrial vegetation. Cambridge Univ. Press, Cambridge. 1-32.

Bliss, L. C. and Matveyeva, N. V., 1992. Circumpolar arctic vegetation. In Chapin III, F. S., Jefferies, R. L., Reynold, J. F., Shaver, G. R. and Svoboda, J. (eds.): Arctic ecosystems in a changing climate. Academic Press, San Diego. 59-89.

Bliss, L. C. and Peterson, K. M., 1992. Plant succession, competition, and the phenological constraints of species in the Arctic. In: Chapin III, F. S., Jefferies, R. L., Reynold, J. F., shaver, G. R. and Svoboda, J. (eds.): Arctic ecosystems in a changing climate. Academic Press, San Diego. 111-135.

Blütgen, J., 1970. Problems of definition and geographical differentiation of the Subarctic with special regard to northern Europe. In "Ecology of the subarctic regions", Proc. Helsinki Symp., UNESCO, Paris. 11-33.

Bostock, H. S., 1967. Physiographic regions of Canada. Map. No. 1254A. Geol. Surv. Can., Ottawa.

Braun, E. L., 1950. Deciduous forests of eastern North America. Hafner Press, New York. 596 pp.

Brayshaw, T. C., 1965. The dry forest of southern British Columbia. Ecol. W. N.

America. 1: 65-75.
Brooke, R. C. and Kojima, S., 1985. An annotated vascular flora of areas adjacent to the Dempster Highway, central Yukon Territory. II. Dicotyledonae. Contrib. to Nat. Science. British Columbia Prov. Museum, No. 4. 20 pp.
Brooke, R. C., Peterson, E. B. and V. J. Krajina, 1970. The Subalpine mountain hemlock zone. Subalpine vegetation in southern British Columbia, its climatic characteristics, soils, ecosystems and environmental relationships. Ecol. W. N. America Vol. 2: 147-349.
Brown, R. J. E., 1970a. Permafrost as an ecological factor in the Subarctic. "Ecology of the subarctic regions". UNESCO, Paris. 129-140.
Brown, R. J. E., 1970b. Permafrost in Canada. Univ. Toronto Press, Toronto. 234 p.
Brown, J-L., 1981. Les forests du Temiscamingue, Quebec, Ecologie et photo-interpretation. Etude phyto-ecologique. Etudes Ecologiques 7. Laboratoire d'ecologie forestiere. Univ. Laval, 419 p.
Bryant, J. P. and Scheinberg, E. 1970. Vegetation and frost activity in an alpine fellfield on the summit of Plateau Mountain, Alberta. Can. J. Bot. 48: 751-771.
Bryson, R. A., 1966. Airmasses, streamlines, and the boreal forest. Geogr. Bull. 8: 228-269.
Butzer, K. W., 1976. Geomorphology from the earth. Harper & Row, Publ., New York. 463 pp.
Carroll, S. B. and Bliss, L. C., 1982. Jack pine-lichen woodland on sandy soils in northern Saskatchewan and northeastern Alberta. Can. J. Bot. 60: 2270-2282.
CAVM Team (Circumpolar Arctic Vegetation Map Mapping Team), 2003. Circumpolar arctic vegetation map. Scale 1: 750,000,000. CAFF Map No. 1, U. S. Fish & Wildlife Serv., Anchorage, AK. 1 map.
CCELC (Canadian Committee on Ecological Land Classification), 1989. Ecoclimatic Regions of Canada. Ecol. Land Clas. Ser. No. 23., Can. Wildlife Serv., Env. Canada, Ottawa. 118 pp. + 1 map.
Churchill, E. D. and Hanson, H. C., 1958. The concept of climax in arctic and alpine vegetation. Bot. Rev. 24: 127-192.
Clements, F. E. and Shelford, V. E., 1939. Bio-ecology. John Wiley & Sons, New York. 425 pp.
Conrad, V. 1946. Usual formulas of continentality and their limits of validity. Trans. Amer. Geophys. Union 27: 663-664.
Cordes, L. D., 1968. Ecological study of Sitka spruce forest on the west coast of Vancouver Island. Ph. D. Thesis. Dept. Botany, Univ. British Columbia, Vancouver. 452 pp.
Coupland, R. T., 1950. Ecology of mixed prairie in Canada. Ecol. Monogr. 20: 271-315.
Coupland, R. T., 1961. A reconsideration of grassland classification in the northern Great Plains of North America. J. Ecol. 49: 135-168.
Coupland, R. T. and Brayshaw, T. C., 1953. The fescue grassland in Saskatchewan. Ecology, 34: 386-405.
CSSC (Canadian Soil Survey Committee), 1998. The Canadian System of Soil Classification, third edition. Can Dep. Agr. Publ. 1646. 187 pp.
Daubenmire, R. F., 1940. Exclosure technique in ecology. Ecology, 26: 97-98.

Daubenmire, R. F., 1978. Plant geography with special reference to North America. Academic Press, New York. 338 pp.

de Groot, W. J., Bothwell, P. M., Taylor, S. W., Wotton, B. M., Stocks, B. J. and Alexander, M. E., 2004. Jack pine regeneration and crown fires. Can. J. For. Res. 34: 1634-1641.

Douglas, G. W. and Bliss, L. C., 1977. Alpine and high subalpine plant communities of the North Cascade Range, Washington and British Columbia. Ecol. Monogr. 47: 113-150.

Douglas, J. W., Gabrielse, H., Wheeler, J. O., Scott, D. F. and Belyea, H. R., 1970. Geology of western Canada. In Douglas, J. W. (ed.): Geology and economic minerals of Canada. Geol. Surv. Can., Ottawa. 367-488.

Du Rietz, G. E., 1954. Die Mineralbodenwasswerzeigergrenze als Grundlage einer naturlichen Zweigliederung der nord-und mitteleuropaischen Moor. Vegetatio 5-6: 571-585.

Edlund, S. A., 1983. Bioclimatic zonation in a High Arctic region: central Queen Elizabeth Islands. Geol. Surv. Can., Paper 83-1A, 381-390.

Edlund, S. A. and Alt, B. T., 1989. Regional congruence of vegetation and summer climate patterns in the Queen Elizabeth Islands, Northwest Territories, Canada. Arctic 42: 3-23.

Eyre, F. H. (ed.), 1980. Forest cover types of the United States and Canada. Soc. Amer. Foresters, Washington, D. C. 148 pp. + 1 map.

Flint, R. F., 1957. Glacial and Pleistocene Geology. John Wiley & Sons, Inc., New York. 553 p.

Franklin, J. and Dyrness, C. T., 1973. Natural Vegetation of Oregon and Washington. USDA Forest Service, General Technical Report PNW-8, Portland. 417 p.

Freedman, B., Svoboda, J. & Henry, G. H. R., 1994. Alexandra Fiord-An ecological oasis in the polar desert. In: Svoboda, J. & Freedman, B. (eds.): Ecology of a polar oasis-Alexandra Fiord, Ellesmere Island, Canada. Captus Univ. Publ., Captus Press Inc., North York, Ont. 1-9.

Gardner, J. 1972. Recent glacial activity and some associated landforms in the Canadian Rocky Mountains. In: Slaymaker, H. O. and McPherson, H. J. (eds.): Mountain geomorphology, 55-62.

Gaudreau, L. 1979. La vegetation et les sols des collines Tanginan Abitibi-Ouest, Quebec. Etud. Ecolog. No. 1, Univ. Laval, Quebec. 389 p.

Grandtner, M. M., 1966. La vegetation forestiere du Quebec meridional. Quebec, Presses de lUniversite Laval, 216 p.

Green, L. H., 1972. Geology of Nash Creek, and Dawson map areas, Yukon Territory. Geol. Surv. Can, Ottawa. 157 pp. + 2 maps.

Halliwell, D. H. and Apps. M. J., 1997. BOReal Ecosystem Atmosphere Study (BOREAS) biometry and auxiliary sites: locations and descriptions. Natural Resources Canada, Alberta. 254 p.

Hämet-Ahti, L., 1981. The boreal zone and its subdivision. Fennia 159: 69-75.

Hare, F. K., 1955. The boreal conifer zone. Geogr. Stud. 1: 4-18.

Hare, F. K. and Taylor, R. G., 1956. The position of certain forest boundaries in southern Labrador-Ungava. Geogr. Bull 8: 51-73.

Hare, F. K. and Thomas, M. K., 1974. Climate Canada. Wiley Publ. Toronto, 256 pp.
Holland, S. S., 1964. Landforms of British Columbia, a physiographic outline. B. C. Dept. Mines and Petr. Res. Bull. No. 48, 138 pp.
Holland, W. D. and Coen, G. M. (ed.), 1982. Ecological (biophysical) land classification of Banff and Jasper National Parks. Alberta Inst. Pedology, Publ. No. SS-82-44, Edmonton. Vol. I., 193 pp. Vol. II, 540 pp. + maps.
Hopkins, D. M.(ed.), 1967. The Bering Land Bridge. Stanford Univ. Press, Stanford. 495 pp.
Hopkins, D. M., 1967. The Cenozoic history of the Beringia-a synthesis. In: Hopkins, D. M. (ed.): The Bering Land Bridge. Stanford Univ. Press, Stanford. 451-484.
Hubbard, W. A., 1950. The climate, soils, and soil-plant relationships of an area in southwestern Saskatchewan. Sci. Agr. 30: 327-342.
Hultén, E., 1937. Outline of the history of arctic and boreal biota during the Quarternary Period. Borkforlags Aktiebolaget Thule, Stockholm. 168 pp.
Hultén, E., 1967. Comments on the flora of Alaska and Yukon. Arkiv. For Botanik, Band 7 nr 1. Stockholm. 147 pp.
Hultén, E., 1968. Flora of Alaska and neighbouring territories. Stanford Univ. Press, Stanford. 1008 pp.
Hustich, I., 1970. On the study of the ecology of subarctic vegetation. In "Ecology of the subarctic regions", Proc. Helsinki Symp. UNESCO, Paris. 235-273.
Hustich, I., 1979. Ecological concepts and biographical zonation in the North: the need for a general accepted terminology. Holarct. Ecol. 2: 208-217.
Ives, J. D., 1974. Permafrost. In: Ives, J. D. and Barry, R. G. (eds.): Arctic and alpine environments. Methuen & Co., London. 159-194.
Jean, R., 1982. Les erablieres sucrieres deu comte de L'Islet Etude phyto-ecologique. Etudes Ecolgiques. No. 7. 185 pp. + 1 map.
Jeglum, J. K., 1971. Plant indicators of pH and water level in peatlands at Candle Lake, Saskatchewan. Can. J. Bot. 49: 1661-1676.
Jeglum, J. K., Boissonneau, A. N. and Haavisto, V. F., 1974. Toward a wetland classification for Ontario. Can For. Serv., Dept. Environ., Great Lakes Forest Research Centre, Inf. Rep. O-X-215, 54 pp. + appendices.
Kastovska, K., Elster, J., Stibal, M. & Santruckova, H., 2005. Microbial assemblages in soil microbial succession after glacial retreat in Svalbard (High Arctic). Microbial Ecology. Nov. 2005, 1-12. Springer Sci. Media, Inc.
Kershaw, K. A., 1977. Studies on lichen-dominated systems. XX. An examination of some aspects of the northern boreal lichen woodlands of Canada. Can. J. Bot. 54: 393-410.
Klinka, K. and Carter, R. E., 1980. Ecology and silviculture of the most productive ecosystems for growth of Douglas-fir in southwestern British Columbia. Land Manag. Rep. No. 6, Min. Forestry, British Columbia, 12 pp.
Klinka, K., Feller, M. C. and Lowe, L. E., 1981. Characterization of the most productive ecosystems for growth of *Pseudotsuga menziesii* var. *menziesii* in southwestern British Columbia. Suppl. Land Manag. Rep. No. 6. Min. Forestry, Prov. British Columbia, Victoria. 49 p.
Kojima, S., 1971. Vegetation and environment of the coastal western hemlock zone in

Strathcona Provincial Park, British Columbia, Canada. Ph. D. Thesis, Dept. Botany, Univ. British Columbia, Vancouver. 322 pp.

Kojima, S., 1978. Vegetation and environment of the central Yukon Territory, Canada. J. Coll. Lib. Arts, Toyama Univ. 11: 93-139. (in Japanese)

Kojima, S., 1980. Biogeoclimatic zones of southwestern Alberta. Alberta Forest Service, Min. Energ. & Natural Resources, Prov. Alberta, Edmonton. 36 p. + 1 map.

Kojima, S., 1983. Forested plant associations of the southern subalpine regions of Alberta. Report prepared for Alberta Forest Service, Research Branch, Alberta., Western Ecological Services, Ltd., Sidney, B. C. 135 pp.

Kojima, S., 1986. Fen vegetation of Banff National Park, Canada. Phytocoenologia 14: 1-17.

Kojima, S., 1991. Vegetation and environment of the Canadian High Arctic with special reference to Cornwallis Island. Proc. NIPR Symp. Polar Biol. 4: 135-154.

Kojima, S., 1994a. Relationships of vegetation, earth hummocks, and topography in the High Arctic environment of Canada. Proc. NIPR Symp. Polar Biol. 7: 256-269.

Kojima, S., 1994b. Boreal ecosystems and global climate warming. Jpn. J. Ecol. 44: 105-113. (in Japanese)

Kojima, S., 1996a. Structure of *Eriophorum* tussock tundra ecosystem in northern Yukon Territory, Canada. Proc. NIPR Symp. Polar Biol. 9: 325-333.

Kojima, S., 1996b. Ecosystem types of boreal forest in the North Klondike River Valley, Yukon Territory, Canada, and their productivity potentials. Env. Monit. & Assess. 39: 265-281.

Kojima, S., 1999. Differentiation of plant communities and edaphic conditions in the High Arctic environment, Sverdrup Pass, Ellesmere Island, Canada. J. Phytogeogr. & Taxon. 47: 17-30.

Kojima, S., 2006. Phytosociological classification and ecological characterization of high arctic vegetation of Canada with some remarks in relation to vegetation of Svalbard. Mem. Natl. Inst. Polar Res., Spec. Issue, 59: 38-62.

Kojima, S. and Brooke, R. C., 1985. An annotated vascular flora of areas adjacent to the Dempster Highway, central Yukon Territory. I. Pteridophyta, Gymnospermae and Monocotyledonae. Contrib. to Nat. Science. British Columbia Prov. Museum, No. 3. 16 pp.

Kojima, S. and Krajina, V. J., 1975. Vegetation and environment of the coastal western hemlock zone in Strathcona Provincial Park, British Columbia, Canada. Syesis 8: 1-23 pp.

Körner, C., 1999. Alpine plant life. Springer-Verlag, Berlin. 338 pp. + plates.

Krajina, V. J., 1959. Bioclimatic zones of British Columbia. Univ. British Columbia, Bot. Ser. No. 1: 1-47.

Krajina, V. J., 1965. Biogeoclimatic zones and biogeoceonoses of British Columbia. Ecol. W. N. America Vol. 1: 1-17. Dept. Botany, Univ. British Columbia, Vancouver.

Krajina, V. J., 1969. Ecology of forest trees in British Columbia. Ecol. W. N. America Vol. 2: 1-147. Dept. Botany, Univ. British Columbia, Vancouver.

Krumlik, G. J., Johnson, J. D. and Lemmen, L. D., 1979. Biogeoclimatic ecosystem classification of Alberta. Nor. For. Res. Cent., Can For. Serv., Edmonton. 220 pp.

Kucera, C. L., 1992. Tall-grass prairie. In Coupland, R. T. (ed.): Natural Grasslands.

Ecosystems of the world 8A. Elsevier, New York. 227-268.

Kume, A., Nakatsubo, T., Bekku, Y. & Masuzawa, T., 1999. Ecological significance of different growth forms of purple saxifrage, *Saxifraga oppositifolia* L., in the High Arctic, Ny-Ålesund, Svalbard. Arctic, Antarctic and Alpine Research 31: 27-33.

Langendoen, D. and Maycock, P. F., 1983. Preliminary observations on the distribution and ecology of tall-grass prairie in southern Ontario. *In* Proc. 8th North American Prairie Conference, 1982. (Edited by R. Brewer). West. Michigan Univ., Kalamazoo, Michigan. 92-97.

La Roy, G. H., 1967. Ecological studies in the boreal spruce-fir forests of the North American taiga. I. Analysis of the vascular flora. Ecol. Monogr. 37: 229-253.

Larsen, J. A., 1980. The boreal ecosystem. Academic Press, New York, 500 pp.

Larson, D. W. and Kershaw, K. A., 1975. Studies on lichen-dominated systems. XI. Lichen-heath and winter snow cover. Can. J. Bot. 53: 621-626.

Li, Z., Apps, M., Kurz, W. A. and Banfield, E., 2003. Temporal changes of forest net primary production and net ecosystem production in west central Canada associated with natural and anthropogenic disturbances. Can. J. For. Res. 33: 2340-2351.

Looman, J., 1969. The fescue grasslands of western Canada. Vegetatio, 19: 128-145.

Looman, J., 1977. Applied phytosociology in the Canadian prairies and parklands. In: Krause, W. (ed.): Handbook of vegetation science Pt. 13. Junk, The Hague. 317-356.

Looman, J., 1983a. Distribution of plant species and vegetation types in relation to climate. Vegetatio 54: 17-25.

Looman, J., 1983b. The vegetation of Canadian Prairie Provinces IV. The woody vegetation Pt. 1. Phytocoenolgia 11: 297-330.

Looman, J., 1986. The vegetation of Canadian Prairie Provinces III. Aquatic and semi-aquatic vegetation, Pt. 3. Aquatic plant communities. Phytocoenolia 14: 19-54.

Looman, J., 1987. The vegetation of Canadian Prairie Provinces IV. The woody vegetation Pt. 3. Deciduous woods and forests. Phytocoenolgia15: 51-84.

Löve, D., 1970. Subarctic and subalpine: where and what? Arct. & Alp. Res. 2: 63-73.

Maikawa, E. and Kershaw, K. A., 1976. Studies on lichen-dominated systems. XIX. The postfire recovery sequence of black spruce-lichen woodland in the Abitau Lake Region, N. W. T. Can. J. Bot. 54: 2679-2687.

Maini, J. S., 1966. Phytoecological study of sylvotundra at Small Tree Lake, N. W. T. Arctic 19(3): 220-243.

Maini, J. S., 1968. Silvics and ecology of *Populus* in Canada. In: Maini, J. S. and Cayford, J. H., "Growth and utilization of poplars in Canada", 20-69. Min. Forestry & Rural Development, Ottawa.

Maycock, P. F. and Curtis, J. T., 1960. The phytosociology of boreal conifer-hardwood forests of the Great Lakes region. Ecol. Monogr. 30: 1-35.

Maycock, P. F. and Mathews, B., 1966. An arctic forest in the tundra of northern Ungava, Quebec. Arctic 19: 114-144.

Meidinger, D. and Pojar, J. (ed.), 1991. Ecosystems of British Columbia. Res. Br., Min. Forests, Prov. British Columbia, Victoria. 330 pp.

Merriam, C. H., 1898. Life zones and crop zones of the United States. Bull. U. S. Bureau Biol. Surv. 10: 1-79.

Moss, E. H., 1944. The prairie and associated vegetation of southwestern Alberta. Can.

J. Res. C22: 11-31.
Moss, E. H., 1955. Vegetation of Alberta. Bot. Rev. 21: 493-567.
Moss, E. H. and Campbell, J. A., 1947. The fescue grassland of Alberta. Can. J. Res. C25: 209-227.
Muc, M., Svoboda, J. and Freedman, B., 1994. Soils of an extensively vegetated polar desert oasis, Alexandra Fiord, Ellesmere Island. In: Svoboda, J. & Freedman, B. (eds.): Ecology of a polar oasis. Captus Univ. Publ., Toronto. 41-52.
Mueller-Dombois, D. and Ellenberg, H., 1974. Aims and methods of vegetation ecology. John Wiley & Sons, New York. 547 pp.
Nams, M. L. N. and Freedman, B., 1994. Ecology of heath communities dominated by *Cassiope tetragona* at Alexandra Fiord, Ellesmere Island. In: Svoboda, J. & Freedman, B. (eds.): Ecology of a polar oasis. Captus Univ. Publ., Toronto. 75-84.
National Atlas of Canada, 4th Edition. 1974. Information Canada, Ottawa. 254 pp.
Natural Resource Canada, 2004. The state of Canada's forests 2003-2004. Can. For. Serv., Ottawa. 93 p.
Nordenskjold, O. and Mecking, L. 1928. The geography of polar regions. Spec. Publ. Am. Geogr. Soc. 8: 1-359.
NWWG (National Wetlands Working Group/CCELC), 1988. Wetlands of Canada. Min. Supply & Services Canada, Ottawa. 452 pp.
Ode, D. J. and Tieszen, L. L., 1980. The seasonal contribution of C3 and C4 plant species to primary production in a mixed prairie. Ecology 61: 1304-1311.
Ogilvie, R. T., 1963. Ecology of the forests in the Rocky Mountains of Alberta. Can. Dept. For., For. Res. Br., 68 pp.
Østrem, G., 1974. Present alpine ice cover. In: Ives, J. D. and Barry, R. G. (eds.): Arctic and alpine environments. Methuen & Co., London. 225-250.
Payette, S., 1992. Fire as a controlling process in the North American boreal forest. In: Shugart, H. H., Leemans,R. & Bonan, G. B. (eds.): A systems analysis of the global boreal forest. Cambridge Univ. Press, Cambridge. 144-169.
Polunin, N., 1951. The real Arctic: suggestions for its delimitation, subdivision, and characterization. J. Ecol. 39: 308-315.
Prest, V. K., 1969. Retreat of Wisconsin and recent ice in North America. Geol. Surv. Can. Map 1257A. Ottawa.
Reeves, B. O. K., 1973. The nature and age of the contact between the Laurentide and Cordilleran Ice Sheets in the western interior of North America. Arc. Alp. Res. 5: 1-16.
Retzer, J. L., 1974. Alpine soils. In: Ives, J. D. and Barry, R. G. (eds.): Arctic and alpine environments. Methuen & Co., London. 771-802.
Reznicek, A. A. and Maycock, P. F., 1983. Composition of an isolated prairie in Central Ontario. Can. J. Bot. 61: 3107-3116.
Ritchie, J. C., 1987. Postglacial vegetation of Canada. Cambridge Univ. Press, Cambridge. 178 pp.
Rowe, J. S., 1959. Forest Regions of Canada. Can. Dept. Northern Affairs and Nat. Resources, For. Br. Bull. 123, Ottawa. 71 pp.
Rowe, J. S., 1972. Forest Regions of Canada. Can For. Serv., Dept. Environment Publ. No. 1300, Ottawa. 172 pp. + 1 map.

Rutter, N. W., 1972. Geomorphology and multiple glaciation of the area of Banff, Alberta. Geol. Surv. Can. Bull. 206, 54 pp.

Salisbury, F. B., Spomer, G. G., Sobral, M. and Ward, R. T. 1968. Analysis of an alpine environment. Bot. Gaz. 129: 16-32.

Schwintzer, C. R., 1981. Vegetation and nutrient status of northern Michigan bogs and conifer swamps with a comparison to fens. Can. J. Bot. 59: 842-853.

Scoggan, H. J., 1978. The flora of Canada. Part 1. National Museum of Natural Sciences. Ottawa. 89 p.

Scott, G. A. J., 1995. Canada's vegetation-a world perspective. McGill-Queen's Univ. Press, Montreal. 361 pp.

Shay, J. M. and Shay, C. T., 1986. Prairie marshes in western Canada, with specific reference to the ecology of five emergent macrophytes. Can. J. Bot. 64: 443-454.

Sheard, J. W. and Geale, D. W., 1983. Vegetation studies at Polar Bear Pass, Bathurst Island, N.W.T. II. Vegetation-environment relationships. Can. J. Bot. 61: 1637-1646.

Sims, P. L. 1988. Grasslands. *In:* M. G. Barbour and W. D. Billings (eds). North American terrestrial vegetation. Cambridge University Press, New York, 324-356.

Sjörs, H., 1950. On the relation between vegetation and electrolytes in north Swedish mire waters. Oikos 2: 241-258.

Sjörs, H., 1969. Bogs and fens in the Hudson Bay Lowlands. Arctic 12: 3-19.

Slack, N. G., Vitt, D. H. and Horton, D. G., 1980. Vegetation gradients of minerotrophically rich fens in western Alberta. Can. J. Bot. 58: 330-350.

Stanek, W., 1977. Classification of muskeg. In: Radforth, N. W. & Brawner, C. O. (eds.) "Muskeg and the northern environment in Canada". Univ. Toronto Press, Toronto. 31-62.

Stanek, W., Jeglum, J. K., and Orloci, L., 1977. Comparisons of peatland types using macro-nutrient contents of peat. Vegetatio 33: 163-173.

Steiger, T. L., 1930. Structure of prairie vegetation. Ecology 11: 170-239.

Sugden, D. E., 1977. Reconstruction on the morphology, dynamics and thermal characteristics of the Laurentide Ice Sheet at its maximum. Arctic & Alp. Res. 9: 21-47.

Surdam, R. C., 1968. The stratigraphy and volcanic history of the Karmutsen Group, Vancouver Island, B. C. Contrib. to Geol., Univ. Wyoming. 7(1): 15-26.

Tempelman-Kluit, D. j., 1970. Stratigraphy and structure of the "Keno Hill Quartzite" in Tombstone River-Upper Klondike River map-area, Yukon Territory. Geol. Surv. Can. Bull. 180, 102 pp. + 2 maps.

Thorthwaite, C. W., 1948. An approach toward a rational classification of climate. Geogr. Rev. 38: 55-94.

Tiner, R. W., 1999. Wetland indicators. Lewis Publishers. New York. 392 pp.

Tuhkanen, S., 1984. A circum-boreal system of climatic-phytogeographical regions. Act. Bot. Fennica 127: 1-50.

Van Cleve, K. and Foote, M. J., 1983. Vegetation, soils, and forest productivity in selected forest types in interior Alaska. Can. J. For. Res. 13: 703-720.

Walker, B. D., Kojima, S., Holland, W. D. and Coen, G. M., 1978. Land classification of the Lake Louise Study Area, Banff National Park. Inf. Rep. NOR-X-160. Fish. & Environ. Can., Can For, Serv., Edmonton. 121 pp. + 1 map.

Walter, H., 1973. Vegetation of the earth. Springer-Verlag, New York. 237 p.

Walter, H. and Box, E., 1976. Global classification of natural terrestrial ecosystems. Vegetatio 32: 75-81.

Watts, F. B., 1969. The natural vegetation of the southern Great Plains of Canada. In: Nelson, J. G. and Chambers, M. J. (eds.), "Vegetation, soils, and wildlife". Methune, Toronto. 93-112.

Weaver, J. E. and Clements, F. E., 1938. Plant Ecology. McGraw-Hill Book. Co., New York. 601 pp.

White, J. M., Mathews, R. and Mathews, W. H., 1985. Late Pleistocene chronology and environment of the "ice-free corridor" of northwestern Alberta. Quaternary Research 24: 173-186.

Whittaker, R. H., 1975. Communities and ecosystems. MacMillan Publ. Co., New York. 385 pp.

Wilson, J. W., 1959. Notes on wind and its effects in arctic-alpine vegetation. J. Ecol. 47: 415-428.

Woo, V. and Zoltai, S. C., 1977. Reconnaissance of the soils and vegetation of Somerset and Prince Wales Islands, N. W. T., Inf. Rep. NOR-X-186. Can. For. Serv., Edmonton, 127 p.

Yong, R. N. and Warkentin, B. P., 1975. Soil properties and behavior. Elsevier Sci. Publ. Co., New York, 448 p.

Zoltai, S. C., 1974. Tree ring record of soil movement on permafrost. Arc. Alp. Res. 7: 331-340.

Zoltai, S. C., 1977. Ecological land classification in northern Canada. In: Ecological classification of forest land in Canada and Northwestern U. S. A. (ed. J. P. Kimmins). Univ. British Columbia, Vancouver. 311-319.

Zoltai, S. C., 1988. Wetland environments and classification. In: National Wetlands Working group (ed.) "Wetlands of Canada". Ecological Land Classification Series No. 24. Env. Canada, Ottawa. 1-26.

Zoltai, S. C., Karasiuk, D. J. and Scotter, G. W., 1980. A natural resource survey of the Bathurst Inlet Area, Northwest Territories. A report prepared for Parks Canada, Ottawa. 147 pp. + 2 maps.

索　引

【ア行】

アカハンノキ　35
亜寒帯林　156
アースハンモック　88,231
アスペン・パークランド　109,110,118
アパラチア山系　143
アパラチア山脈　142
雨傘効果　121
アラスカ-ユーコン要素　207
移行帯　68,142,192
岩氷河　87
ウィスコンシン氷期　2,58,98,145,152,207
ウルフツリー　39
永久凍土　87,98,100,163,196,202,216
永久凍土面　203
エスカー　127,162
沿海亜区　89
沿海性亜区　92
沿岸性森林　24
塩基性金属イオン　215
塩基飽和度　45,57,105,129,136
円形土　196
塩湖　134
塩生植物　135
塩生植物群落　134
塩性土壌　129,130
塩分濃度　134
縁辺地区　13
オオバカエデ　35
オーク・サバンナ　153
温帯雨林　24
温帯性針葉樹林　24

温帯要素　28

【カ行】

火災依存種　189
化石構造土　96
風散布型　189
活動層　100
カナダ湿原分類体系　180
カナダ楯状地　143,162,164,173,194,215
カナダ楯状地区　13
カナダ土壌分類体系　30
カナディアン・プレーリー　124
河畔林　133
過放牧地　119
ガリーナラ　34
環北太平洋火山帯　24
環状石列　88
乾性ツンドラ　217
気候的極盛相　29,36,37,48,62,63,72,75,124,172
極盛相　148,165,171,176,188,190
極相植生　4
極相土壌　14,127
極地オアシス　233
極地高山要素　88
極地砂漠　213,217,219,220,221,222,223,229,233
極地準砂漠　219
クッション植物　225
クルムホルツ　69
グレート・プレーンズ　124
クローン樹林　189
渓畔林　114
ケーム　162

高緯度北極帯　219
高茎草原プレーリー　128
高茎草本プレーリー　131,132,137
高山草地　91,99
高山ツンドラ　82,83,84,97
高山ヒース　91,93,94
好石灰植物　58,106
高層湿原　179
構造土　87,197
広葉草本群落　99
古周氷河現象　96
固着性地衣群落　92
湖底堆積物　112,113,122,127,130,
　145,149
コーディレラ　54
コーディレラ山地　161,162
コーディレラ地域　86,194
コーディレラ氷床　58,112,127,162
根圏　121
混生草本プレーリー　131,133,135

【サ行】

材積量　41,64,116,172,174
サブアークティック　192,193
湿性遷移　168
シトカトウヒ林　42
弱アルカリ湿原　65
周極要素　88,97,198,222
周氷河現象　87
周氷河構造　196
周氷河構造土　216
周氷河地形　87
種多様度指数　222
樹木限界　62,70,82
樹木限界線　67,69
樹木の分布北限線　212
樹木北限線　197
純一次生産量　167
準極盛相　176
純生産量　216,221
蒸発散量　128,129

常緑性針葉樹林　165
植生類似度　105
植物社会学的研究　233
シロハダマツ林　70
針広混交林　146,148,149
森林火災　167,187
森林限界　62
森林ステップ　108,112,113
森林生産性　39,150
森林生産力　116
森林北限　192
森林北限線　156
ステップ草原　108
棲み分け関係　121
西岸性針葉樹林　24
成層構造　87
生態遷移　4
雪氷帯　84
遷移初期　95
潜在蒸発散量　158,164
線上集礫　99
線上礫群　196
セント・ローレンス低地　142
ソリフラクション　88,196,197

【タ行】

耐塩性　134
タイガ　156
耐火性　119
堆石　127,162
大平原　9
太陽高度　97
大陸性気候　158
大陸度指数　11,25,110,125,143,147,
　149,151,158,194
大陸度指数分布　11
多角形構造土　95
多角形土　87,196,197
タカネカラマツ　67
タカネカラマツ林　70
短茎草本プレーリー　131

索 引

炭酸塩　118,128,138,164
炭酸塩の集積　117
地位指数　27,39,40,41,42,61,73,76,77,119,168
置換性塩基　57,65,72,92,112,180
置換性塩基イオン　45
地形的極盛相　63
地中火災　187
地表火災　187
中緯度北極帯　219
柱状構造　138
中生植物　133
ツンドラ景観　101,221
ツンドラ植生　198
低位泥炭地　180
低緯度北極帯　219
低層湿原　180
泥炭植生　192
凍結攪拌　101
凍結攪乱作用　99
凍上環状斑　88
倒木更新　33
土壌分類体系　14,128
土性　120
ドラムリン　127,162

【ナ行】
内陸亜区　89,92
内陸高原　109
内陸平原　161,194

【ハ行】
バイオーム　18
パークランド　51,108,110
バッドランド　127
パラウス・プレーリー　109,117
パルサ　196,201
ヒース植生　217,221,226,227
ヒプシサーマル期　228
氷河成因地形　162
氷河堆積物　57,112,127,145,149,151

氷河地形　58,127,145
漂礫原　127,162
貧栄養条件　179
ピンゴ　196,201
風成砂丘　174
フェスキューグラス・プレーリー　128,135
フェン湿原　65
伏条更新　206
不定芽　189
不変化遷移　225
ブラウンモス　66
不連続永久凍土地帯　163,196
フロストボイル　88,196,197
フロストポケット　66
ベーリンギア要素　207
ベーリング海峡　207
ベーリング地域　58
ベーリング地橋　207
変形樹　69
放牧　118
北部亜区　89,96
北極気団　158
北極圏　213
北極ツンドラ　97,212,217
北極島嶼群　212,221
北極島嶼部　215
ポンデローサマツ・ステップ　109,112,118

【マ行】
マスケグ　163
マット植物　224
マドローナ　35
無性芽　224
モル型腐植　39,74,173

【ヤ行】
ヤチ坊主　179,184,202,203,206
有効水分供給量　120
溶脱　27,73,75,76,93,112,117,128,

130, 137, 145, 164, 173, 174

【ラ行】
ララミー造山運動　125
流動化土　197
立木材積量　42, 43, 48, 49, 63, 64, 68,
　73, 77, 116, 148, 151, 167
林冠火災　187
林木材積量　40, 177
冷温帯林　146
レイン・シャドウ効果　8, 30
レイン・シャドウ地域　74, 97, 109
レイン・シャドウ地帯　119
レイン・ベルト　71
レフュージア　4
連続永久凍土地帯　196, 216
ロゼット植物　224
ロッキー山脈地溝　54, 74, 75
ローレンシア高地　143
ローレンシア山地　162
ローレンタイド氷床　58, 110, 112,
　145, 162

【ワ行】
矮生低木　192, 212, 226

矮生林　163

【B】
bog　180

【C】
C_4植物　130

【F】
fen　184
fen 湿原　65

【H】
heath 植生　226

【M】
marsh　185

【N】
Nordenskjöld Line　212

【S】
shallow water　186
swamp　185

小島　覚（こじま　さとる）
1937年　東京に生まれる
1971年　ブリティッシュ・コロンビア大学大学院植物学専攻博士課程修了
1971〜1974年　サイモン・フレーザー大学生物科学科研究員
1974〜1978年　カナダ環境省北部森林研究所上級研究員・研究室長
1978〜1998年　富山大学教養部・理学部教授
1998〜2005年　東京女子大学文理学部教授
現　在　北方生態研究学房・主宰
主論文　Phytosociological classification and ecological characterization of high arctic vegetation of Canada with some remarks to vegetation of Svalbard. Mem. NIPR, Special Issue, 59: 38-62, 2006.
Differentiation of plant communities and edaphic conditions in the High Arctic environment, Sverdrup Pass, Ellesmere Island, Canada. J. Phytogeogr. & Taxonomy, 47: 17-30. 1999.
Wood production under changing climate and land use. IPCC Second Assessment Report of WGII. Cambridge Univ. Press. 487-510. 1996.
Boreal phytogeocoenoses of Hokkaido Island, Japan. In: Box, E. L. et al. (ed.) "Vegetation Science in Forestry". Kluwer Academic Publ. 367-389. 1995. など多数

カナダの植生と環境
2012年3月10日　第1刷発行

著　者　小島　覚
発行者　吉田克己

発行所　北海道大学出版会
札幌市北区北9条西8丁目 北海道大学構内（〒060-0809）
Tel. 011(747)2308・Fax. 011(736)8605・http://www.hup.gr.jp/

㈱アイワード・石田製本㈱　　　Ⓒ 2012　小島　覚

ISBN978-4-8329-8202-4

北海道高山植生誌	佐藤　謙著	B5・708頁　価格20000円
被子植物の起源と初期進化	髙橋　正道著	A5・526頁　価格8500円
プラント・オパール図譜 ―走査型電子顕微鏡写真による植物ケイ酸体学入門―	近藤　錬三著	B5・400頁　価格9500円
日本産花粉図鑑	三好　教夫 藤木　利之著 木村　裕子	B5・880頁　価格18000円
植物生活史図鑑Ⅰ　春の植物No.1	河野昭一監修	A4・122頁　価格3000円
植物生活史図鑑Ⅱ　春の植物No.2	河野昭一監修	A4・120頁　価格3000円
植物生活史図鑑Ⅲ　夏の植物No.1	河野昭一監修	A4・124頁　価格3000円
花の自然史　―美しさの進化学―	大原　雅編著	A5・278頁　価格3000円
植物の自然史　―多様性の進化学―	岡田　博 植田邦彦編著 角野康郎	A5・280頁　価格3000円
高山植物の自然史　―お花畑の生態学―	工藤　岳編著	A5・238頁　価格3000円
森の自然史　―複雑系の生態学―	菊沢喜八郎 甲山　隆司 編	A5・250頁　価格3000円
新 北海道の花	梅沢　俊著	四六変・464頁　価格2800円
新版 北海道の樹	辻井　達一 梅沢　俊著 佐藤　孝夫	四六・320頁　価格2400円
北海道の湿原と植物	辻井達一 橘ヒサ子 編著	四六・266頁　価格2800円
写真集 北海道の湿原	辻井　達一著 岡田　操	B4変・252頁　価格18000円
札幌の植物　―目録と分布表―	原　松次編著	B5・170頁　価格3800円
普及版 北海道主要樹木図譜	宮部　金吾著 工藤　祐舜 須崎　忠助画	B5・188頁　価格4800円

北海道大学出版会

価格は税別